基礎シリーズ

最新電子製図

実教出版

まえがき

　本書は，電子科で学習する科目「電子製図」の教科書として編修したものである。科目「電子製図」の目標とするところは，「製図に関する日本工業規格および電子技術の分野の製図について基礎的な知識と技術を習得し，製作図・設計図などを正しく読み図面を構想し作成する能力を育てる」ことにある。ここで，「電子技術の分野」とは，通信機器・計測機器・コンピュータなどに電源機器も含めた広範囲の電子機器にわたる製造・設備技術をいう。

　このことをふまえ，本書の編修にあたっては，日本工業規格など製図に関する規格との整合性に留意し，CAD（コンピュータ支援設計）を活用した設計製図の基礎的な事項を含め，製図に関する基本的な知識と技術が学習できるようにつとめた。

　なお，「電子製図」の学習にあたっては，次の事項をよく理解しておかなければならない。

　　(1) 新しい電子機器を製作するときには，類似機器の図面を参考にし，同時に最近の部品や回路などに関する情報を考慮しながら設計が行われ，これに基づいて製作図面がつくられるのがふつうである。このとき，部品や機器の構造を表すには機械製図についての知識が必要であり，また，電子機器の電気的な系統あるいは配線のしかたなどを表すには電気用図記号を知っていなければならない。

　　(2) 設計者は思考を重ねながら，図面を何回もかき換え，完成された図面を作成する。こうした図面は，設計者の意思を部品や機器の製作者に伝達する役目を果たすものである。

　　(3) 図面は電子機器や電子部品の販売・修理あるいは使用する

場合などにも必要なものであり，この点からも電子機器類の設計・製図についての学習が重要となる。すなわち，製図の学習においては，**正しい図面をかくことと，図面を正しく読み取る能力を養う**ことがたいせつである。

(4) 一般に，図面は線および記号や名称のみで表されるものであって，文章で説明を加えたりしなくても，設計者の意思が図面をみる者に誤りなくしかも容易に理解されなければならない。そのためには，**図面は統一された規約に従って，正しく，明りょうに，かき表されていなければならない**。また，図がこみいって読みずらくならないように，整然とみやすくかくのがよい。

(5) 製図の学習では，実際に自分で図面をかくことにより，設計・製図に対する知識を広め，理解を深めることができる。したがって，内容を理解せずにたんにかき写したり，ただきれいにかくというのではなく，**よく理解しながら，正しくかくように心がける**ことによって，実力を身につけることができるのである。

目次

第 1 章 製図の基礎

1 製図と規格 — 2
1 製図と図面 …… 2
2 規格 …… 2
3 JISとISO …… 2
4 製図に関する規格 …… 3

2 製図用器具・材料 — 4
1 製図用紙 …… 4
2 製図器 …… 5
3 製図機械 …… 7

3 線と文字 — 9
1 線 …… 9
2 文字 …… 11

4 図記号 — 14
1 図記号 …… 14
2 電気用図記号 …… 14

5 平面図形 — 16
1 平面図形の基礎 …… 16
2 曲線 …… 17

6 投影図 — 20
1 投影法と投影図の種類 …… 20
2 正投影図 …… 21
3 立体図の表しかた …… 23

第 2 章 製作図

1 線の用法 … 30
1. 線の種類による用法 … 30
2. 重なる線の優先順位 … 30

2 図形の表しかた … 32
1. 図形の選びかた … 32
2. 特殊な図示法 … 33
3. 断面図示 … 35

3 尺度と寸法記入 … 40
1. 尺度 … 40
2. 寸法 … 40
3. 寸法の記入方法 … 42

4 寸法公差とはめあい … 49
1. 寸法公差 … 49
2. はめあい … 50

5 表面あらさと幾何公差 … 53
1. 表面あらさ … 53
2. 表面あらさの表示 … 54
3. 幾何公差 … 56

6 図面の様式・種類と材料記号 … 58
1. 図面の分類 … 58
2. 図面の形式 … 58
3. 材料記号 … 59

7 図面のつくりかたと管理 … 62
1. 図面のできる順序とその呼び名 … 62
2. 図面のつくりかた … 62
3. 設計製図の能率化 … 64
4. 図面の管理 … 65

第 3 章　機械要素

1 ねじ　68
1. ねじの種類と表しかた ……68
2. ねじの図示と表示のしかた ……71

2 ボルト，ナット，小ねじ，座金　72
1. ボルト，ナット ……72
2. 小ねじ，タッピンねじ，止めねじ ……74
3. 座金 ……75

3 穴および軸　77
1. 穴 ……77
2. 軸 ……78

4 キー，ピン，止め輪　79
1. キー ……79
2. ピン ……80
3. 止め輪 ……80

5 軸受，軸継手　81
1. 軸受 ……81
2. 軸継手 ……81

6 歯車　82
1. 歯車の種類 ……82
2. 歯車の各部名称と歯の大きさ ……82
3. 歯車の製図 ……83

7 スケッチ　85
1. スケッチの方法 ……85

第 4 章　電子機器用部品

1 定格の表示　88

2 抵抗器　89
1. 固定抵抗器 ……89

2　可変抵抗器 …………………………………………………………… 92

3 コンデンサ　94
　1　固定コンデンサ ……………………………………………………… 94
　2　可変コンデンサ ……………………………………………………… 96

4 コイル　98
　1　コイルの設計 ………………………………………………………… 98
　2　コイルの設計例 ……………………………………………………… 99

5 小形電源変圧器の設計・製図　100
　1　小形電源変圧器の規格 ……………………………………………… 100
　2　変圧器用鉄心 ………………………………………………………… 101
　3　小形電源変圧器の設計 ……………………………………………… 102
　4　小形電源変圧器の設計例 …………………………………………… 104

6 半導体素子・集積回路　107
　1　半導体素子 …………………………………………………………… 107
　2　集積回路 ……………………………………………………………… 108

7 電子機器用の図記号　110

第5章　電子機器

1 電子機器の設計・製図（発振器）　114
　1　仕様書 ………………………………………………………………… 114
　2　系統図 ………………………………………………………………… 115
　3　接続図 ………………………………………………………………… 115
　4　配線図 ………………………………………………………………… 117
　5　機構に関する図 ……………………………………………………… 118

2 回路計　120
　1　回路計の種類 ………………………………………………………… 120
　2　回路計の測定範囲と許容差 ………………………………………… 121
　3　抵抗計の原理 ………………………………………………………… 121
　4　直流電流計の原理と回路図 ………………………………………… 122
　5　製図の手順 …………………………………………………………… 123

3 直流安定化電源　124
1 仕様書 …………………………………………124
2 回路接続図 ……………………………………124
3 プリント配線板 ………………………………125

4 低周波増幅器の設計　127
1 仕様書と回路構成 ……………………………127
2 回路の設計例 …………………………………127

5 電話機　132
1 601-P電話機 …………………………………132
2 601-A電話機 …………………………………133

6 無線受信機　134
1 携帯用ラジオ受信機の仕様書 ………………134
2 回路接続図 ……………………………………134

7 テレビジョン受信機　135
1 テレビジョン受信機の仕様書 ………………135
2 回路接続図 ……………………………………135

8 コンピュータ　137
1 2値論理素子図記号 …………………………137
2 情報処理用流れ図記号 ………………………141
3 マイクロコンピュータ ………………………143

第6章 制御施設・屋内配線

1 シーケンス制御施設の製図　148
1 リフト施設 ……………………………………148
2 展開接続図 ……………………………………149

2 屋内配線図　152
1 配線平面図 ……………………………………152
2 配線図のかきかた ……………………………152

第 7 章　CAD製図

1 CADシステム　158
1. CADシステムの概要 …………………158
2. CADシステムのハードウェア …………159
3. CADシステムのソフトウェア …………160

2 CADシステムに関する規格　161
1. CAD機械製図 …………………………161
2. CAD用語 ………………………………162

3 CADシステムによる製図　165
1. CADシステムの有効な利用 ……………165

■ 資料　174

■製図例

1.	線	1
2.	文字	2
3.	電気用図記号	3
4.	曲線	4
5.	等角図・斜投影図	5
6.	一体軸受本体	6
7.	ボルト・ナット・小ネジ	7
8.	陸式ターミナル	8
9.	軸継手	9
10.	小歯車軸	9
11.	丸形コネクタ（スケッチ）	10～11
12.	電子機器用同調可変コンデンサ	12～13
13.	同調用コイル	14
14.	12VA小形電源変圧器	15～16
15.	発振器	17～20
16.	回路計	21
17.	直流安定化電源	22～23
18.	601-A電話機回路接続図	24
19.	6石トランジスタラジオ受信機回路接続図	24
20.	テレビジョン受信機	25～27
21.	2進3ビット並列加算器論理回路図	28
22.	BCD-7セグメントコード変換論理回路図	28
23.	マイクロコンピュータ	29
24.	リフト制御展開接続図	30
25.	電子機器組立工場1階照明コンセント配線図	31

■付録　33

1.	電気用図記号	33
2.	シーケンス制御用文字記号	43
3.	構内電気設備の配線用図記号	45

製図の基礎

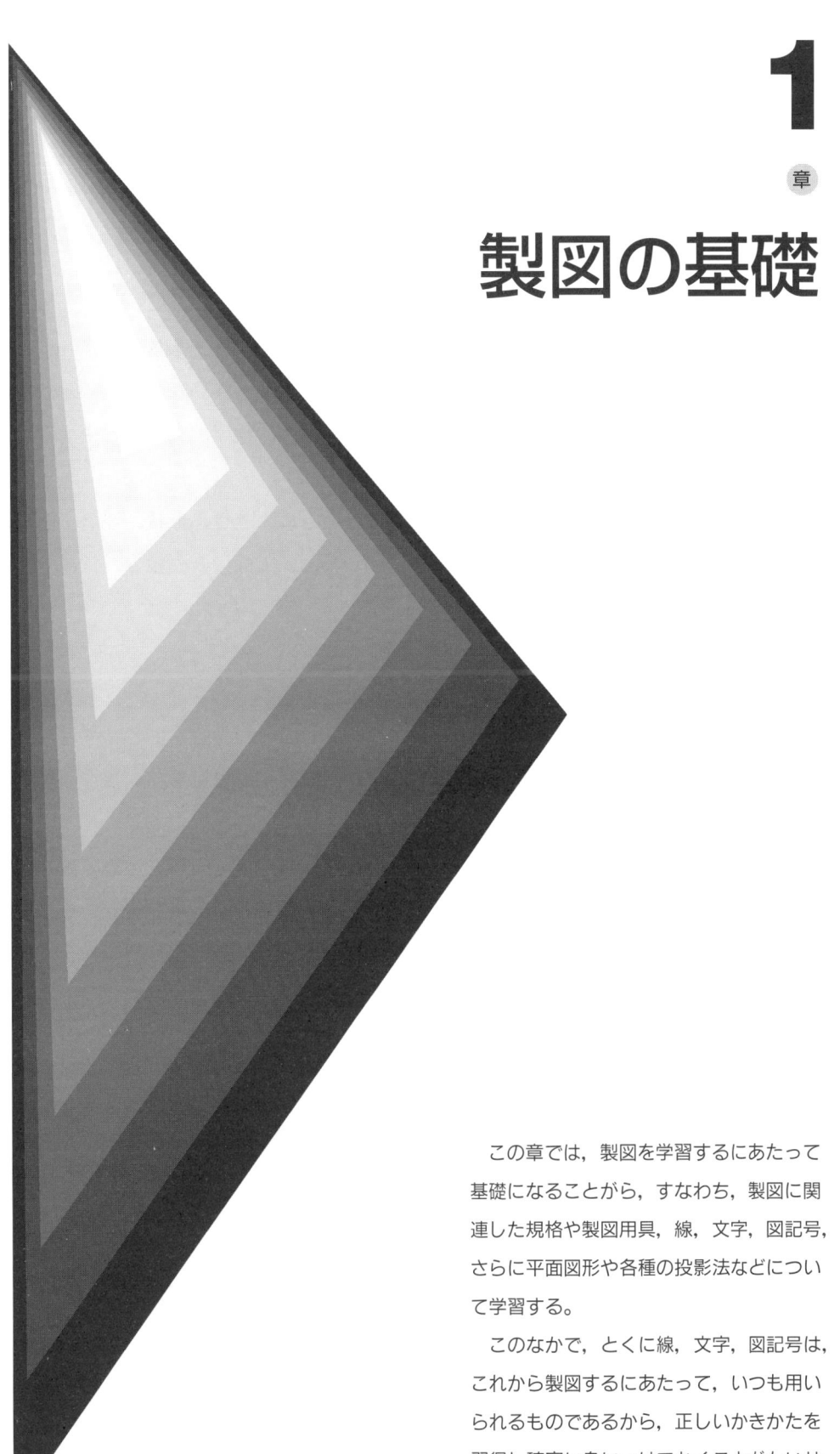

1章

　この章では，製図を学習するにあたって基礎になることがら，すなわち，製図に関連した規格や製図用具，線，文字，図記号，さらに平面図形や各種の投影法などについて学習する。

　このなかで，とくに線，文字，図記号は，これから製図するにあたって，いつも用いられるものであるから，正しいかきかたを習得し確実に身につけておくことがたいせつである。

1 製図と規格

1 製図と図面

　製品をつくろうとするとき，それを構成する各部品の形や寸法，材質を決めて**図面**（technical drawing）に表す必要がある。この図面をかくことを**製図**（drawing）という。

　図面は理解しやすい表現で，図面をつくる人の意図がまちがいなく伝達でき，だれでも同じ解釈ができるものでなければならない。また，保存，検索，利用のしやすさなども要求される。

　図面には，その目的を達成するために，図形とともに大きさ，形状，姿勢，位置の情報などが含まれなければならず，また，必要に応じて，仕上面の表面粗さ，材料，加工法などの情報を含むことが求められる。

2 規　格

　工業には，建築，化学，機械，電気，電子などいろいろな分野がある。それらの各分野で用いられる機器や装置は，電気部品はもちろん，数多くの機械部品によって構成されている。

　これらの製品の形状，寸法，材料，精度，特性などについて規格を定めておけば，生産の効率を向上させ，製品に**互換性**を与え，品質を向上させることができる。そこで実際には類似のものを共通化し，段階的に寸法を決め，規格として標準化している。

　工業規格には，世界全体や全ヨーロッパなどの国際規格，各国ごとの国内規格，学会・協会・工業会などの団体規格，企業の社内規格などがある。

3 JISとISO

　日本国内の規格には，「工業標準化法」に基づき制定された**日本工業規格**（Japanese Industrial Standard：**JIS**）がある。表1-1はJISの部門の例である。

　国際規格には，**国際標準化機構**（International Organization for Standardization：**ISO**）による規格や，**国際電気標準会議**（International Electrotechnical Commission：**IEC**）による規格などがある。工業技術の国際化が，国際的な規格をますます重要にさせており，JISの製図規格も，これらの国際規格に整合させたものとなっている。

表1-1 JISの部門と部門記号

部門	部門記号	部門	部門記号	部門	部門記号
土木・建築	A	鉄鋼	G	窯業	R
一般機械	B	非鉄金属	H	日用品	S
電子機器・電気機械	C	化学	K	医療安全用具	T
自動車	D	繊維	L	航空	W
鉄道	E	鉱山	M	情報処理	X
船舶	F	パルプ・紙	P	その他	Z

4　製図に関する規格

製図に関する規格は，表1-2に示すように，**製図総則**（JIS Z 8310）をはじめ，いろいろな規格が体系化され，JISで規定されている。

電気機器に関する製図は，**機械製図**（JIS B 0001）およびこれに関連した規格などに従い，電子機器および工業施設などの配線や接続などに関する製図は，**電気用図記号**（JIS C 0617）などに従う。

正確な図面を作成するためには，これらの製図に関する規格をじゅうぶん理解しておく必要がある。

表1-2 製図に関するおもな日本工業規格

規格名称	規格番号	規格名称	規格番号
〔総則に関する規格〕		〔部門別に関する規格〕	
製図総則	JIS Z 8310	機械製図	JIS B 0001
〔用語に関する規格〕		CAD機械製図	JIS B 3402
製図用語	JIS Z 8114	〔特殊な製図に関する規格〕	
CAD用語	JIS B 3401	ねじおよびねじ部品	JIS B 0002
〔基本的事項に関する規格〕		歯車製図	JIS B 0003
製図用紙のサイズおよび図面の様式	JIS Z 8311	ばね製図	JIS B 0004
		転がり軸受	JIS B 0005
線の基本原則	JIS Z 8312	〔図記号に関する規格〕	
文字	JIS Z 8313	構内電気設備の配線用図記号	JIS C 0303
尺度	JIS Z 8314	電気用図記号	JIS C 0617
投影法	JIS Z 8315	溶接記号	JIS Z 3021
〔一般事項に関する規格〕		加工方法記号	JIS B 0122
図形の表し方の原則	JIS Z 8316		
寸法記入方法	JIS Z 8317		
長さ寸法および角度寸法の許容限界記入方法	JIS Z 8318		
寸法公差およびはめあいの方式	JIS B 0401		
幾何公差表示方式	JIS B 0021		
表面粗さ	JIS B 0601		
面の肌の図示方法	JIS B 0031		

2 製図用器具・材料

　製図には，製図板，製図機械，製図器，製図用紙，製図用テープなどが必要である。製図器には，コンパス，ディバイダ，テンプレート，筆記具，消し板，製図用ブラシなどがある。

1 製図用紙

　製図用紙には，一般に，**トレース紙**（tracing paper）および**ケント紙**が用いられ，接続図や配線図などでは方眼の印刷されたトレース紙も用いられる。紙のサイズは，紙加工仕上寸法（JIS P 0138）にＡ列とＢ列とがあるが，製図ではＡ０～Ａ４サイズのものを使用する（図1-1(a)，表1-3）。

　図面は，その長辺を横方向に置いてかくのがふつうであるが，Ａ４の図面では，図(c)のようにその長辺を縦方向に置いてかいてもよい。なお，とくに長い図面を必要とする場合には，横方向に延長することができる。

　製図用紙は製図板上に置くとき，なるべく左側によせ，用紙の上の縁が水平になるようにして，用紙の四すみを製図用テープなどで製図板上に取りつける。

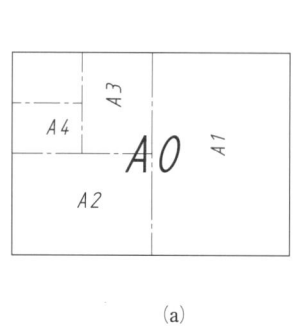
(a)

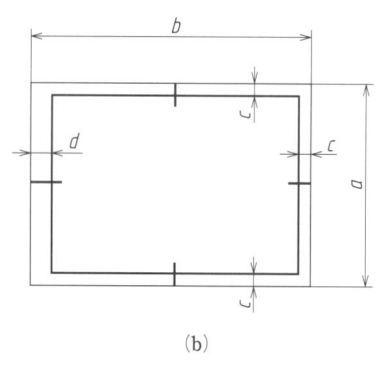
(b)

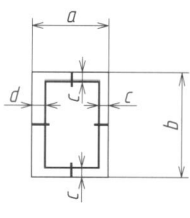
A4で長手方向を上下方向に置いた場合
(c)

図1-1　製図用紙のサイズと輪郭

表1-3　図面の輪郭の取りかた　　（JIS Z 8311:1998）（単位 mm）

紙のサイズの呼びかた			A 0	A 1	A 2	A 3	A 4
$a \times b$			841×1189	594×841	420×594	297×420	210×297
図面の輪郭	c（最小）		20			10	
	d（最小）	とじない場合	20			10	
		とじる場合	20				

図面には図(b)，(c)のように，図をかく領域を限定するための**輪郭線**（borderline）を最小0.5mmの太さの実線で引く。また，図面の複写，マイクロフィルム撮影の便のため，すべての図面に4個の**中心マーク**（centering mark）を必ず設ける。中心マークは，用紙の4辺の中央に，用紙の端から輪郭線の内側約5mmまで引いた最小0.5mmの太さの直線とする。

2　製図器

製図器（drawing instrument）には，図1-2に示す**コンパス**（compass），**ディバイダ**（dividers）のほか，**テンプレート**，**製図用シャープペンシル**などがある。

1　コンパス

コンパスには，スプリングコンパス，中コンパス，大コンパス，ビームコンパスなどがある。正確な円や円弧をかくためには，その大きさに応じて使い分ける必要がある。

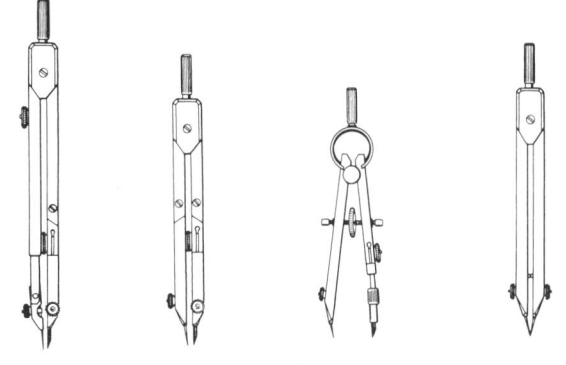

大コンパス　中コンパス　スプリングコンパス　ディバイダ

図1-2　コンパスとディバイダ

コンパスを使用するには，その両脚を紙面に垂直に立てるようにして，つねにしんに一定の力がかかるようにする（図1-3）。両脚を傾けすぎると製図用紙に穴があいたり，線の太さが変わったりするので注意する。

小さい円や円弧をかいたり，同じ大きさの円を多数かく場合には，**スプリングコンパス**（spring compass）を用いると便利である。

破線の円や円弧をかくには，コンパスを図1-4のようにもってかく。

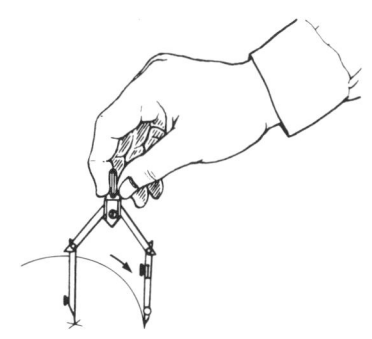

図1-3　コンパスによる円，円弧のかきかた

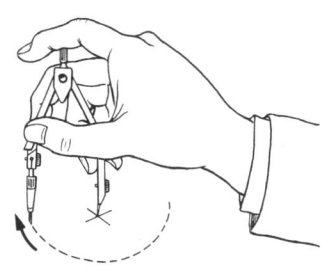

図1-4　破線の円，円弧のかきかた

2 ディバイダ

ディバイダは，スケールから寸法を図面に移し取ったり，ある長さをほかに移し取ったり，一定の長さの直線や円周などを等分割するのに使用する（図1-5）。

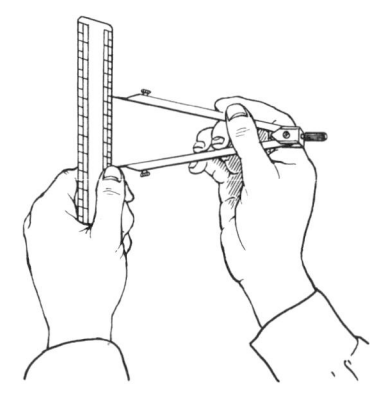

(a) 寸法を移し取る　　　　　　　　(b) 等間隔の点を取る

図1-5　ディバイダの使いかた

3 テンプレート

テンプレートは，スプリングコンパスでかけない小さい円や，同じ形状，寸法の図記号をたくさんかくときに便利である。テンプレートには，用途により多くの種類がある。図1-6に示すテンプレートは，電気回路用の例である。

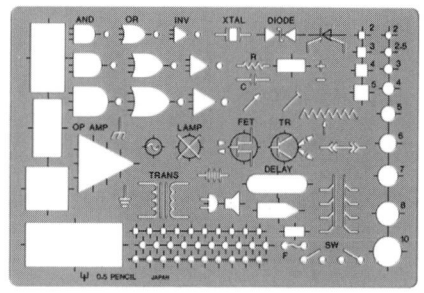

図1-6　電気回路用テンプレートの例

4 製図用シャープペンシル

製図用紙あるいは線の太さによって，使用する製図用シャープペンシルのしんのかたさを選ぶ必要がある。たとえば，トレース紙では，ＨＢやＨがよく使われる。製図用シャープペンシルのほかに丸しんホルダや鉛筆も使われる（図1-7）。線や文字の一部を消してかき直すときは，消しゴムのほかに**消し板**（erasing shields）や製図用ブラシも用いられる。

製図用シャープペンシル　　丸しんホルダ

図1-7　製図用シャープペンシルと丸しんホルダ

3　製図機械

　T定規，三角定規，スケール，分度器などの機能を備えたものを**製図機械**（drafting machine）といい，製図作業を能率化するために使われる。図1-8は，製図機械の例である。これは，製図板上のどの位置にも自由に動かすことができる，縦よこ2本のスケールが取りつけられている。この2本のスケールはたがいに垂直で，目盛を利用して与えられた長さの垂直線，水平線を任意の位置に引くことができる。また，図1-9に示されている分度盤目盛を所要の角度に合わせれば，与えられた角度の斜線を図面上の任意の位置に引くことができる。2本のスケールには，多くは$\frac{1}{1}$と$\frac{1}{2}$の2種類の目盛がついている。縦スケールでは左側，よこスケールでは上側の目盛を使用する。また，よこスケールにはディバイス目盛とよばれる，ディバイダやコンパスを使用するさいに用いられる目盛がついている。

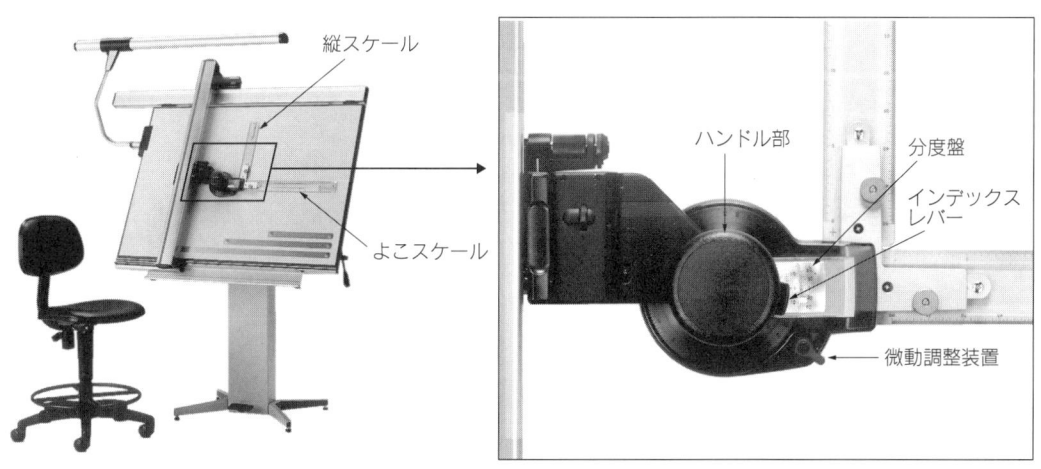

図1-8　製図機械の例　　　　　図1-9　製図機械のハンドル部

製図機械で線を引くには次のようにする。

　水平線　　図1-10のように，ハンドル部をもって所定の位置によこスケールを移し，左から右方向へ必要な長さの水平線を引く。

　垂直線　　図1-11のように，水平線と同じ要領で，縦スケールを用いて，下から上方向へ必要な長さの垂直線を引く。

　斜　線　　角度レバーを緩め，インデックスレバーを押すごとに15°ごとの角度を設定することができる。また，分度盤の目盛や副尺（バーニヤ）を使うことによって任意の角度に設定できるので，任意の角度の斜線を引くこともできる。図1-12のように，下から上方向へ，あるいは，上から下方向へ必要な長さの斜線を引く。

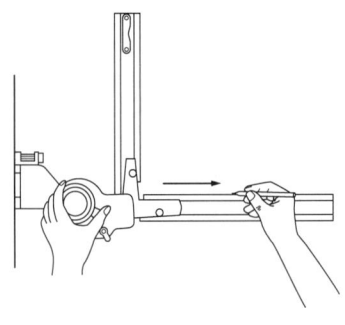 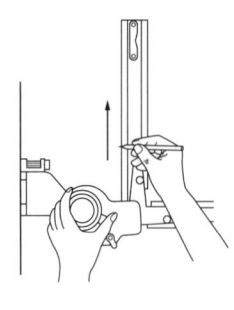 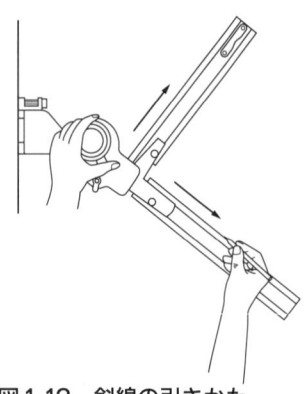

図 1-10　水平線の引きかた　　図 1-11　垂直線の引きかた　　図 1-12　斜線の引きかた

3 線と文字

　図面は，線と文字によって表されるものである。図面を複写した場合でも，物の形状などが容易にかつ明確に読み取れるように，線と文字をはっきりと，正しくかく技術を学ぶことがたいせつである。ここでは，JISに示された線と文字を中心に学ぶ。

1 線

　線は，形，太さ，用途によって分類することができる。線の用途については，第2章製作図で学ぶことにし，ここでは線の形と太さについて学ぶ。

1 線の形と太さ

　製図に使われる線のおもなものを図1-13に示す。

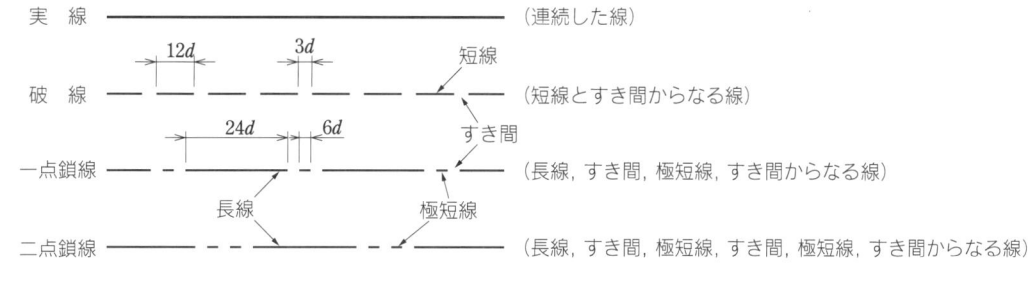

図1-13　線の基本形

　線の太さを表すdは，0.13 mm，0.18 mm，0.25 mm，0.35 mm，0.5 mm，0.7 mm，1 mm，1.4 mm，2 mmと規定されている。線の太さのずれは，±$0.1d$以内とする。なお，図1-14に示すように，線の太さの種類には，太さの比率で細線・太線・極太線の区別があり，その比率はおよそ1：2：4と定められている。

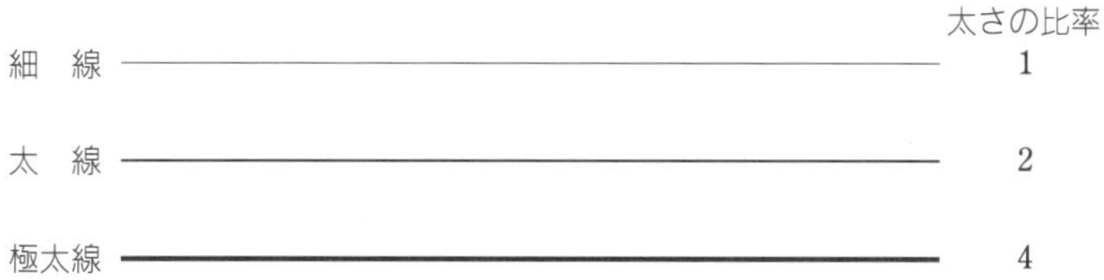

図1-14　線の太さの比

2 線の表しかた

①線の太さによって，シャープペンシルのしんの太さを使い分ける。

②線の太さの種類が明りょうに区別できるように，太さの選定に留意する。

　線の太さは，規定された値のなかから，図形の大小や複雑さなどによって適宜決めるが，同一図面においては，同一種類の線の太さが同じになるようにする。

③同じ太さ，同じ濃さで，線にむらができないように引く。

④とくにコンパスで円や円弧をかくときは，力が不均一にならないように注意する。

⑤破線や鎖線は，短線や長線の長さ，間隔が均一になるように引く。

⑥図1-15のように，各種の線が接続したり，交わったり，あるいは重なったりする場合には，決められた正しい引きかたをする。実線以外の線は，線の部分で交差させる。

⑦平行な線の最小間隔は，0.7mmより狭くしない。

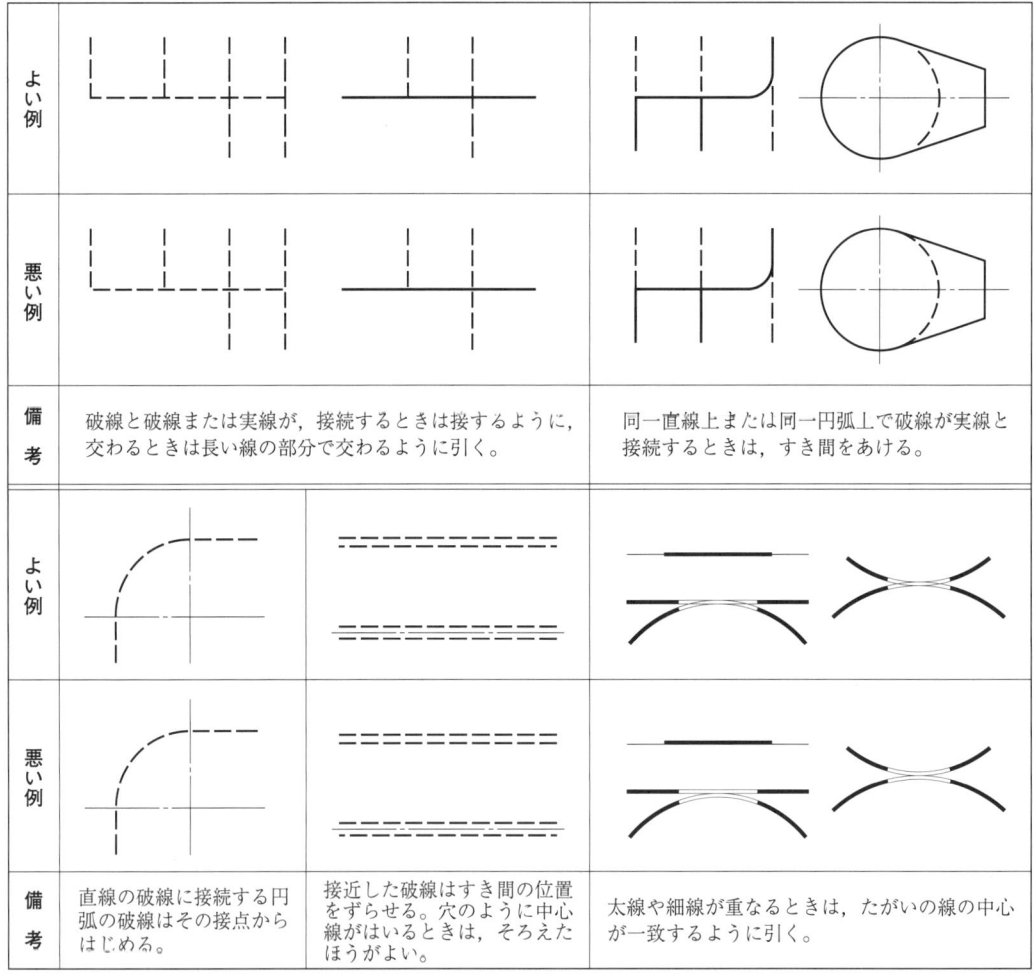

図1-15　線引き上の注意

| 課題 | 製図例1によって線の練習をしてみなさい。

2 文字

製図に用いる文字は，読み誤りを起こさないよう，次のようにかく。

①読みやすさ

　文字は，一字一字が正確に読めるよう，はっきりとかく。濃さは，線の濃度にそろえる。

②均一

　文字の大きさをそろえる。

③複写処理

　図面は複写する場合が多い。そのため，文字と文字とのすき間をあけるようにする。

1 文字の大きさ

文字の大きさは，大文字（頭文字）の外側輪郭の高さ（h）によって定められ（図1-16），これを文字の大きさの呼びという。製図で用いる文字の種類には，ローマ字，数字，記号，漢字，かながあり，それぞれの大きさはJISで規定されている。

文字の線の太さdは，A形では$\frac{1}{14}h$，B形では$\frac{1}{10}h$と決められている。

図1-16　文字の大きさ

文字は，直立体でも，図1-17のように右へ15°傾けた斜体でもよい。

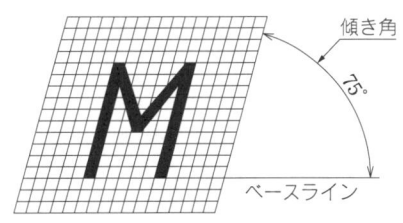

図1-17　斜体文字の角度

製図用の文字の書体には，図1-18のA形直立体文字，図1-19のA形斜体文字，図1-20のB形直立体文字，図1-21のB形斜体文字などがある。

0123456789IVX　　0123456789IVX

　　図1-18　A形直立体文字の例　　　　　図1-19　A形斜体文字の例

0123456789IVX　　0123456789IVX

　　図1-20　B形直立体文字の例　　　　　図1-21　B形斜体文字の例

文字の呼びかたは，たとえば，A形斜体，ローマ字，大きさの呼び10 mmの場合，次のようになる。

> レタリング　JIS Z 8313−ASL−10

なお，図のなかの文章は左横書きとし，必要に応じて誤読を避けるため，語句と語句との間隔を，次の例のように1字の幅の半分くらいあけてかく，分かち書きとする。

> 文章は　左横書き　とし，必要に　応じて　分かち書き　とする。

2　ローマ字，数字，記号[1]

ローマ字および数字の大きさは，大文字の高さ h を大きさの基準とし，標準値は次による。

> 2.5 mm，3.5 mm，5 mm，7 mm，10 mm

2.5 mm未満であってはならないので，大文字と小文字の組み合わせは，小文字の高さが2.5 mmの場合には，大文字の高さは3.5 mmとなる。

ABCDEFGHIJKLMNOPQRSTUVWXYZ
aabcdefghijklmnopqrstuvwxyz

　　　　図1-22　ローマ字（A形斜体）

---

[1] 本書の図面においては，ローマ字，数字，記号は，A形斜体を用いる。

3 漢字，かな

漢字は常用漢字表によるとよい。16画以上の漢字はできるかぎり，かな書きとする。かなはひらがなまたはかたかなのいずれかを用い，混用しない。ただし，外来語、動植物の学術名、および注意を促す表記にかたかなを用いることは混用にならない。

漢字，かなの文字の大きさには，次のような呼びの種類がある。

> 漢字　3.5 mm，5 mm，7 mm，10 mm
> かな　2.5 mm，3.5 mm，5 mm，7 mm，10 mm

漢字，かなの線の太さは，漢字では$\frac{1}{14}h$，かなでは$\frac{1}{10}h$とする。

図1-23に示すように，文字間のすき間aは，文字の線の太さの2倍以上とする。ベースラインの最小ピッチbは，用いている文字の最大の呼びhの$\frac{14}{10}$とする。

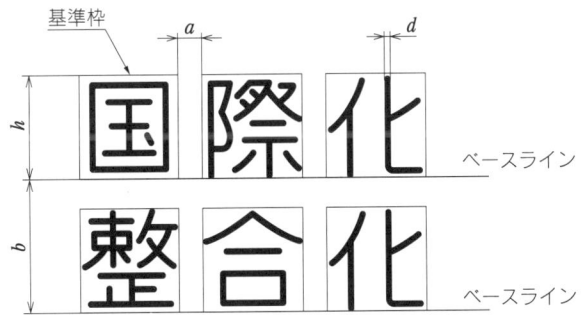

図1-23　文字間のすき間とベースラインの最小ピッチ

課題　製図例2にならって文字の練習をしてみなさい。

4 図記号

電気や電子に関する製図においては，図記号を使って接続図や配線図などをかくことが多い。これらの図面を正しくかくためには，図記号の形状とそのかきかたを正しく習得することがたいせつである。

1 図記号

電気回路や電子回路の要素・機能などを図示したり，機器・装置などを簡略化して図示するための図記号の規格を表1-4に示す。

表1-4　電気・電子分野に関連するおもな図記号

名　称	JIS	摘要・構成範囲
電気用図記号	C 0617	第1部　概説，総合索引，相互参照表 第2部　図記号要素，限定図記号およびその他の一般用途図記号 第3部　導体および接続部品 第4部　基礎受動部品 第5部　半導体および電子管 第6部　電気エネルギーの発生および変換 第7部　開閉装置，制御装置および保護装置 第8部　計器，ランプおよび信号装置 第9部　電気通信：交換機器および周辺機器 第10部　電気通信：伝送 第11部　構造およびトポグラフィーによる設置平面図および線図 第12部　2値論理素子 第13部　アナログ素子
構内電気設備の配線用図記号	C 0303	構内電気設備における配線，機器およびそれらの取付位置，取付方法を示す図面で使用する場合
計装用記号	Z 8204	工程図に計装・計測設備を記載する場合

これらの図記号をかく場合，大きさは定められていないが，JISに定められた形状と相似形になるようにかく。また，同一図記号は同一図面内では同じ大きさでかく。

2 電気用図記号

JIS C 0617に定められている**電気用図記号**のうち，電気回路や電子回路に使われている代表的な電気用図記号のかきかたおよび形状を図1-24に示す。この図のように，JISにおいて，電気用図記号の多くは，**グリッド**（grid）とよばれる一定間隔の点上に，形状の比率がわかりやすいようにかかれている。グリッドの間隔はとくに規定されていない。実際の製図において，グリッドはつけない。

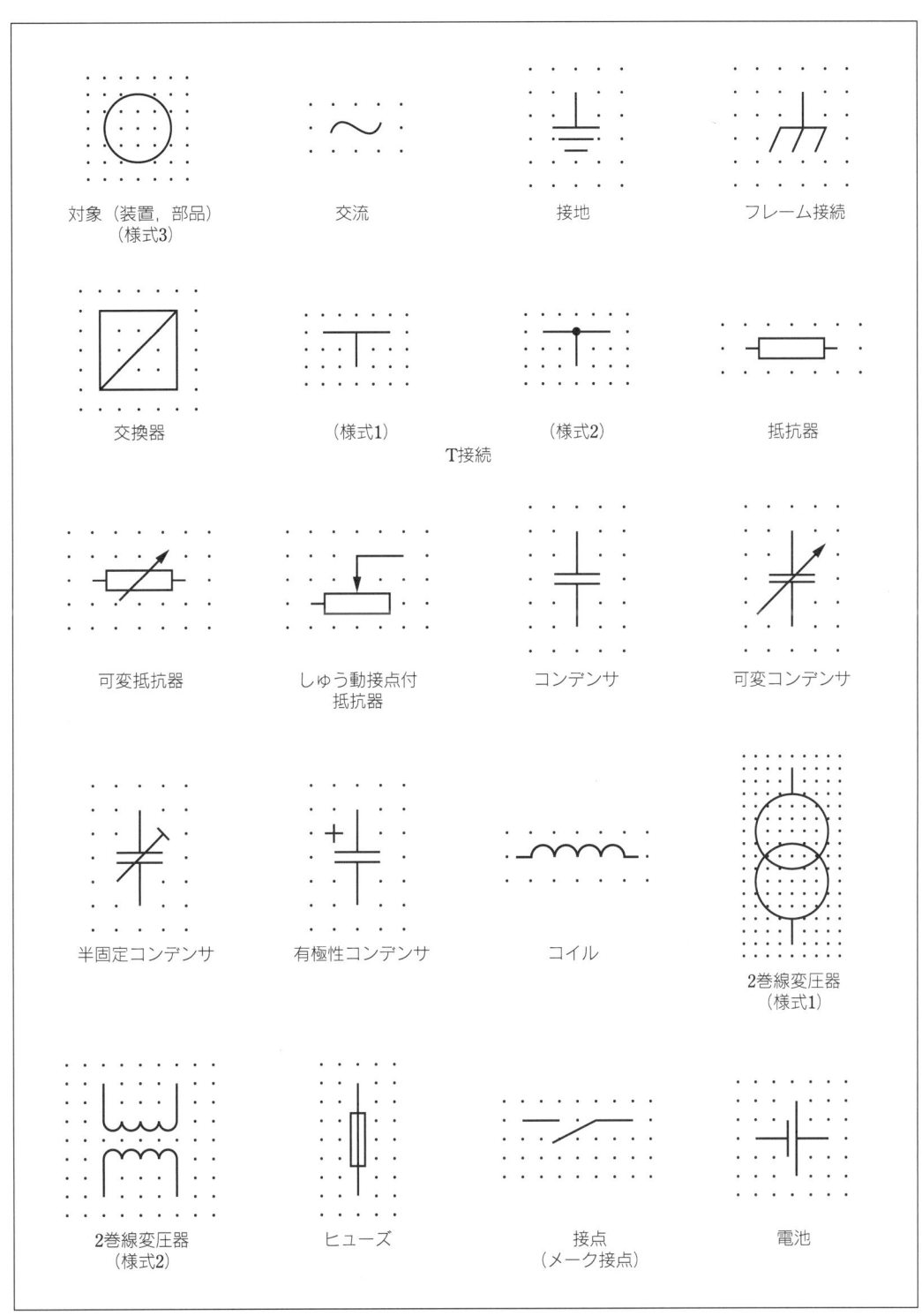

図1-24 電気用図記号(JIS C 0617による)

5 平面図形

製図用の器具を使って図形を幾何学的にかき表す方法を，用器画法といい，製図に必須な基礎知識で，これによって図形の正しいみかたやかきかたが理解される。

1 平面図形の基礎

1 線分の等分

線分を2等分するには，図1-25(a)のようにする。また，任意の等分をするには図(b)のようにする。

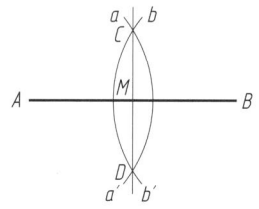

① Aを中心に，任意の半径で円弧aa′をかく。
② Bを中心に，円弧aa′の半径と等しい半径で円弧bb′をかき，円弧aa′との交点をC,Dとする。
③ C,Dを結べば，CDはABの垂直2等分線となる。

(a) 線分ABの垂直2等分線

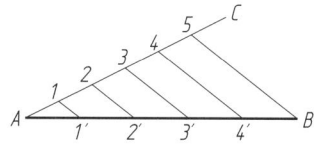

① 任意の直線ACを引く。
② AC上に任意の長さで，A1=12=23=34=45とする。
③ 5Bに平行に11′, 22′, 33′, 44′を引けば，1′, 2′, 3′, 4′はABを5等分する。

(b) 線分ABのn等分(5等分の例)

図1-25 線分の等分

2 角の等分

a 角の2等分　　角の2等分は，図1-26のようにする。

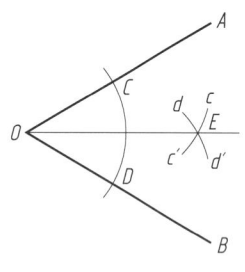

① Oを中心に任意の半径で円弧をかき，2辺OA, OBとの交点をそれぞれC, Dとする。
② C, Dを中心に，任意の半径でそれぞれ円弧cc′, dd′をかき，交点Eを求める。
③ O, Eを結べば，OEは角AOBの2等分線となる。

図1-26 角の2等分

b 直角の3等分　　直角の3等分をするには，図1-27のようにする。

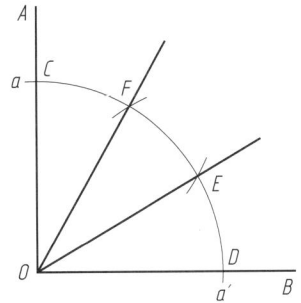

① Oを中心に任意の半径で円弧aa'をかき，線分OAおよび線分OBとの交点をC,Dとする。
② 円弧aa'の半径と等しい半径で，CおよびDを中心にして，円弧aa'上に交点E,Fを取る。
③ 点E,FとOを結べばOE,OFは直角を3等分する。

図1-27　直角の3等分

2　曲線

1　だ円

だ円のかきかたには，いろいろな方法があるが，そのなかで長軸と短軸の長さが与えられた場合のだ円のかきかたの例を，図1-28に示す。

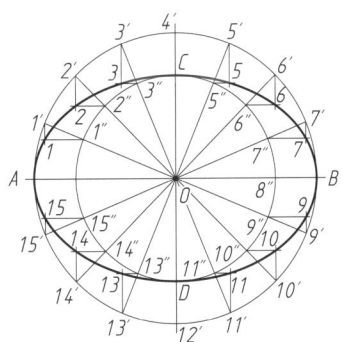

① 長軸をAB，短軸をCDとし，Oを中心として直径ABの大円と直径CDの小円をかく。
② 大円を等分(この図では16等分)して等分点を求め，これに対する小円の等分点を求める。
③ 大円の等分点からの垂線と小円の等分点からの水平線との各交点を滑らかに結ぶ。

図1-28　大円と小円によるだ円

2　放物線

図1-29は，主軸ABおよび頂点Aと曲線上の一点Cが与えられた場合の放物線のかき

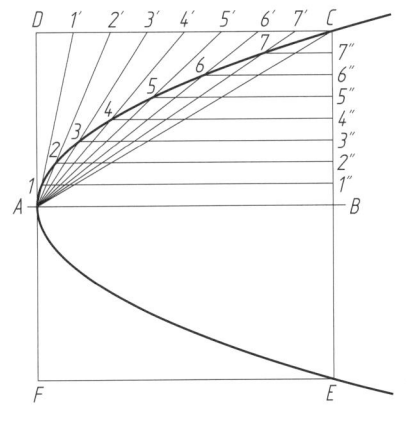

① 長方形ABCDをかき，BCおよびDCを同数に等分する(この図では8等分)。
② 等分点1'とAを結ぶ。等分点1"からABに平行線を引き，A1'との交点1を求める。
③ 同様にして，交点2,3,…を求め，交点を滑らかに結ぶ。
④ 長方形ABCDに対し，主軸ABと対称に長方形ABEFをかく。
⑤ ①〜③と同様の方法で，放物線ACと対称な放物線AEをかく。

図1-29　放物線

かたの例である。

3　双曲線

図1-30は，主軸A′Bおよび二つの頂点A′，Aと曲線上の一点Cが与えられた場合の双曲線のかきかたの例である。

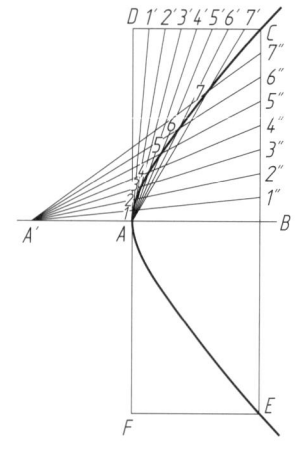

① 長方形ABCDをかき，BC, DCを同数に等分する（この図では8等分）。
② Aと1′を結び，A′と1″とを結んだ直線の交点を1とする。
③ 同様にして，交点2, 3, …を求め，交点を滑らかに結ぶ。
④ 長方形ABCDに対し，主軸A′Bと対称に長方形ABEFをかく。
⑤ ①～③と同様の方法で，双曲線ACに対称な双曲線AEをかく。

図1-30　双曲線

4　インボリュート

円柱の円周上に巻きつけた糸を緩みなくほどくとき，糸の端（一点）の描く軌跡を**インボリュート**（involute）という。インボリュートは歯車の歯形に利用される歯形曲線の一種である（85ページ参照）。図1-31にインボリュートのかきかたの例を示す。

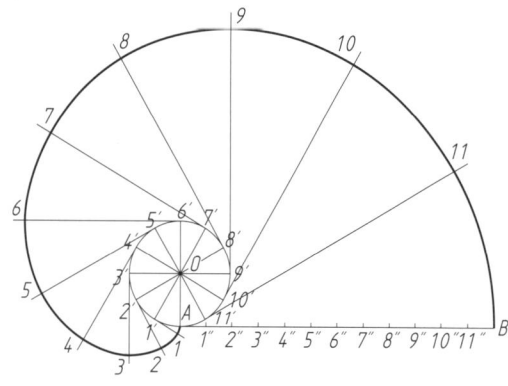

① 基礎になる任意の半径の円Oをかき，円周上の1点Aから円周に等しい長さの接線ABを引く。
② 円周および線分ABをn等分（この図では12等分）して，それらの等分点をそれぞれ1′, 2′, 3′, ……, 11′および1″, 2″, 3″, ……, 11″とする。
③ 円周上の各等分点1′, 2′, 3′, ……, 11′から円Oの接線を引き，A1″に等しく1′1を，A2″に等しく2′2を，……，A11″に等しく11′11を各接線上に取る。
④ 点A, 1, ……11, Bを滑らかに結ぶ。

図1-31　インボリュート

5　三角関数曲線

直角座標で横軸に角度，縦軸に三角関数値を取って描いた曲線を三角関数曲線という。

電気・電子技術において，とくに関係の深い**正弦曲線**（sine curve），**余弦曲線**（cosine curve）を図1-32に示す。また，図においてJKの長さを正弦曲線，余弦曲線の**周期**といい，JEの長さを**最大値**という。

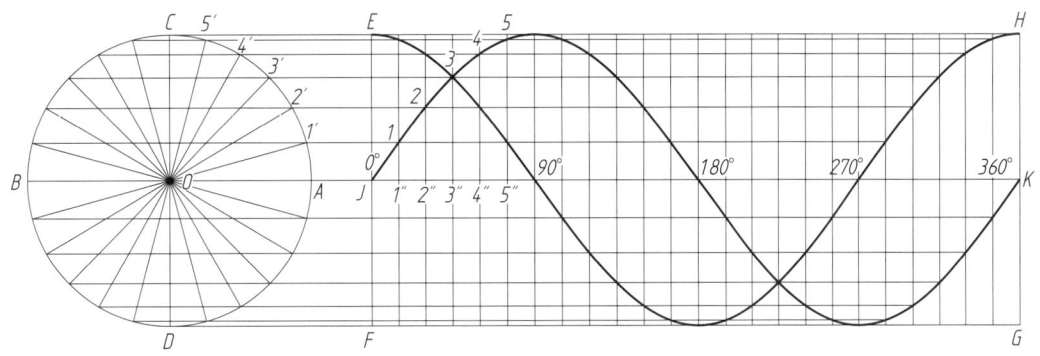

① 円Oの円周およびJKをn等分(この図では24等分)し,それらの等分点をそれぞれ1', 2', 3', ……および1″, 2″, 3″, ……とする。
② 1'からABに平行な線を引き,1″からの垂線との交点1を求める。同じようにして,2, 3, 4, ……を求め,これらの点を滑らかに結ぶ。

注　正弦曲線と余弦曲線は形が同じであるが,波形の位相が90°ずれている。

図1-32　正弦曲線・余弦曲線

課題　製図例4の曲線をかいてみなさい。

6 投影図

1 投影法と投影図の種類

物体の形状を，平面上に正しく示すための図法を**投影法**といい，投影法によってかかれた図を**投影図**（projection drawing）という。

投影法には，大別して図1-33のように，**平行投影法**と**透視投影法**とがある。

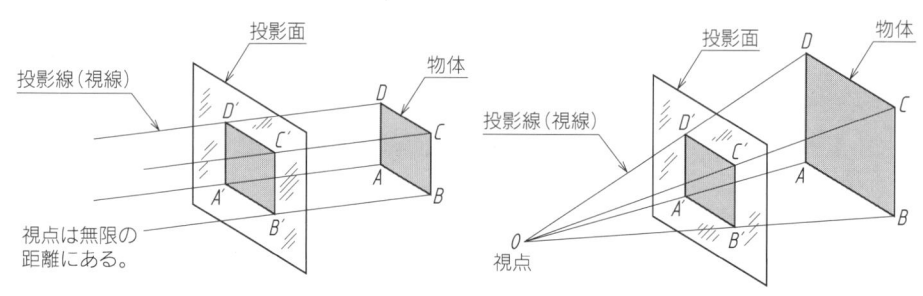

(a) 平行投影法　　　　　　　　　　(b) 透視投影法

図1-33　平行投影法と透視投影法

図において，投影図面上の図形A′B′C′D′が物体ABCDの**投影図**で，物体と視点とを結ぶ線を**投影線**という。

この投影線と投影面との関係から投影図を分類すると，表1-5のようになる。

表1-5　投影図の種類

投影法			投影図
平行投影法	直角投影法	正投影法 { 第一角法 第三角法	正投影図
		軸測投影法	等角投影図 二等角投影図 不等角投影図
	斜投影法		キャビネット図
透視投影法			透視投影図

平行投影法　投影線がすべて平行な投影法。
透視投影法　投影線がすべて1点に集中する投影法。
直角投影法　投影線がすべて投影面に垂直な場合の投影法。
斜投影法　投影線がすべてたがいに平行で投影面に垂直でない場合の投影法。
正投影法　物体の基準となる面が投影面に対して平行になるように置いた場合の投影法。

軸測投影法 物体の基準となる面を投影面に対して傾けて置いた場合の投影法で，その傾きによって3種類に分けられる。

これらの投影法によって変圧器の鉄心の投影図をそれぞれかいてみると，図1-34のようになる。

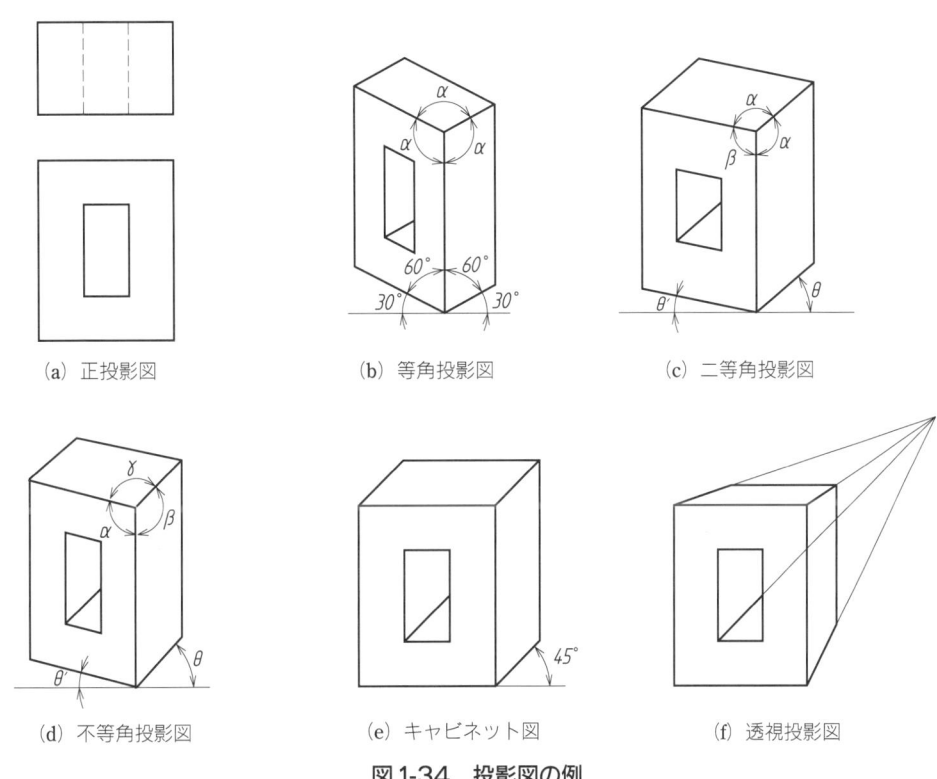

図1-34 投影図の例

2 正投影図

すべての投影線が投影面に垂直な平行投影を**正投影**（orthographic projection）という。この方法で投影することを**正投影法**といい，すべての製図の分野で広く利用されている。

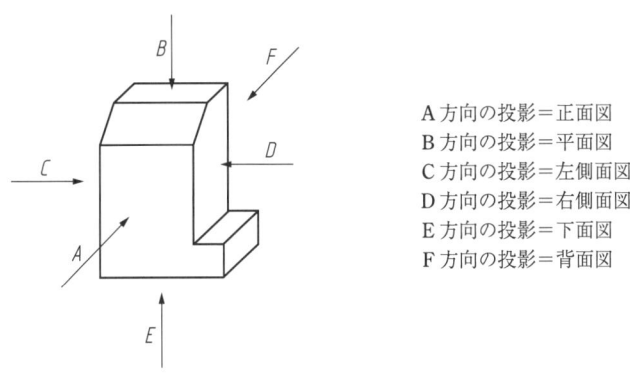

A方向の投影＝正面図
B方向の投影＝平面図
C方向の投影＝左側面図
D方向の投影＝右側面図
E方向の投影＝下面図
F方向の投影＝背面図

図1-35 投影図の名称

正投影法によってかいた図を**正投影図**（orthographical drawing）といい，対象物の形や大きさが正確に表される。

　製図は，立体の対象物を平面上に表すため，一つの投影図だけでは不じゅうぶんで，いくつかの投影図を組み合わせて表すことになる。対象物は，図1-35に示すように，A～Fの6方向から投影した投影図となる。これらの投影図のなかで形状，機能をもっとも明りょうに表す面を主投影図（正面図）として選ぶ。他の投影図は，平面図，左側面図，右側面図，下面図，背面図となる。

1 第三角法と第一角法

　対象物を図示するために，図1-36のように，たがいに直交する平画面，立画面，側画面の三つの画面で空間を仕切り，できたそれぞれの空間を第一角，第二角，第三角，第四角という。

　対象物を第三角において投影を行ったのが**第三角法**で，第一角において投影したのが**第一角法**である。

　いま，まったく同じ対象物を第三角法と第一角法で図示して比較してみると，平面図や側面図などの配置が異なっている。すなわち，正投影図では正面図を中心にして左側面図，右側面図，平面図，下面図，背面図などをかくが，これらの配置は図1-37のようになる。ただし，図面の関係でこの配置と異なる場合には，その旨を注意がきする。

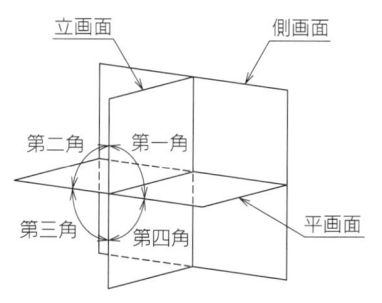

図1-36　第三角と第一角

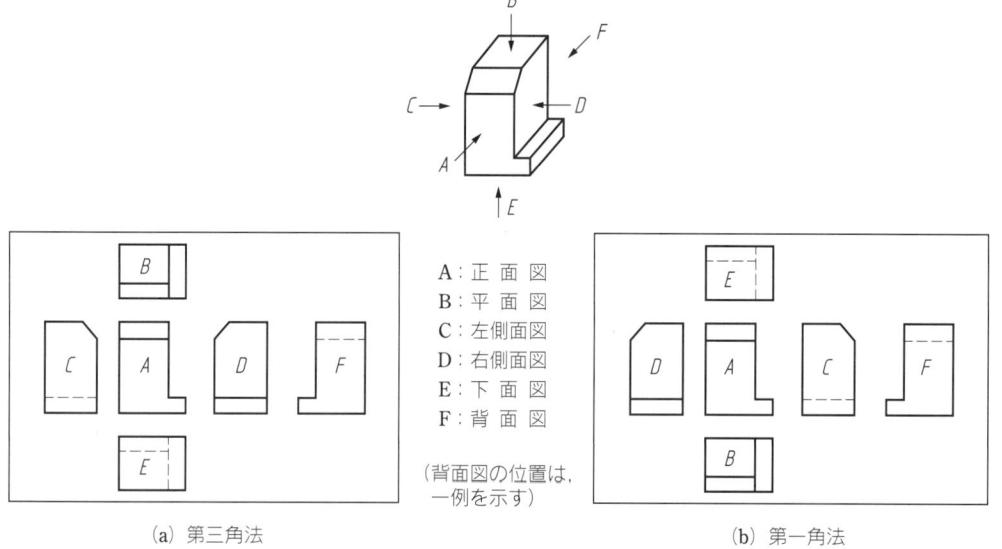

図1-37　第三角法と第一角法

ISOではどちらの図法でかいてもよいことになっているが，JISの「機械製図」では，投影図は第三角法でかくことに定められている。第三角法は，図1-38に示すように，横に長い対象物では側面図が正面図や平面図の近くにあり，見誤りが少なく，形状がわかりやすくて寸法の記入がしやすい。なお，製作図では，図1-38に示すような投影法の記号を表題欄またはその近くに示す。

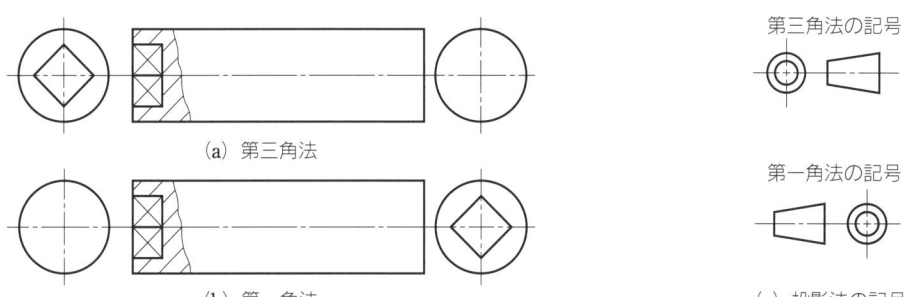

図1-38　横に長い品物の第三角法と第一角法による図示の比較および投影法の記号

3　立体図の表しかた

カタログの説明図や組立図には，立体的に図示する方法がしばしば用いられる。JISでは，「一つの図形で品物を立体的に表す場合，等角図またはキャビネット図を用いる」と規定している。

1　等角投影図

等角投影図（isometric projection drawing）は，図1-39に示すように，たがいに垂直な，基準となる3辺の投影が，たがいに120°をなすように傾けて投影した図である。このようにすると，実長に対して同じ割合で投影されるとともに，立体的な図となる。このときの各辺の投影の長さは実長より短くなる（約$\frac{8}{10}$）。

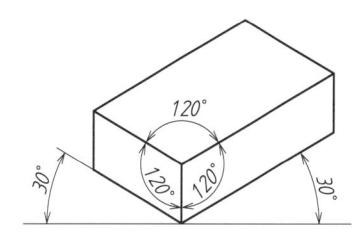

図1-39　等角投影図の角度の取りかた

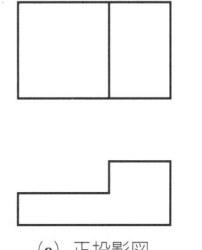
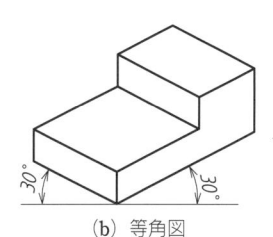

（a）正投影図　　　　　　　　（b）等角図

① 物体の形状の特徴がよく表れるように，基準となる3辺を決める。
② 基準とする1辺は垂直に，他の2辺は水平線に対し30°をなす角度でかく。
③ 物体の基準に取った辺に平行な各辺は，投影図の基準の辺に平行にかく。

図1-40　正投影図から等角図をかく例

各辺の長さを便宜上実長でかいた等角投影図を，**等角図**（isometric drawing）という。たとえば，図1-40(a)の正投影図で示されるような物体を等角図で図示すると，図(b)のようになる。

円の等角図は，図1-41に示すように，円の外接正方形の等角図をもとに作図する。

また，立方体の各面上にある円は，これを等角図で表すと，図1-42のように，それぞれ同じ大きさのだ円となる。これらのだ円の長軸の方向を調べてみると，長軸が水平でないだ円は，それぞれに水平に対して60°傾いていることがわかる。

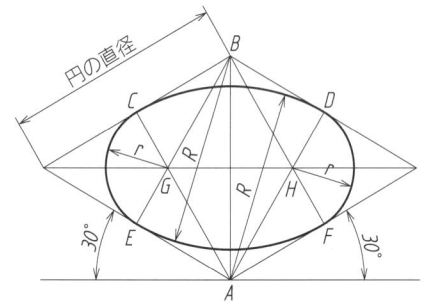

① 円の直径に等しい長さの辺をもつひし形の1辺が水平線に30°をなすように，ひし形をかく。
② ひし形の頂点A,Bから，ひし形の対辺に垂線AC，AD,BE,BFを引き，垂線と垂線の交点をG,Hとする。
③ G,Hを中心として半径GEで円弧をかき，A,Bを中心とし，ACを半径として円弧をかき，弧成だ円（円弧で簡略にかいた近似だ円）を完成する。

図1-41 円の等角図

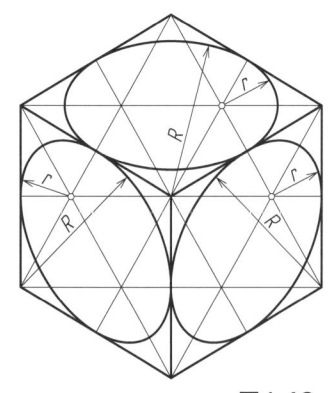

等角図では丸い穴のある品物などをかく場合，上面の穴は水平なだ円となり，側面の穴はそれぞれ60°傾いただ円となる。
この図のように，穴の直径に等しい辺のひし形をかいて，コンパスでだ円をかけばよい。

図1-42 立方体の各面上にある円の等角図

等角図をかくには，図1-43のような斜方眼紙や，図1-44のような等角図用のだ円のテンプレートを用いると便利である。

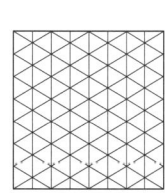

図1-43 斜方眼紙

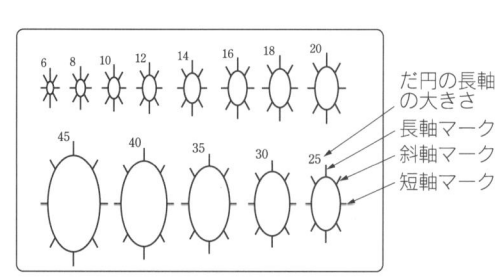

図1-44 だ円のテンプレート

図1-45は，斜方眼紙を用いて，等角図をかいた例である。

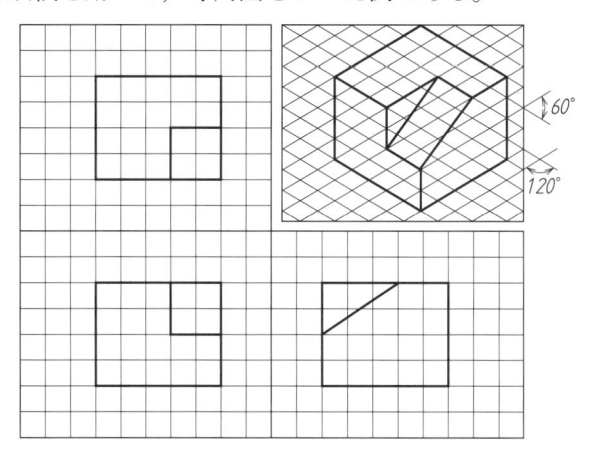

図1-45 斜方眼用紙を用いた等角図の例

2 斜投影図

斜投影図（oblique projection drawing）は，物体の特徴がよく現れている面を正面に選び，側面の辺の投影は水平線に対して一定の角度 α だけ傾けて作図する。

斜投影図のうち，図1-46に示すように，α を45°，奥行きの長さを実長の $\frac{1}{2}$ にかいた図を**キャビネット図**（cabinet axonometry）という。図1-47に，寸法記入したキャビネット図の例を示す。

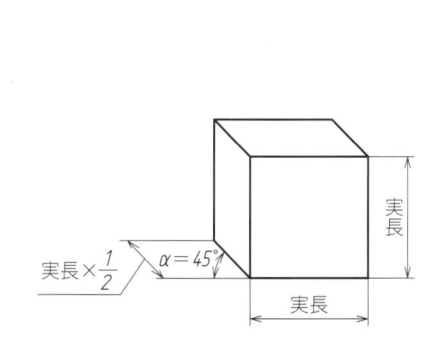

図1-46 立方体のキャビネット図 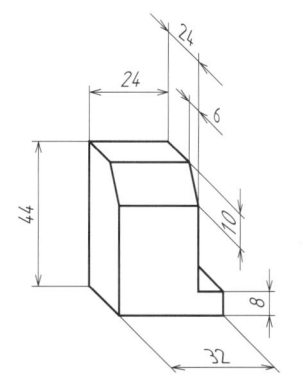　　図1-47 キャビネット図の例

3 テクニカルイラストレーション

製品の構造や機能がわかるように描かれた立体図を**テクニカルイラストレーション**（technical illustration）といい，パンフレットなどの説明図によく使われる。この作図には，等角投影法，斜投影法，透視投影法などが用いられ，製品に一定の方向から光が当たっているものとして陰影などをつけて立体感を与え，実感を出すためのくふうが施されることもある。図1-48は，製図機械を示すテクニカルイラストレーションの例である。

図1-48 テクニカルイラストレーションの例

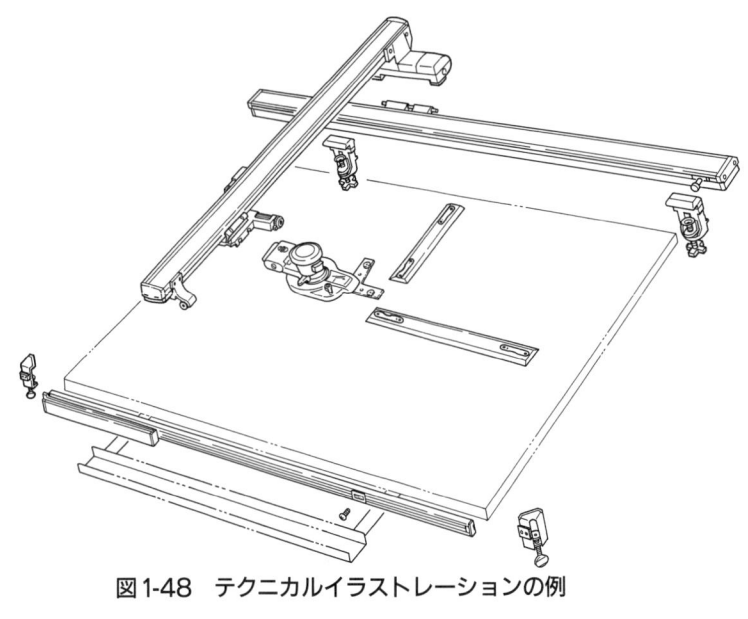

課題 図1-49に示すような対象物を第三角法で，フリーハンドで方眼紙に，図の約2倍の大きさでかいてみなさい。

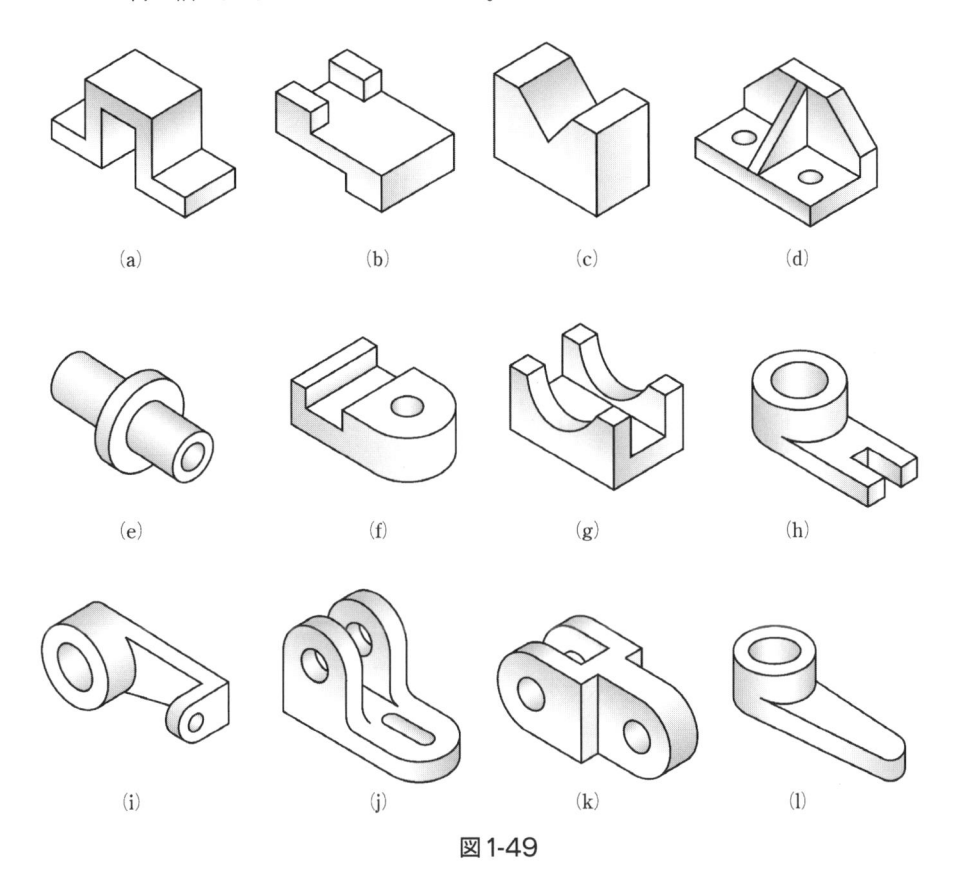

(a)　(b)　(c)　(d)

(e)　(f)　(g)　(h)

(i)　(j)　(k)　(l)

図1-49

課題 図1-50で，それぞれ対象物を三つの投影図（第三角法）で表すことにする。この図で不足している平面図または側面図をフリーハンドでかいてみなさい。

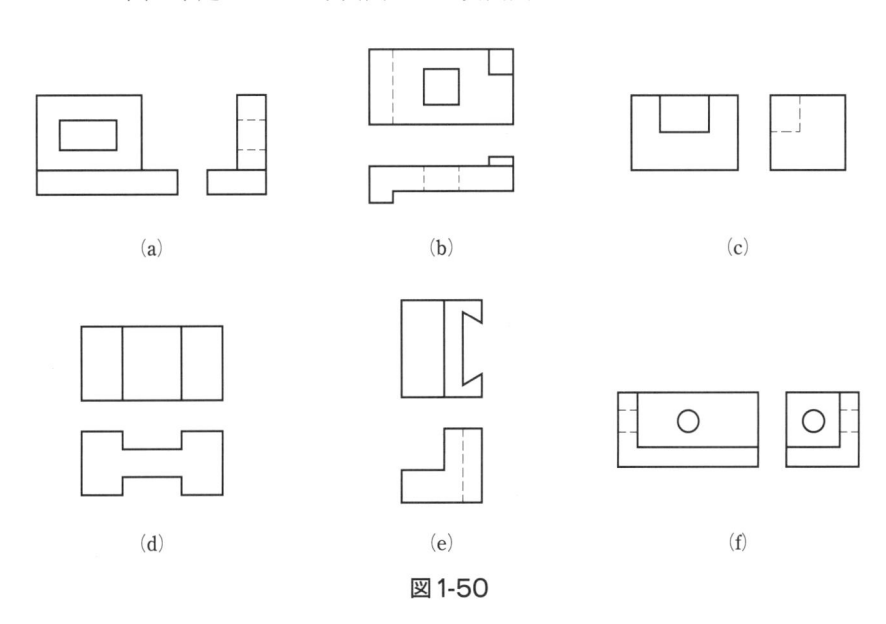

(a)　(b)　(c)

(d)　(e)　(f)

図1-50

6. 投影図

課題 図1-51の投影図（第三角法）の平面図と側面図から正面図を完成しなさい。

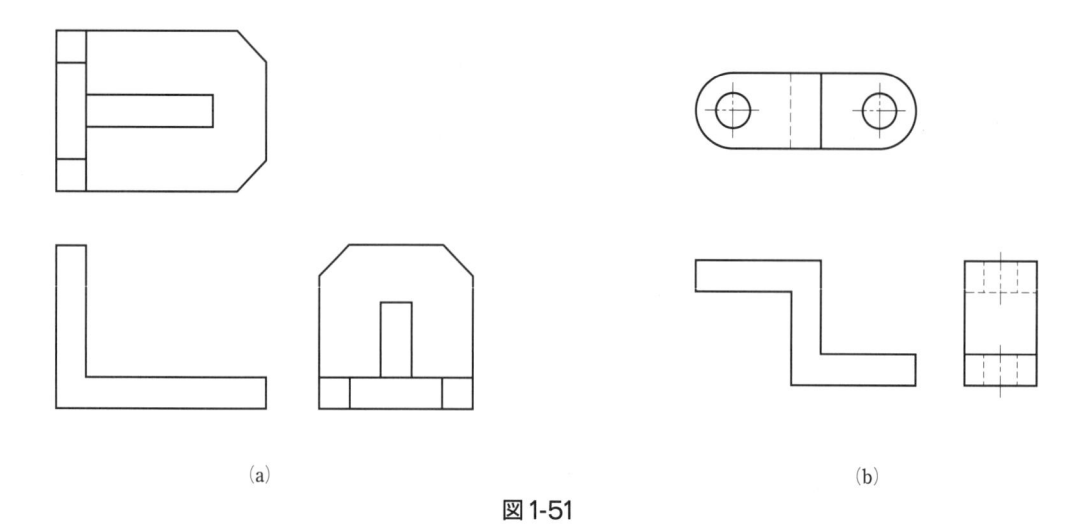

(a) (b)

図1-51

課題 図1-52は第三角法によってかいた投影図である。これらを等角図およびキャビネット図でかいてみなさい。

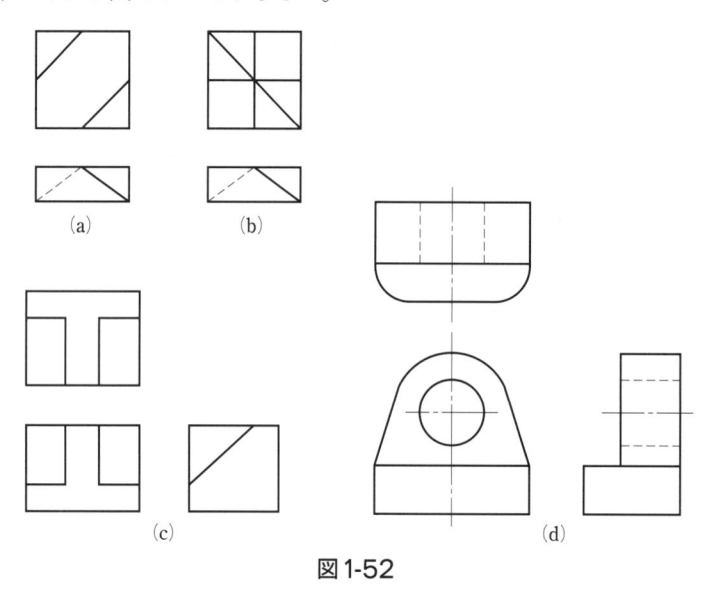

(a) (b) (c) (d)

図1-52

課題 製図例5の等角図，キャビネット図をかいてみなさい。

2章 製作図

製作図は，主として物品を製作するときに用いられ，設計者の意図をじゅうぶんに表して製作者に伝える図面である。この図面には，製品の形状を図示し寸法を記入しておくだけでなく，材料，仕上げ程度，工程，製作個数など，製作に必要なすべての事項が記入される。

ここでは，製作図に必要な規約や記号をJISの機械製図に基づいて学習する。

1 線の用法

1 線の種類による用法

　線は用途によって，種類と太さを組み合わせて，表2-1に示すように使い分ける。図2-1は線の用法を示した図の例である。

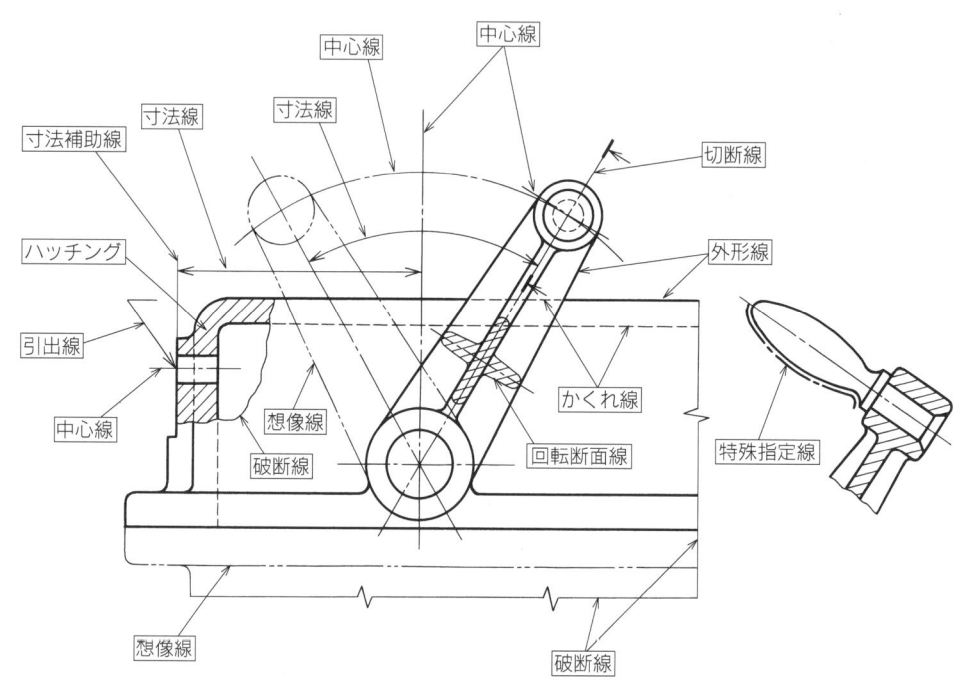

図 2-1　線の用法の例

2 重なる線の優先順位

　2種類以上の線が重なる場合には，次に示す順位に従い，優先する種類の線で描く。

　　①外形線→②かくれ線→③切断線→④中心線→⑤重心線→⑥寸法補助線

表 2-1 線の用法　　　　　　　　　　　　　　　　　　　　　　　　（JIS B 0001 : 2000）

用途による名称	線の種類[3]		線の用途	図例
外形線	太い実線	————————	対象物のみえる部分の形状を表すのに用いる。	図2-1
寸法線	細い実線		寸法を記入するのに用いる。	図2-1
寸法補助線			寸法を記入するために図形から引き出すのに用いる。	図2-1
引出線			記述・記号などを示すために引き出すのに用いる。	図2-1
回転断面線			図形内にその部分の切り口を90度回転して表すのに用いる。	図2-1
中心線			図形に中心線を簡略に表すのに用いる。	図2-1
水準面線			水面，液面などの位置を表すのに用いる。	
かくれ線	細い破線 または太い破線	---------	対象物のみえない部分の形状を表すのに用いる。	図2-1
中心線	細い一点鎖線	—・—・—・—	(1) 図形の中心を表すのに用いる。 (2) 中心が移動する中心軌跡を表すのに用いる。	図2-1 図2-1
基準線			とくに位置決定のよりどころであることを明示するのに用いる。	
ピッチ線			繰り返し図形のピッチを取る基準を表すのに用いる。	図2-14
特殊指定線	太い一点鎖線	—・—・—	特殊な加工を施す部分など特別な要求事項を適用すべき範囲を表すのに用いる。	図2-12
想像線[1]	細い二点鎖線	—‥—‥—	(1) 隣接部分を参考に表すのに用いる。 (2) 工具，ジグなどの位置を参考に示すのに用いる。 (3) 可動部分を，移動中の特定の位置，または移動の限界の位置で表すのに用いる。 (4) 加工前または加工後の形状を表すのに用いる。 (5) 図示された断面の手前にある部分を表すのに用いる。	図2-1 図2-1 図2-1
重心線			断面の重心を連ねた線を表すのに用いる。	
破断線	不規則な波形の細い実線 またはジクザグ線	∼∼∼∼ —√V—	対象物の一部を破った境界，または一部を取り去った境界を表すのに用いる。	図2-1, 図2-13
切断線	細い一点鎖線で，端部および方向の変わる部分を太くしたもの[2]	⌐·—·—·⌐	断面図をかく場合，その切断位置を対応する図に表すのに用いる。	図2-22
ハッチング	細い実線で，規則的に並べたもの	/////	図形の限定された特定の部分を他の部分と区別するのに用いる。たとえば，断面図の切り口を示す。	図2-1
特殊な用途の線	細い実線	————	(1) 外形線およびかくれ線の延長を表すのに用いる。 (2) 平面であることを示すのに用いる。 (3) 位置を明示または説明するのに用いる。	
	極太の実線	━━━━	薄肉部の単線図示を明示するのに用いる。	図2-27

注(1) 想像線は，投影法上では図形に現れないが，便宜上必要な形状を示すのに用いる。
　　　また，機能上・工作上の理解を助けるために，図形を補助的に示すためにも用いる。
　(2) 他の用途と混用のおそれがないときは，端部および方向の変わる部分を太くする必要はない。
　(3) その他の線の種類は，JIS Z 8312によるのがよい。
備考　細線，太線および極太線の線の太さの比率は 1 : 2 : 4 とする

1. 線の用法

2 図形の表しかた

1 図形の選びかた

1 主投影図の選びかた

　対象物の形状を図面に表すには，一般にその対象物の形状，機能が最もよくわかる面を主投影図（正面図）に選び，これをもとにして，平面図，側面図その他の必要な図をかく。図の数はなるべく少なくするようにし，主投影図だけで不足なく表せるものに対しては，他の投影図は省略する（図2-2(a)）。回転体や対称な形をした対象物などの場合には，寸法に併記する記号を用いてかく。また，かくれ線を用いないようにくふうする。（図2-2(b)）。

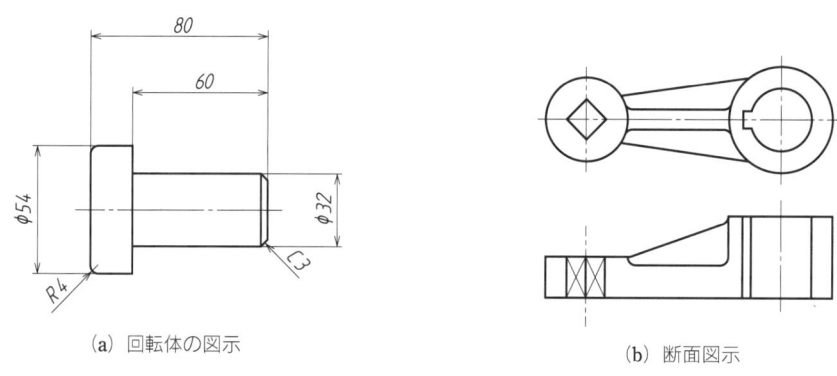

(a) 回転体の図示　　　　　(b) 断面図示

図 2-2　主投影図の選びかたの例

　また，製作図では，対象物の加工量が最も多い工程を基準として，その加工のさいに置かれる状態と同じ向きに描くのがよい。たとえば，図2-3は施盤による外丸削り加工を必要とする場合の図の向きの例である。

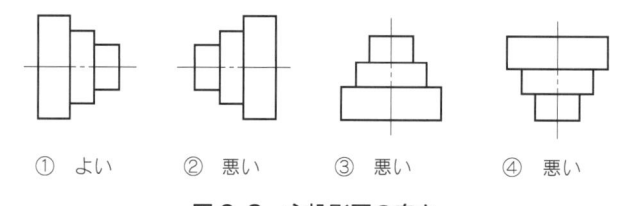

① よい　　② 悪い　　③ 悪い　　④ 悪い

図 2-3　主投影図の向き

2 特殊な投影

　投影図として主投影図以外のものが必要になる場合でも，その対象物全体の投影図をかかないで，一部分を表す投影図をかき加えることによって，対象物の実体を表すことができる。

a 補助投影図　　対象物の斜面の実形を図示するには，図2-4のように，斜面に垂直に対向する位置に斜面部分だけ投影する**補助投影図**（auxiliary view）が用いられる。

b 局部投影図　　対象物の穴，溝など一局部だけの形を図示すればたりる場合には，図2-5のように，その必要な部分だけをかく**局部投影図**（local view）が用いられる。

実体図

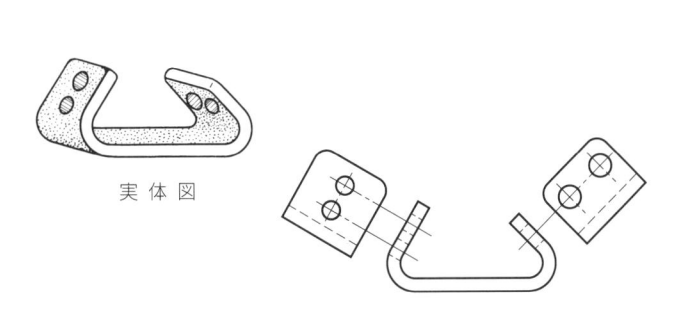

図2-4　補助投影図の図示 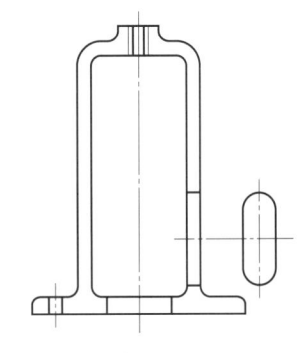　　　　図2-5　局部投影図の図示

2　特殊な図示法

正しい投影法でかくと，手間がかかりすぎ効果も少ないような場合や，図形をはっきり理解しにくいような場合には，次のようにかくのがよい。

1　回転図示

ボスからある角度でアームが出ているような対象物を図示する場合，正しい投影法でかくと，斜めの部分がわかりにくくなる。そこで，図2-6のように，実形を示す投影が求められる位置まで回転して図示する。なお，図2-6で作図に用いた線（細い実線）は，見誤るおそれがある場合には残す。

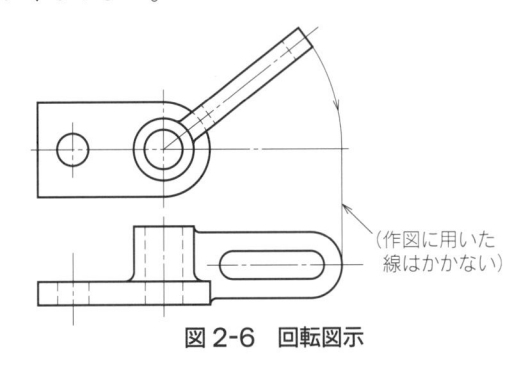

（作図に用いた線はかかない）

図2-6　回転図示

2　2面の交わり部が丸みをもつ場合の図示

対象物の2面の交わり部に丸みをもっている場合，投影図にはその交わり部が表れない。必要があるときには，図2-7のように2面の交わり部が丸みをもたない場合の交

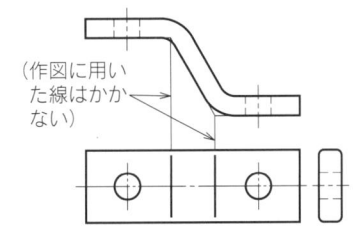

（作図に用いた線はかかない）

（作図に用いた線はかかない）

図2-7　2面の丸みをもった交わり部の図示

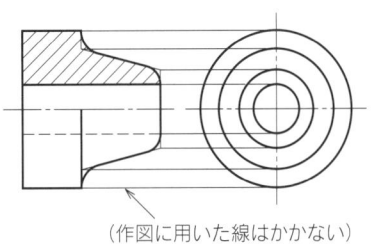

図2-8　回転体の丸みをもった交わり部の図示

2. 図形の表しかた　**33**

線の位置に，太い実線で表す．図2-8のように，回転体の交わり部の丸みの表しかたも，同様である．

3　平面の図示

面が平面であることを示す必要があり，しかも投影図では曲面と区別しにくい場合には，図2-9(a)のように，細い実線で対角線を記入する．また，かくれている箇所についても，図(b)のように，細い実線の対角線で示す．

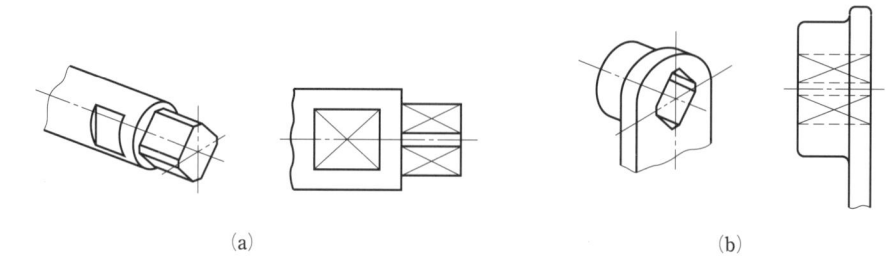

図2-9　平面の図示

4　ローレット・金網などの図示

つまみや工具の握りなどの部分によく用いられるローレットおよび金網などは，図2-10，図2-11のように，その形状の一部だけを図示すればよい．

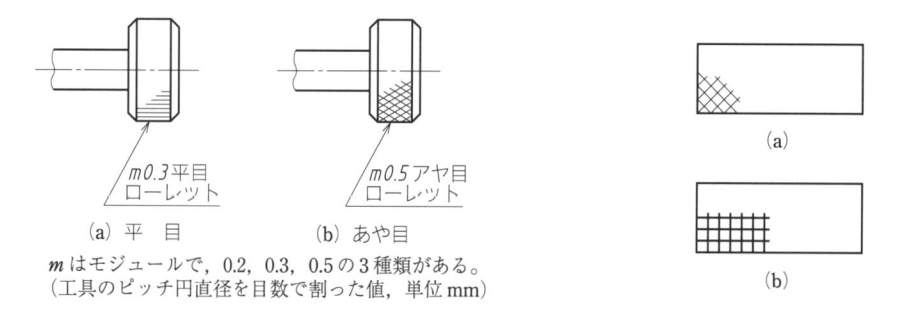

mはモジュールで，0.2，0.3，0.5の3種類がある．
（工具のピッチ円直径を目数で割った値，単位mm）

図2-10　ローレット切りした部分の表しかた

図2-11　金網の表しかた

5　特殊加工部分の図示

対象物の一部分に特殊な加工を施す場合はその範囲を，図2-12のように，外形線に平行にわずかに離して引いた太い一点鎖線によって示す．この場合，特殊加工に関する必要記事を記入する．

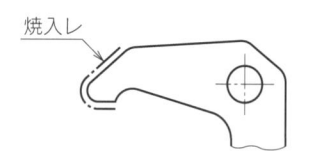

図2-12　特殊加工部分の図示

6　中間部の省略

長い軸や管などで，同一断面状の部分がとくに長い場合には，その中間部を切り取って，短縮してかくほうがよい．この場合，切り取った端

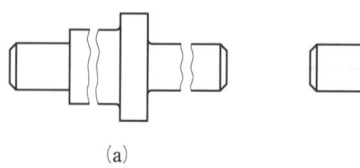

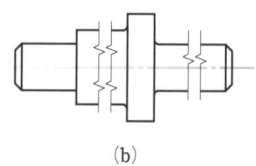

図2-13　破断線による図示

部は，図2-13のように，破断線で示す。

■7■ 繰り返し図形の省略

ボルト穴など同種同形のものが多数連続して並ぶような場合は，図2-14のように省略して図示してもよい。

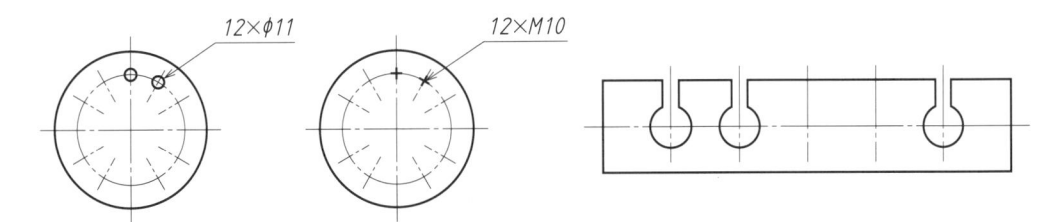

(a) 1ピッチだけ実形で示し，ほかは中心線で示す例
(b) 1ピッチだけ図記号(+)で示し，ほかは中心線で示す例
(c) 両端部とはじめの1ピッチを実形で示し，ほかは中心線で示す例

図2-14　繰り返し図形の省略

■8■ 対称図形の省略

図形が対称形状の場合には，対称性を明確にし，作図の時間と紙面を減らすために次のいずれかの方法によって対称中心線の片側を省略することができる。

①対称中心線の片側の図形だけをかき，その対称中心線の両端部に短い2本の平行細線（**対称図示記号**）をつける（図2-15）。

②対称中心線の片側の図形を，対称中心線を少し越えた部分までかく。このときは，対称図示記号を省略することができる。（図2-16）。

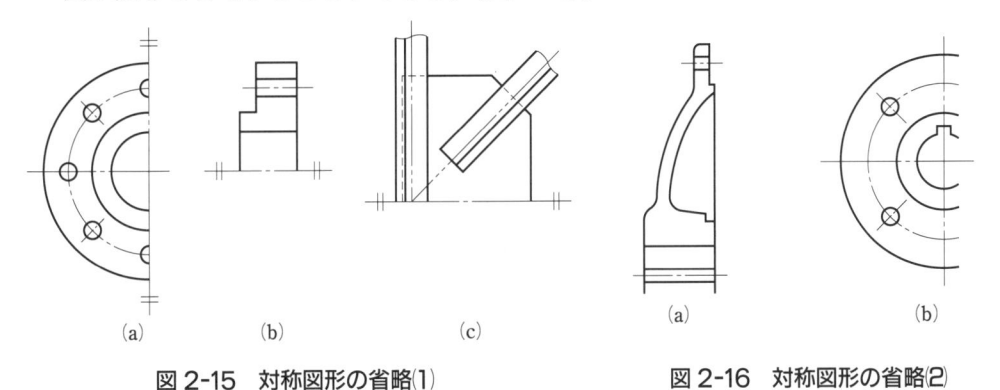

図2-15　対称図形の省略(1)　　　図2-16　対称図形の省略(2)

■3■ 断面図示

対象物の内部の形状を明示するには，かくれ線で表すと複雑で不明確になるので，断面で図示することが多い。この場合，対象物の切断面上に現れる図形を**切り口**（section）といい，その投影図を**断面図**（sectional view）という。

1 対称中心線をもつ対象物の断面図示

　回転体のように中心軸をもつ対象物は，図2-17のように，原則として基本中心線を含む平面で切断して図示する。この場合，切断線は記入しない。

　また，図2-18に示すように，上下または左右対称な対象物では外形図と断面図を同時に表すことができる（一般に対称中心線の上側または右側を断面図で表す）。

　必要な部分だけを破断した部分断面図の場合には，図2-19に示すように，破断した箇所は細い実線でフリーハンドでかく。

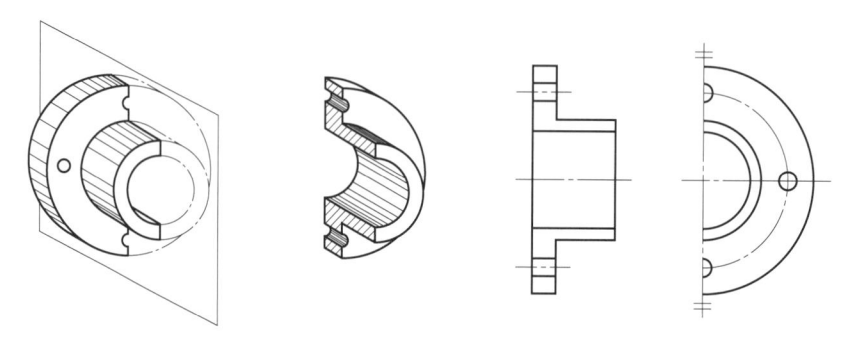

（a）基本中心線を含む平面による切断　　　（b）断面図

図(b)では側面図を右半分しかかいていないが，左右同形の場合には，このような表しかたでもよい。
断面図では切断した面だけをかくのではなく，切断面の後方にみえる部分もかく。

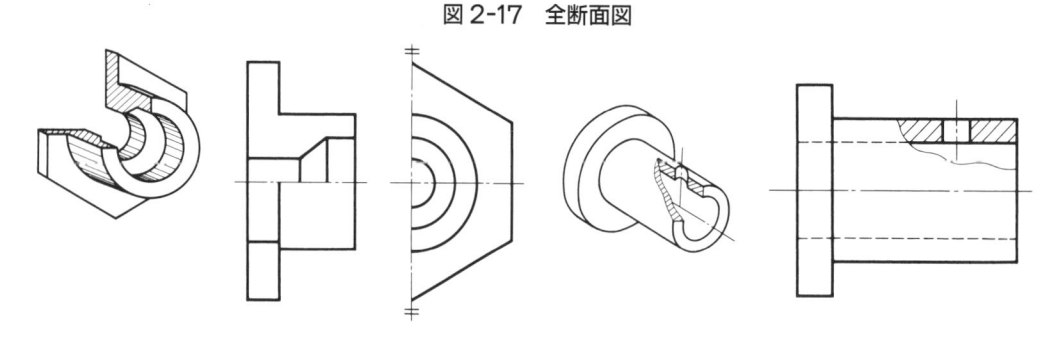

図2-17　全断面図

図2-18　対称な対象物の断面図（片側断面図）　　　**図2-19　部分断面図**

　断面には，必要がある場合，**ハッチング**（hatching）または**スマッジング**（smudging）を施す。ハッチングは，ふつう主たる中心線に対して45°傾いた細い実線で等間隔に施す（図2-20）。

　スマッジングは，断面の輪郭に沿って鉛筆か黒の色鉛筆などで薄く塗る。図2-21のように，周辺だけに施すのがよい。

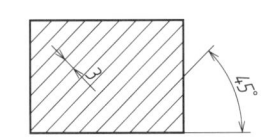

(a) 中心線がない場合には，水平線に対して45°に施す。間隔は約3mm程度とする。

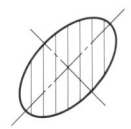

(b) まぎらわしい場合は任意の角度で施す。

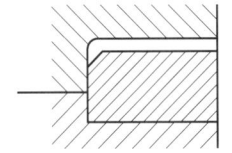

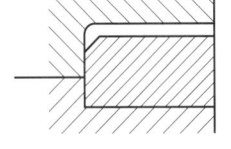

(c) 隣接する断面のハッチング

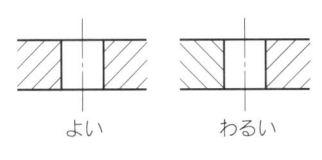

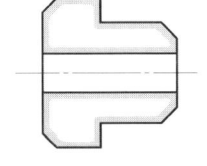

(d) ハッチングの入れかた

図 2-20　ハッチングの施しかた

図 2-21　スマッジングの施しかた

2　一つの切断面によらない断面図示

　断面は，必要に応じて，基本中心線を含む平面以外の面で，切断して図示してもよい。この場合には，切断線（表2-1参照）によって切断の位置を示す。図2-22は，一つの切断平面によらないで，階段状に切断して表した図である。図2-23に放射状の断面図示を示す。

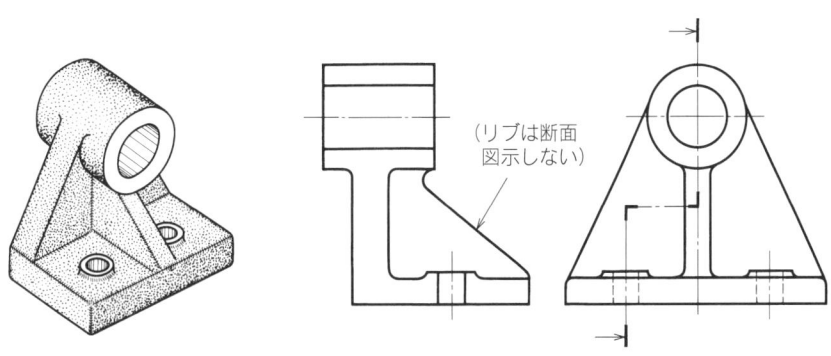

（リブは断面図示しない）

図 2-22　階段状の断面図示

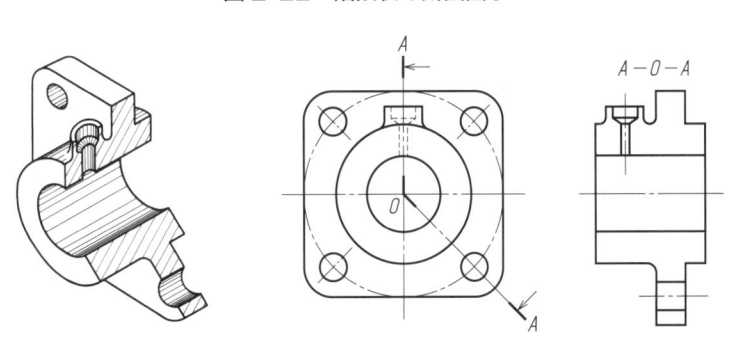

　投影面に対してある角度をもった断面は，その角度だけ投影面のほうに回転して図示する。切断位置を示す記号・文字はすべて上向きにかき，断面図にA－O－Aのように記入する。

図 2-23　放射状の断面図示

3 断面図示の位置

ハンドルや車などのアーム・リム，リブ，フック，軸などの断面は，図2-24のように示してもよい。また，軸のようなものは，図2-25のように切断線の延長線上に示すか，図2-26のように軸の中心線の延長上に示してもよい（いずれも，軸の各部のキーみぞの形状，位置を示すが，この例では図2-26より図2-25のほうがみやすい）。

図 2-24　切断箇所における断面図示

図 2-25　軸の断面図示（切断線の延長上）

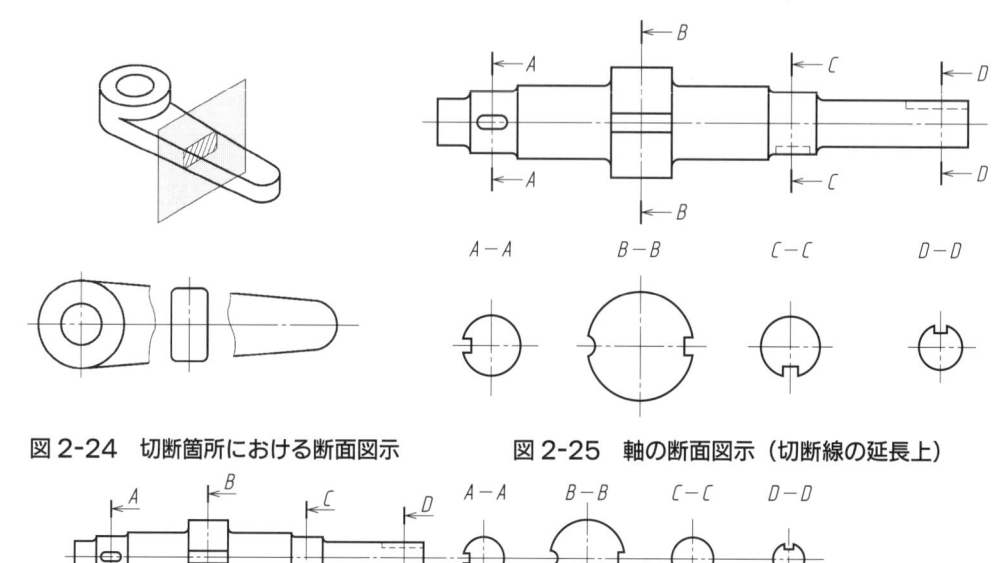

図 2-26　軸の断面図示（中心線の延長上）

4 薄物の断面図示

パッキン，ガスケット，薄板，形鋼などのように，かかれる断面が薄い場合は，断面を黒く塗りつぶしたり，実際の寸法にかかわらず，極太の1本の実線で表す。これらの断面が隣接している場合には，それらを表す線の間にわずかなすき間をあける（図2-27）。ただし，このすき間は0.7 mm以上とする。

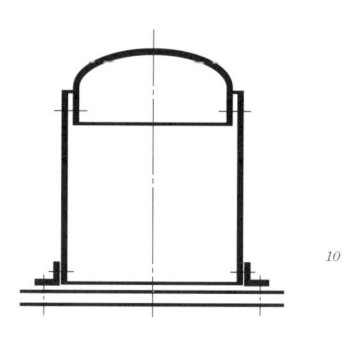

図 2-27　薄物の断面図示

5 断面図示をしてはならないもの

　切断すると形状がわかりにくくなるようなものに，リブ，車のアーム，歯車の歯などがあり，また，切断しても意味のないものとして，軸，キー，ピン，ボルト，ナット，座金，小ねじ，リベット，鋼球，円筒ころなどがある（図 2-28）。これらのものは，長手方向に切断しない。ただし，長手方向と垂直に切断するのはさしつかえない。

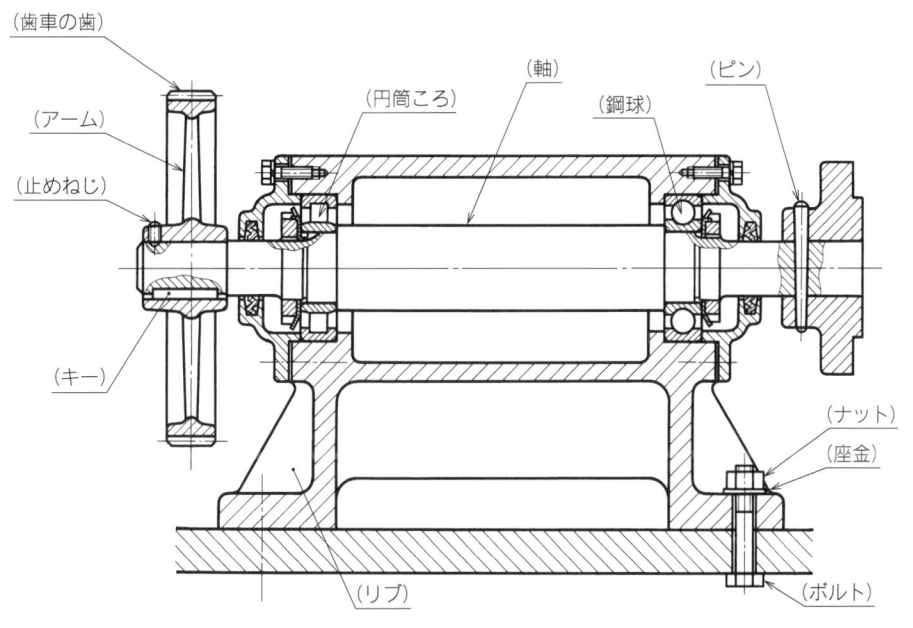

図 2-28　断面図示をしてはならないもの

3 尺度と寸法記入

1 尺度

対象物の長さとかかれた図形の長さとの割合を**尺度**（scale）という。尺度は，**縮尺**（reduction scale），**現尺**（full scale），**倍尺**（enlarged scale）に区別し，JISでは，表2-2のように定められている。

表 2-2　推奨尺度　　　　　　　　　　　　（JIS B 0001：2000）

尺度の種類	値
縮尺	1：2　1：5　1：10　1：20　1：50　1：100　1：200　1：500　1：1000　1：2000　1：5000　1：10000
現尺	1：1
倍尺	2：1　5：1　10：1　20：1　50：1

備考　表は推奨尺度を示す。やむを得ず推奨尺度を適用できない場合には，中間の尺度（JIS Z 8314附属書の規定によるもの）を選んでもよい。

2 寸法

図形に**寸法**（dimension）が記入されて，はじめて対象物の形状や大きさが正確にわかる。寸法は対象物の製作に重要なことであるから，たんに対象物の大きさを表すだけでなく，精度，加工の方法や順序などもわかるように記入しなければならない。

寸法は，尺度に関係なく仕上がり寸法を記入する。

1 寸法の単位

図面に記入する長さの寸法数値は，原則としてmm単位で，数値だけをかき，単位記号はつけない。小数点は，数字と数字の間を半字分くらい離して，中間にはっきりかく。けた数が多い場合には，3けたごとに間隔を適当にあけ，コンマはつけない。角度の寸法数値は一般に度で表し，必要に応じて分，秒を用い，次の例のように記入する。

〔例〕　125.35　　12 780　　90°　　22.6°　　3′ 21″　　6° 48′ 5″

2 寸法の表示

寸法は，図2-29のように，寸法補助線，寸法線，寸法補助記号などを用いて寸法数値によって示す。

a 寸法線　　寸法を示そうとする外形線に平行に細い実線を引き，両端に矢などの端末記号をつける（図2-30）。

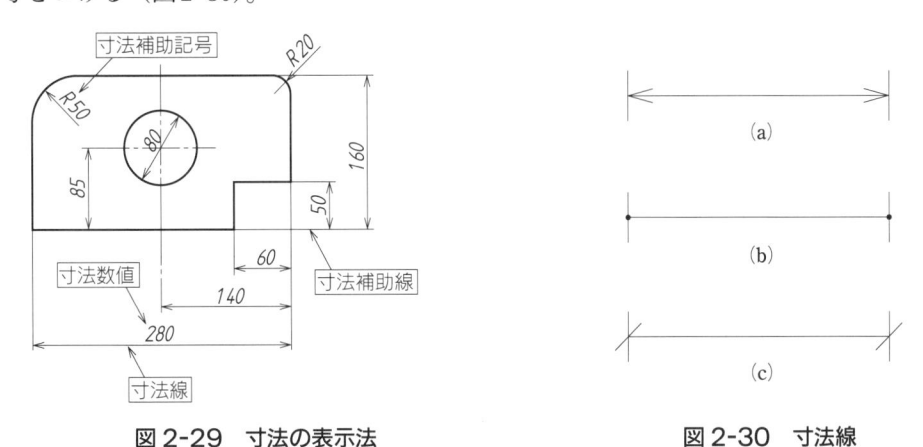

図2-29　寸法の表示法

図2-30　寸法線

b 寸法補助線　　寸法補助線は寸法線に垂直に引き，寸法線をわずかに越えるまで（約2～3mm程度）延長する。テーパ部の寸法や，図2-31のように，車のアーム部の寸法を示すなど，垂直に引きにくい場合は，寸法線に約60°くらいの傾斜をつけて引くとよい。寸法補助線を長く引き出すとわかりにくくなる場合には，図2-31のように直接，図形の中に寸法線を引く。

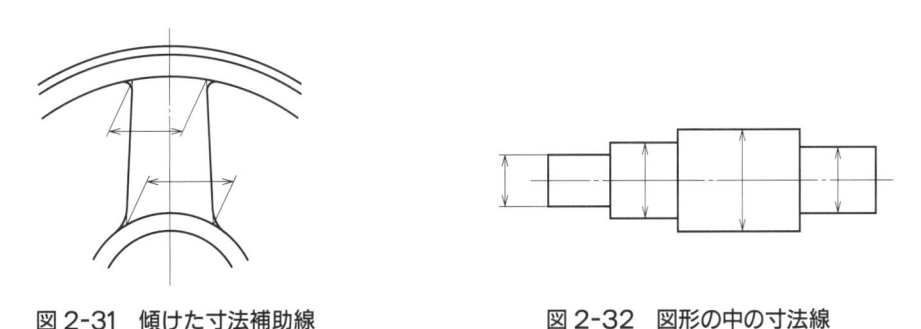

図2-31　傾けた寸法補助線

図2-32　図形の中の寸法線

c 寸法数値　　寸法数値は，水平方向の寸法線に対しては図面の下辺から，垂直方向の寸法線に対しては図面の右辺から読めるように，寸法線に沿って，その上側にわずかに離してかく。斜めの寸法線に対してもこれに準じてかく。寸法数字の大きさは，図形の大小によって使い分け，ふつうは高さ3.5mm，5mm程度を用いる。また，同一図面内では大きさを統一する。

d 引出線　　寸法を記入するための引出線は，寸法線から斜めに引き出し，その端を水平に折り曲げ，上側に寸法数値を記入する。この場合，引出線を引き出す側の端には何もつけない（47ページ図2-47(b)）。加工方法，注記，照合番号などを記入するために用いる引出線は，原則として斜め方向に引き出す。この場合，引出線を，形状を表す線から引き出す場合には矢印（図2-33(a)），形状を表す線の内側から引き出す場合には黒丸（図

(b))を，引き出した箇所につける。

なお，注記などを記入する場合には，原則としてその端を水平に折り曲げ，その上側にかく（図(a)）。

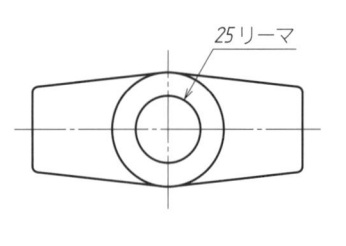

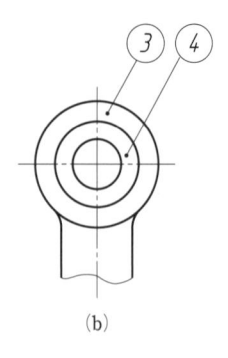

図2-33　引出線

■e 寸法補助記号　寸法数値のほかに，表2-3に示す寸法補助記号を付加することによって，その部分の形状などを示すことができる。⌒以外の記号は，寸法数値の前に数字と同じ大きさでかく。

板の厚さを図示せずに表すには，板の付近またはその面に，厚さを示す寸法補助記号 t と寸法数値を記入する（図2-34(d)）。

表2-3　寸法補助記号　（JIS Z 8317 : 1999）

区分	記号(呼びかた)
直　　径	∅　（まる）
半　　径	R　（あーる）
球の直径	S∅　（えすまる）
球の半径	SR　（えすあーる）
正方形の辺	□　（かく）
板の厚さ	t　（てぃー）
円弧の長さ	⌒　（えんこ）
45°の面取り	C　（しー）

3　寸法の記入方法

1　寸法記入の原則

図面に寸法を記入する場合は，次の点に留意し適切な記入を行う。

① 対象物の機能，製作，組立などを考慮し，必要と思われる寸法を明りょうに図面に指示する。

② 寸法は，対象物の大きさ，姿勢および位置を最もあきらかに表すのに必要でじゅうぶんなものを記入する。

③ 図面に示す寸法は，とくに明示しないかぎり，図示した対象物の仕上がり寸法を示す。

④ 寸法には，機能上（互換性を含む）必要な場合，寸法の許容限界を指示する（JIS Z 8318参照）。ただし，理論的に正しい寸法を除く。

⑤ 寸法は，なるべく主投影図に集中する。

⑥ 寸法は，重複記入を避ける。

⑦ 寸法は，なるべく計算して求める必要がないように記入する。

⑧ 寸法は，必要に応じて基準とする点，線または面をもとにして記入する（図2-45参照）。

⑨ 関連する寸法は，なるべく1箇所にまとめて記入する（図2-51参照）。

⑩寸法は，なるべく工程ごとに配列を分けて記入する（図2-52参照）。
⑪寸法のうち，参考寸法については，寸法数値に括弧をつける（図2-40，図2-48参照）。

2 直径の寸法記入

直径の寸法を記入するには，図2-34(a)のように，寸法数値の前にφを付記して示すが，あきらかに円の場合には，図(b)，(c)のように記入しない。円形の一部を欠いた図形の場合は，図(d)のように示す。この場合，円の中心の位置をあきらかに示さなければならない。

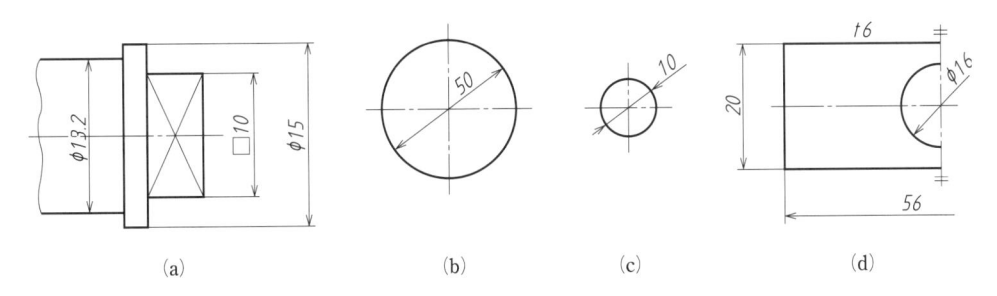

図2-34 直径の寸法記入

3 半径の寸法記入

半径の寸法を記入するには，図2-35(a)のように，寸法数値のまえにRをつけて示すが，寸法線を円弧の中心まで引く場合は，図(b)のように省略してもよい。中心の位置を明示する必要がある場合は，図(c)のように，中心に黒丸をつけるか図2-36のように十字をつける。矢印の寸法数値を記入する余地がない場合には，図(d)のようにする。

図2-35 半径の寸法記入

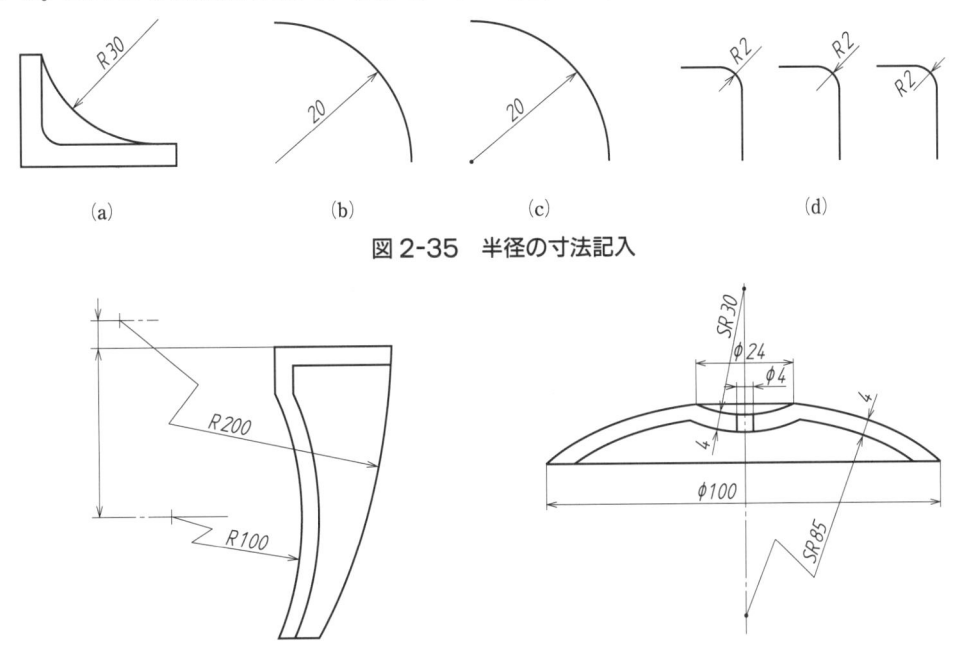

図2-36 円弧の中心が遠いときの半径の記入   図2-37 球面の半径の記入

3. 尺度と寸法記入

また，円弧の中心が遠いときには，図2-36のように示す。球面の直径を示す場合には，寸法数値のまえに$S\phi$を，半径を示す場合にはSRを付記する（図2-37）。

4　弦・弧の寸法記入

弦の寸法は，図2-38(a)のように弦に平行な寸法線に記入して，円弧の長さを示すには，図(b)のように，その円弧と同心の円弧の寸法線を引いて記入する。

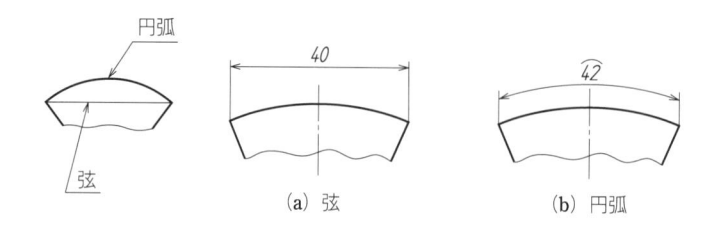

図2-38　弦・弧の寸法記入

5　各種の穴の寸法記入

きり穴，打ぬき穴などの区別を示す必要のある場合は，原則として図2-39のように，寸法にその区別を付けて表す。同一寸法の穴および同一間隔で連続する同一寸法の穴の寸法記入は，図2-40のようにする。

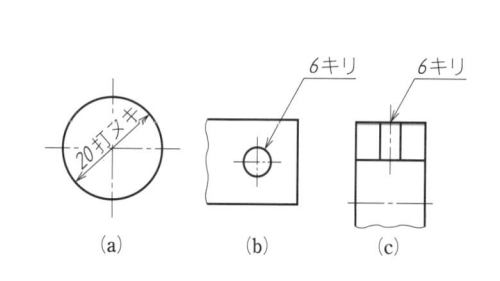

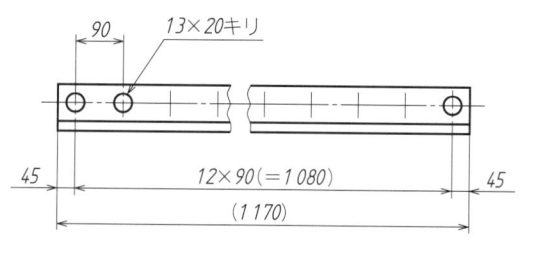

13×20キリとは13個の寸法20のきり穴，12×90（＝1080）とは，1080の寸法線間を12等分，ピッチ90を意味する。なお，（　）のついた寸法1170は重要度の小さい参考寸法を示す。

図2-39　穴の寸法記入　　図2-40　同一寸法の穴の寸法記入

6　角度の寸法記入

角度を記入する寸法線は，図2-41のように，角度を構成する2辺またはその延長線の

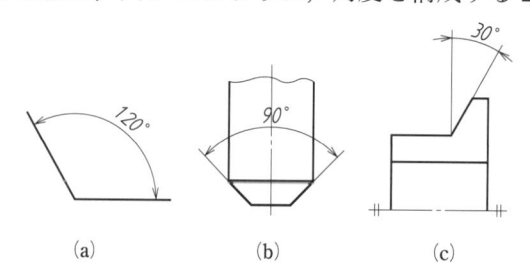

図2-41　角度を記入する寸法線

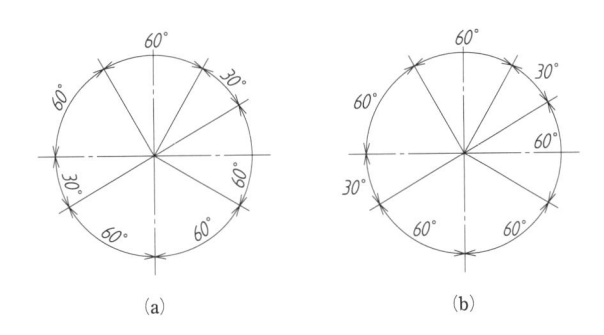

図 2-42 角度の寸法記入の向き

交点を中心として，2辺またはその延長線の間に円弧をかき，両端に矢印をつけて表す。

角度の寸法数値は，図2-42(a)のように記入する。なお，必要がある場合には，図(b)のように記入してもよい。

7 テーパとこう配の寸法記入

テーパ，こう配は，原則として参照線を用いて指示する。参照線は水平に引き，引出線を用いて形体の外形線と結ぶ（図2-43）。このとき，テーパ，こう配の向きを示す図記号を，テーパ，こう配の方向と一致させてかく。

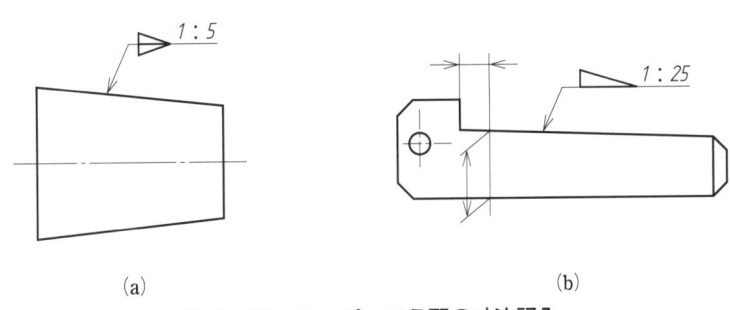

図 2-43 テーパ，こう配の寸法記入

8 面取りの寸法記入

対象物の角を斜めに削り取る面取りの寸法記入は，図2-44(a)のようにする。ただし，45°の面取りにかぎって，記号Cを用いて，図(b)，(c)のように記入する。

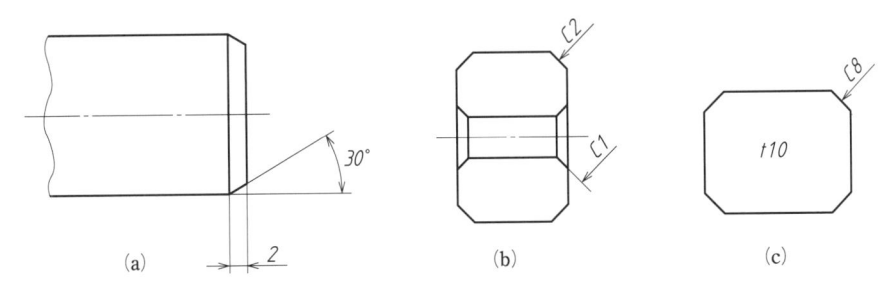

図 2-44 面取りの寸法記入

9 基準となる箇所をもとにしての寸法記入

加工または組立のさいに，基準となる箇所がある場合には，図2-45(a)のように，寸法

3. 尺度と寸法記入

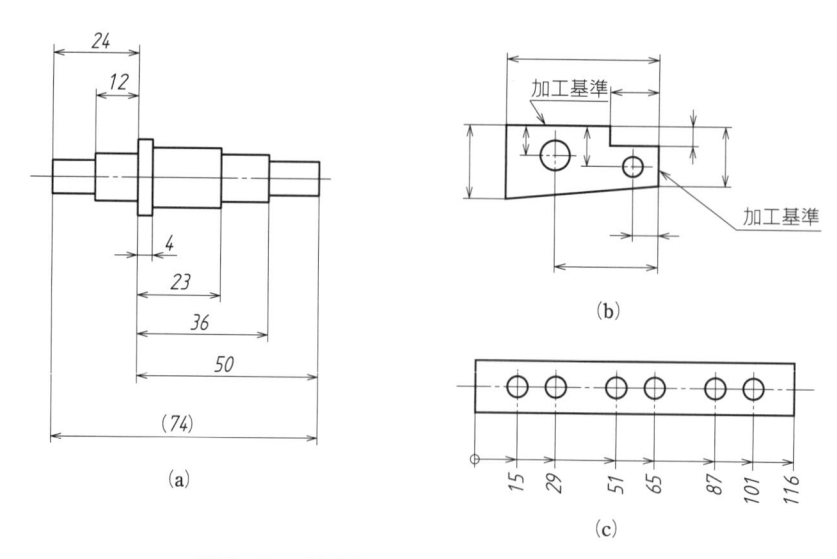

図2-45 基準箇所をもとにした記入(1)

はその箇所を基準にして記入する。とくに基準であることを明示するには，図(b)のように，その面に加工基準などと記入する。

また，基準面から多数の寸法を引くかわりに，図(c)のように，簡略化した記入法を用いることができる。この場合，基準の位置は起点記号○で示し，そこを0として，寸法線の他端を矢印で示し，寸法数値は寸法補助線に並べて記入する。

平面上に多数の穴をあける場合には，図2-46(a)のように，起点記号と寸法線で示すか，または，図(b)のように座標を用いて表にして示してもよい。

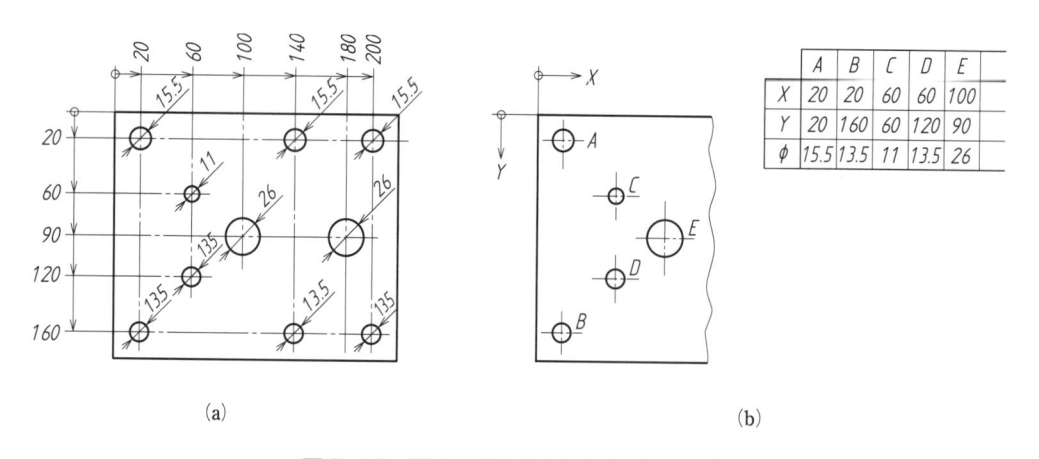

図2-46 基準箇所をもとにした寸法記入(2)

10 狭い箇所の寸法記入

寸法補助線の間隔が狭くて寸法記入の余地がない場合には，図2-47(a)のように，矢印のかわりに黒丸または斜線を使ったり，図(b)のように，引出線を使って記入したりする。また図(c)のように，その部分の拡大図をかいて表してもよい。

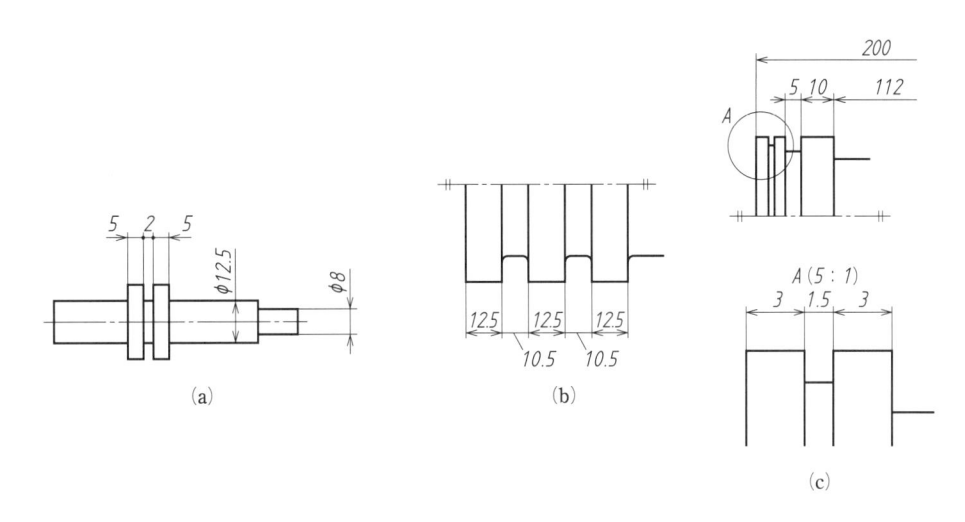

図2-47　狭い箇所の寸法記入

11　文字記号による寸法記入

　一部分の寸法だけが異なる類似の対象物を一つの図で表すには，図2-48(a)のように，文字記号を用い，その数値を別に表示する。また，同一の対象物で径の異なる穴が多数ある場合には，図(b)のように，記号を用いて示してもよい。

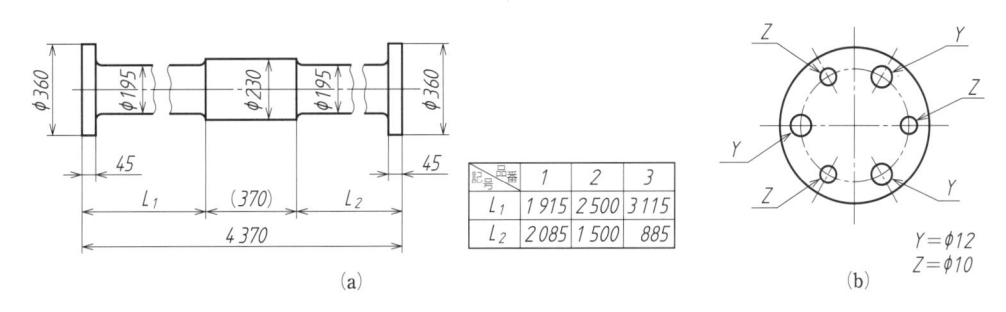

記号＼品番	1	2	3
L_1	1 915	2 500	3 115
L_2	2 085	1 500	885

$Y=\phi 12$
$Z=\phi 10$

図2-48　文字記号による寸法記入

12　その他の寸法記入上の注意

①面の交わり部の寸法記入は，たとえばたがいに傾斜している二つの面の間に，丸みまたは面取りが施されているような場合には，二つの面を示す外形線の延長線の交点を基準にして記入する（図2-49(a)）。

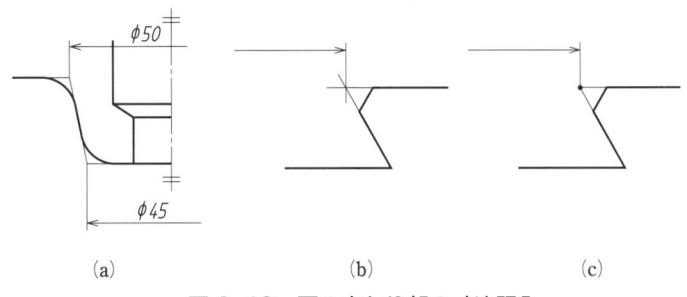

図2-49　面の交わり部の寸法記入

3. 尺度と寸法記入

交点をあきらかにするときには，線をたがいに交差させるか，または交点に黒丸をつけて表してよい（図2-49(b)，(c)）。

②半径の寸法が，ほかに指示した寸法によって自然に決まるときには，半径の寸法線と記号とで円弧であることを示し，寸法数値は記入しない（図2-50）。

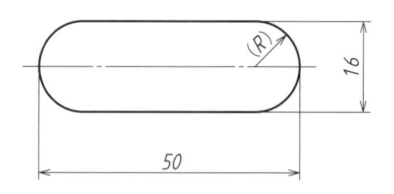

図2-50　半径の寸法数値の省略

③関連する寸法の記入は，たとえば図2-51のように，ボルト穴の中心円の寸法と穴の寸法と穴の配置とは関連があるので，中心円がかかれてあるほうの図にまとめて記入するのがよい。

④加工を異にする部分の寸法記入は，図2-52のように，同一工程に属する寸法がなるべく同一側になるようにその配列を分けて記入する。

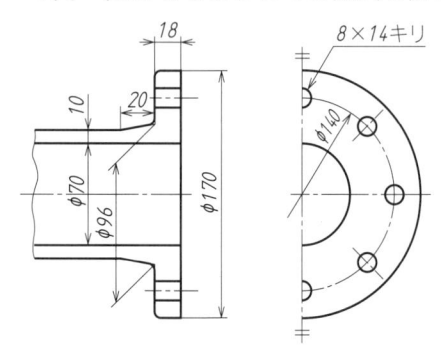

図2-51　関連する寸法の記入 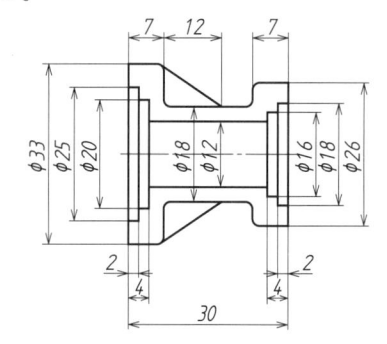　　　　図2-52　加工を異にする部分の寸法記入

4 寸法公差とはめあい

1 寸法公差

　対象物を加工するとき，でき上がる対象物の各部の寸法は，いずれも少しずつ異なるのがふつうである。この場合，図面に記入された寸法に比べて，多少の誤差があっても使用上支障のない場合が多いが，誤差がある限度を超えると使用できなくなることがある。仕上げの基準となる寸法を**基準寸法**（basic dimension）といい，最大許容寸法と最小許容寸法との差，すなわち上の寸法許容差と下の寸法許容差との差を**寸法公差**（dimensional tolerance）という。

1 寸法公差の表示

　寸法公差を表示する場合は，図2-53のように，原則として基準寸法の次に上・下の寸法許容差（図2-55参照）を付記する。

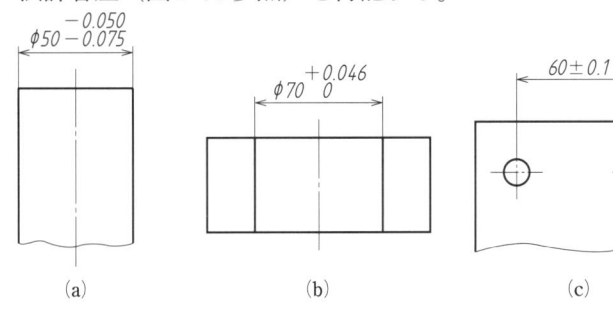

注 上・下の寸法許容差の数値のけた数はそろえてかく。ただし，0の場合は図(b)に示すようにかき，正負の符合はつけない。

図2-53 寸法公差の表示

2 基本公差

　寸法公差は，対象物の基準寸法が大きいほど大きな値を選ぶ必要がある。また，精度の高い部分や，精密なはめあいを要求される部分ほど小さな値を選ぶ必要がある。このような目的から，基準寸法に対応して寸法公差を級別に定めた**基本公差**がある。寸法公差はIT01，IT0，IT1〜IT18の20種類の公差等級に分けられているが❶，電子機器などの精密な部分については，表2-4に示したIT5〜IT7の等級のなかから適当なものを選んで寸法公差を記入するのがよい。

表2-4 基本公差の数値
(JIS B 0401:1998)（単位 μm）

基準寸法[mm]		公差等級		
を超え	以下	IT5	IT6	IT7
	3	4	6	10
3	6	5	8	12
6	10	6	9	15
10	18	8	11	18
18	30	9	13	21
30	50	11	16	25
50	80	13	19	30
80	120	15	22	35
120	180	18	25	40
180	250	20	29	46

---

❶ 公差等級は，記号ITに等級を示す数字をつけて表す。ITはInternational Tolerance の略。

2 はめあい

　組み合わせる前の軸と穴の寸法の差から生じる関係を**はめあい**という。図2-54のように，軸の径が穴の径より小さいとき，その差を**すきま**といい，軸の径が穴の径より大きいとき，その差を**しめしろ**という。

　はめあいには，つねに すきま ができる**すきまばめ**（図2-54(a)），つねに しめしろ ができる**しまりばめ**（図(b)），穴と軸の実寸法によっては，すきま ができたり しめしろ ができたりする**中間ばめ**の3種類がある。

(a) すきまばめ　　(b) しまりばめ
図2-54　はめあい

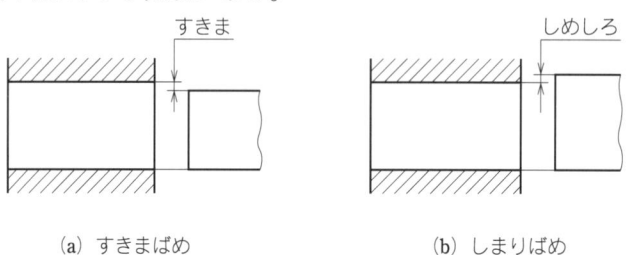

1　はめあい方式と寸法の表示

　適当な はめあい を得るためには，軸およびそれに対応する穴のそれぞれに，適当な寸法公差を指定する必要がある。たとえば，穴の寸法公差を図2-55のように示したとき，一般に上・下の寸法許容差が表す2本の直線の間の領域を**公差域**という。

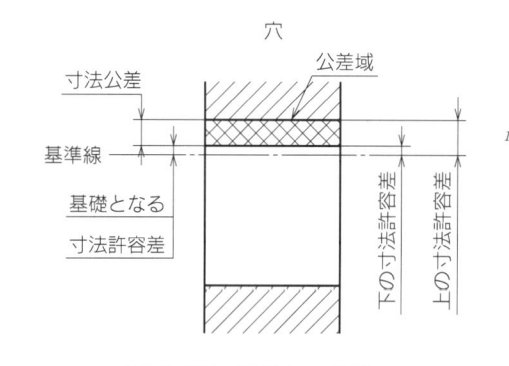

図2-55　はめあいの例

　はめあい による穴・軸の寸法の表示には，公差域の位置の記号と公差等級との組み合わせが用いられ，これを**公差域クラス**という。

　はめあい方式には，一定の公差域クラスの穴を基準にして，いろいろな軸と組み合わせることによって，必要な はめあい を得る**穴基準はめあい**と，一定の公差域クラスの軸を基準にして，いろいろな穴と組み合わせることによって，必要な はめあい を得る**軸基準はめあい**とがある。一般には，穴基準はめあい が広く用いられている。

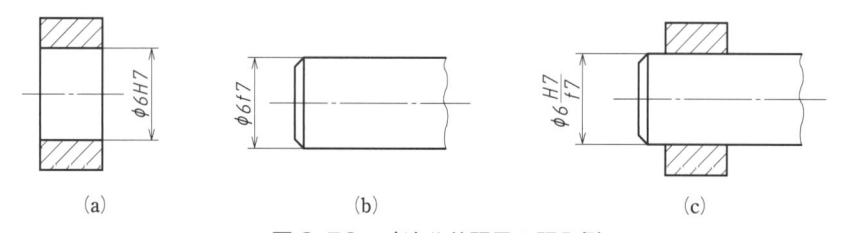

(a)　φ6H7　　(b)　φ6f7　　(c)　φ6 H7/f7
図2-56　寸法公差記号の記入例

はめあい方式によって寸法許容差を図面に記入するには，標準寸法のあとに，穴・軸の公差域クラスを示す寸法公差記号を記入する（図2-56）。

2　はめあいの選択

軸はふつう表2-5のなかから数種類のものだけを基準として採用する。

表 2-5　常用する穴基準はめあい　　　　　　　　　　　（JIS B 0401:1998）

基準穴	軸の公差域クラス													
	すきまばめ						中間ばめ			しまりばめ					
H6					g5	h5	js5	k5	m5					
				f6	g6	h6	js6	k6	m6	n6*	p6*			
H7				f6	g6	h6	js6	k6	m6	n6	p6*	r6*	s6	t6	u6	x6
			e7	f7		h7	js7							
H8				f7		h7								
			e8	f8		h8								
		d9	e9											
H9			d8	e8		h8								
		c9	d9	e9		h9								
H10	b9	c9	d9											

注　＊これらの はめあい は，寸法の区分によっては例外を生じる。

表 2-6　常用するはめあいの穴および軸の寸法許容差の例　（単位　μm）（JIS B 0401:1998）

基準寸法の区分(mm)		基準穴					軸										
を超え	以下	H6	H7	H8	H9	H10	e7	e8	e9	f6	f7	f8	g5	g6	h5	h6	h7	h8	h9
—	3	+6/0	+10/0	+14/0	+25/0	+40/0	−14/−24	−14/−28	−14/−39	−6/−12	−6/−16	−6/−20	−2/−6	−2/−8	0/−4	0/−6	0/−10	0/−14	0/−25
3	6	+8/0	+12/0	+18/0	+30/0	+48/0	−20/−32	−20/−38	−20/−50	−10/−18	−10/−22	−10/−28	−4/−9	−4/−12	0/−5	0/−8	0/−12	0/−18	0/−30
6	10	+9/0	+15/0	+22/0	+36/0	+58/0	−25/−40	−25/−47	−25/−61	−13/−22	−13/−28	−13/−35	−5/−11	−5/−14	0/−6	0/−9	0/−15	0/−22	0/−36
10	14	+11/0	+18/0	+27/0	+43/0	+70/0	−32/−50	−32/−59	−32/−75	−16/−27	−16/−34	−16/−43	−6/−14	−6/−17	0/−8	0/−11	0/−18	0/−27	0/−43
14	18																		
18	24	+13/0	+21/0	+33/0	+52/0	+84/0	−40/−61	−40/−73	−40/−92	−20/−33	−20/−41	−20/−53	−7/−16	−7/−20	0/−9	0/−13	0/−21	0/−33	0/−52
24	30																		
30	40	+16/0	+25/0	+39/0	+62/0	+100/0	−50/−75	−50/−89	−50/−112	−25/−41	−25/−50	−25/−64	−9/−20	−9/−25	0/−11	0/−16	0/−25	0/−39	0/−62
40	50																		
50	65	+19/0	+30/0	+46/0	+74/0	+120/0	−60/−90	−60/−106	−60/−134	−30/−49	−30/−60	−30/−76	−10/−23	−10/−29	0/−13	0/−19	0/−30	0/−46	0/−74
65	80																		

基準寸法の区分(mm)		基準穴					軸												
を超え	以下	H6	H7	H8	H9	H10	js5	js6	js7	k5	k6	m5	m6	n6	p6	r6	s6	t6	u6	x6
—	3	+6/0	+10/0	+14/0	+25/0	+40/0	±2	±3	±5	+4/0	+6/0	+6/+2	+8/+2	+10/+4	+12/+6	+16/+10	+20/+14	—	+24/+18	+26/+20
3	6	+8/0	+12/0	+18/0	+30/0	+48/0	±2.5	±4	±6	+6/+1	+9/+1	+9/+4	+12/+4	+16/+8	+20/+12	+23/+15	+27/+19	—	+31/+23	+36/+28
6	10	+9/0	+15/0	+22/0	+36/0	+58/0	±3	±4.5	±7	+7/+1	+10/+1	+12/+6	+15/+6	+19/+10	+24/+15	+28/+19	+32/+23	—	+37/+28	+43/+34
10	14	+11/0	+18/0	+27/0	+43/0	+70/0	±4	±5.5	±9	+9/+1	+12/+1	+15/+7	+18/+7	+23/+12	+29/+18	+34/+23	+39/+28	—	+44/+33	+51/+40
14	18																			+56/+45
18	24	+13/0	+21/0	+33/0	+52/0	+84/0	±4.5	±6.5	±10	+11/+2	+15/+2	+17/+8	+21/+8	+28/+15	+35/+22	+41/+28	+48/+35	—	+54/+41	+67/+54
24	30																	+54/+41	+61/+48	+77/+64
30	40	+16/0	+25/0	+39/0	+62/0	+100/0	±5.5	±8	±12	+13/+2	+18/+2	+20/+9	+25/+9	+33/+17	+42/+26	+50/+34	+59/+43	+64/+48	+76/+60	—
40	50																	+70/+54	+86/+70	
50	65	+19/0	+30/0	+46/0	+74/0	+120/0	±6.5	±9.5	±15	+15/+2	+21/+2	+24/+11	+30/+11	+39/+20	+51/+32	+60/+41	+72/+53	+85/+66	+106/+87	—
65	80																+62/+43	+78/+59	+94/+75	+121/+102

備考　表中の格段で，上側の数値は上の寸法許容差，下側の数値は下の寸法許容差を示す。

はめあいの穴および軸の寸法許容差は，表2-6のようになっている。

穴基準はめあいの基準になる穴を基準穴といい，下の許容差が0になる穴を用いる。

たとえば，図2-56の例では，図(a)の$\phi 6\mathrm{H}7$は基準穴の寸法が$\phi 6\,{}^{+0.012}_{0}$であることを示し，図(b)の$\phi 6\mathrm{f}7$は軸の寸法が$\phi 6\,{}^{-0.010}_{-0.022}$であることを示し，図(c)の$\phi 6\dfrac{\mathrm{H}7}{\mathrm{f}7}$（$\phi 6\mathrm{H}7／\mathrm{f}7$ともかく）は，$\phi 6\mathrm{H}7$の基準穴と$\phi 6\mathrm{f}7$の軸とのはめあいを表すもので，すきまばめ である。

5 表面あらさと幾何公差

1 表面あらさ

　製作図では，製品の加工表面の仕上げの程度を表示しなければならない場合が多い。
　この表面の仕上げ程度を表すのに，一般に**表面あらさ**（surface roughness）が用いられる。表面あらさは，JIS（JIS B 0601「表面あらさ－定義および表示」）により，**算術平均あらさ，最大高さ，十点平均あらさ，凹凸の平均間隔，局部山頂の平均間隔，負荷長さ率**の6種類が規定されている。表面あらさの表示には，算術平均あらさがよく使われている。算術平均あらさは，加工表面の任意の数箇所について測定し，その測定値を算術平均した値を表面あらさの値とする。加工表面に垂直な平面で切断し，その切り口を測定器を用いて拡大した輪郭を**断面曲線**とよぶ。この断面曲線から所定の波長より長い表面うねり❶成分を除いた曲線を**あらさ曲線**といい，表面あらさは，このあらさ曲線から求められる。

1 算術平均あらさ

　図2-57(a)のように，断面曲線から所定の波長より短い表面あらさ成分を除いた曲線を**ろ波うねり曲線**といい，この曲線を直線に置き換えた線を**平均線**という。また，あらさ曲線からカットオフ値❷と同じ長さを抜き取った部分の長さを**基準長さ**という。図(b)のように，基準長さ l の間で平均線の下側の谷の部分を平均線で折り返した部分と，山の部分の面積の総和を，基準長さ l で割った数値を**算術平均あらさ**（Ra）といい，μm単位で表す。

　表面あらさの評価に用いる長さを**評価長さ**とよび，標準値は基準長さの5倍とする。表

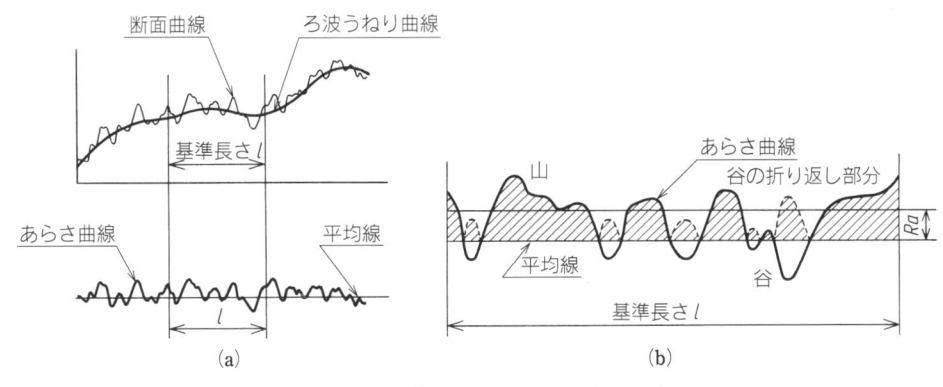

図2-57　算術平均あらさの求めかた

---

❶　加工表面で比較的大きな間隔で繰り返し起こる面の起伏を表面うねりという。
❷　算術平均あらさの測定では，電気的なあらさ測定器を用い，表面うねりに相当する大きい波長の波の成分を電気的に除去できるようになっており，その除去できる波長の限界をカットオフ値という。

2-7に，算術平均あらさを求めるときのカットオフ値および評価長さの標準値を示す。

表2-7 カットオフ値および評価長さの標準値

Raの範囲	を超え	(0.006)	0.02	0.1	2.0	10.0
	以下	0.02	0.1	2.0	10.0	80.0
カットオフ値[mm]		0.08	0.25	0.8	2.5	8
評価長さ[mm]		0.4	1.25	4	12.5	40

備考 （ ）内は，参考値である。

2 加工方法と筋目方向の記号

適当な表面あらさを必要とする場合には，加工方法を指示することがある。とくに，加工の方法によっては，表面に加工による一定の筋目がつくことが多いので，表面の使用目的に応じた筋目の方向まで指定することがある。表2-8に加工方法，表2-9に筋目方向の記号の例を示す。

表2-8 加工方法の記号の例　　　(JIS B 0122:1978)

加工方法	記号	略号
旋削	L	旋
穴あけ（きりもみ）	D	キリ
フライス削り	M	フライス
平削り	P	平削
形削り	SH	形削

備考 略号は慣用例である。

表2-9 筋目方向の記号の例　　　(JIS B 0031:1994)

記号	意味	説明図
=	加工による刃物の筋目の方向が記号を記入した図の投影面に平行 例：形削り面	刃物の筋目の方向
⊥	加工による刃物の筋目の方向が記号を記入した図の投影面に垂直 例：形削り面（横からみる状態） 旋削，円筒研削面	刃物の筋目の方向

2 表面あらさの表示

表面あらさを図面に記入するには，面の指示記号を用いる。

1 面の指示記号

面の指示記号は，表面あらさ，加工による面の除去加工の要否を指示する場合に用いる記号であり，次の3種類がある。

①除去加工の要否を問わないことを示す場合で，対象面が指示する表面あらさであれば，除去加工の必要，不必要を問わないことを意味する（図2-58(a)）。

②除去加工を必要とする場合を同図(b)に示す。

③除去加工を許さないことを示す場合で，製作工程を示す図面においては，前加工の表面状態をそのまま残すことを示す。（同図(c)）。

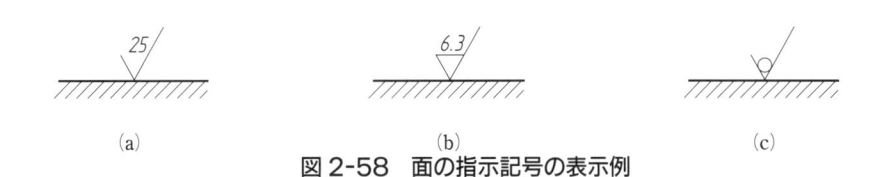

図2-58 面の指示記号の表示例

　面の指示記号に対する各指示事項は，表面あらさの値，カットオフ値（または基準長さ），加工方法および筋目方向などからなっていて，図2-59のように表す。ただし，表面あらさの値以外は，必要に応じて記入する。

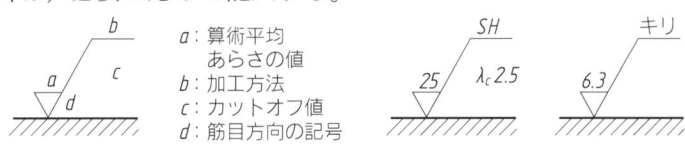

a：算術平均あらさの値
b：加工方法
c：カットオフ値
d：筋目方向の記号

図2-59 各種の指示事項の記入例

2 表面あらさの記入法

　面の指示記号は，次の要領で記入する。

①図2-60のように，記号は，指定する面または面の延長線あるいは寸法補助線に，頂点が垂直に接するように，対象物の外側に記入する。また，この方法で表しにくい場合には，図2-61のように，指定する面から引き出した引出線に記入してもよい。

②部品の全面を同一の仕上げ程度に指定したり，部品の大部分が同一の仕上げ程度で一部分だけが異なる場合には，図2-62のように，照合番号の横に記入するか，または図の上方にわかりやすく大きめに記入する。

③記号を穴などに記入する場合は，図2-63のように記入する。

④記号はその面を最もよく表す投影面に記入し，同一の指定面に重複して記入しない（図2-64）。

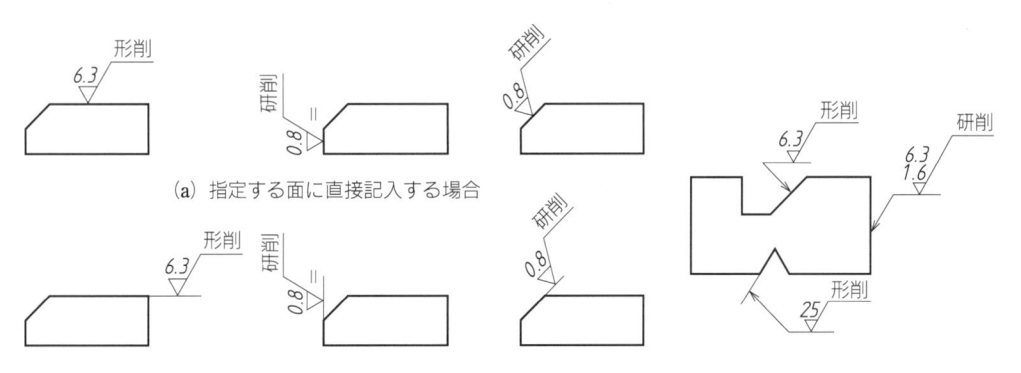

(a) 指定する面に直接記入する場合

(b) 面の延長線に記入する場合

図2-60 面の指示記号の基本的な記入方法(1)

図2-61 面の指示記号の基本的な記入方法(2)

5. 表面あらさと幾何公差

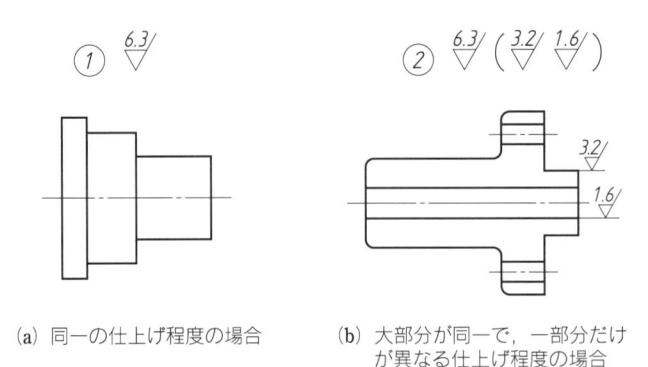

(a) 同一の仕上げ程度の場合　　(b) 大部分が同一で，一部分だけが異なる仕上げ程度の場合

図 2-62　面の指示記号の簡略な記入方法

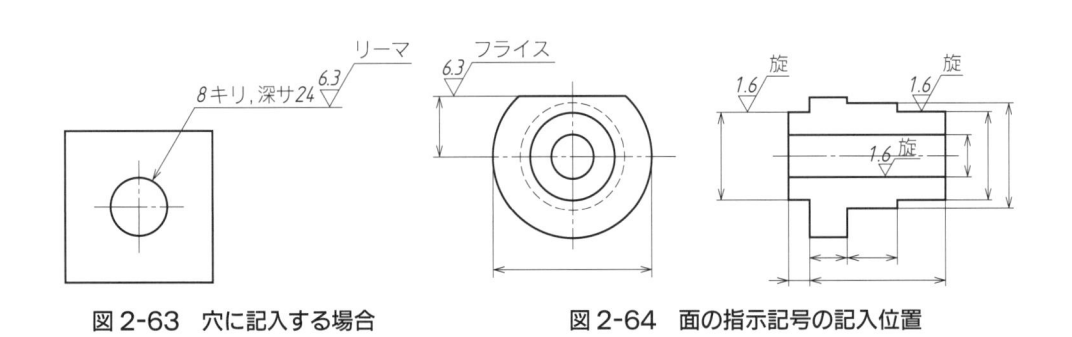

図 2-63　穴に記入する場合　　**図 2-64　面の指示記号の記入位置**

3　幾何公差

　どのように精密な加工をした製品でも，理論的な寸法・形状に正確に仕上げることはできない。そこで，寸法公差のほかに，形状や姿勢および位置などのくるいの大きさを規制して，真直度や平行度などを，どの程度理論的に正確な値に近づけるか図面に指示する必要がある。このために **幾何公差**（geomertrical tolerance）が用いられる。

　製品の形状を構成する点，線，軸線，面または中心面を形体といい，形体が幾何学的に正しい形状，姿勢または位置からくるうことが許される領域（**公差域**：tolerance zone）を幾何公差という。幾何公差は，機能上の要求，互換性などに基づいて，不可欠なところにだけ指示する。

1　幾何公差の種類

　表2-10に，幾何公差の種類およびその記号を示す。

　幾何公差には，真直度公差や平面度公差のように，形体そのものに単独に指定できる単独形体の幾何公差と，平行度公差や直角度公差のように，ある基準に対して指定する関連形体の幾何公差がある。この基準を **データム**（datum）といい，直線，軸線，平面，中心平面など，理論的に正確な幾何学的基準でなければならない。

表2-10 幾何公差の種類とその記号　(JIS B 0021:1998)

適用する形体	公差の種類		記号	備考
単独形体	形状公差	真直度公差	—	資料2(a),(b)参照
		平面度公差	▱	資料2(c)参照
		真円度公差	○	
		円筒度公差	⌭	
単独形体または関連形体		線の輪郭度公差	⌒	
		面の輪郭度公差	⌓	
関連形体	姿勢公差	平行度公差	//	資料2(d)参照
		直角度公差	⊥	資料2(e)参照
		傾斜度公差	∠	
	位置公差	位置度公差	⊕	資料2(f)参照
		同軸度公差または同心度公差	◎	
		対称度公差	⌯	
	振れ公差	円周振れ公差	↗	資料2(g)参照
		全振れ公差	⌰	

2　幾何公差の図示

　幾何公差を図面に図示するには，公差記入枠に公差の種類の記号と公差値を記入する。また，必要に応じデータムを表す記号を記入し，その枠と対象とする形体とを指示線で結ぶ（図2-65）。公差の種類の記号および記入枠の寸法は，図面に記入する寸法数字の高さHを基準にする（図2-66）。（資料2参照。）

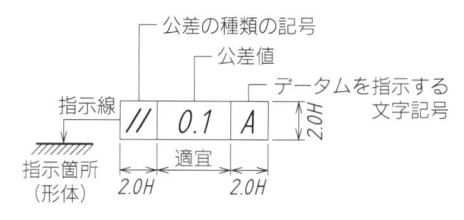

図2-65　記入枠の寸法割合と公差枠への記入例

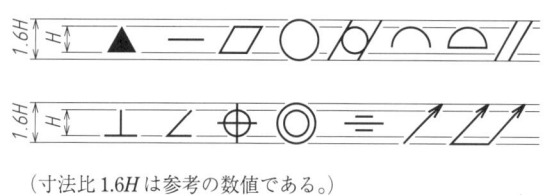

図2-66　公差の種類の記号およびデータム記号の寸法割合
（寸法比1.6Hは参考の数値である。）

3　データムの示しかた

　データムを，次の要領で示す（図2-67）。

①データムを指示する英大文字を四角形で囲む。

②四角形で囲んだ文字記号とデータムであることを示すデータム三角記号を指示線で結ぶ。

③データム三角記号は，塗りつぶしても，塗りつぶさなくてもよいが，同一図面内での混用はしない。

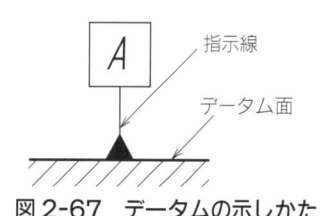

図2-67　データムの示しかた

6 図面の様式・種類と材料記号

1 図面の分類

　図面は，その用途や内容などによって，いろいろに分類される。次に，図面のおもなものを示す。

1 用途を主にした分類の例

- **a 計画図**　　　設計の意図や計画を表した図面。
- **b 基本設計図**　製作図を作成するまえに必要な，基本の設計を示す計画図。
- **c 製作図**　　　製造に必要なすべての情報を伝えるための図面。
- **d 説明図**　　　構造，機能，性能などを説明するための図面。
- **e 承認用図**　　注文者などの承認を求めるための図面。
- **f 承認図**　　　注文者などが内容を承認した図面。

2 表現形式を主にした分類の例

- **a 系統(線)図**　　給水，排水，電力などの系統を示す線図。
- **b (電気)接続図**　図記号を用いて，電気回路の接続と機能を示す系統図。各構成部品の形，大きさ，位置などを考慮せずに図示する。
- **c 配線図**　　　装置またはその構成部品における配線の実体を示す系統図。各構成部品の形，大きさ，位置などを考慮して図示する。

3 内容を主にした分類の例

- **a 部品図**　　　部品を定義するうえで必要なすべての情報を含んだ，これ以上分解できない単一部品を示す図面。
- **b 組立図**　　　部品の相対的な位置関係，組み立てられた部品の形状などを示す図面。
- **c 部分組立図**　限定された複数の部品または部品の集合体だけを表した部分的な構造を示す組立図。

2 図面の様式

　図面には輪郭線の内側右下すみに表題欄を，右上すみまたは表題欄の上部に部品欄を設けるほか，必要に応じて各種の記事欄を設けた形式のものが多く用いられる。
　図2-68に表題欄と部品欄の例を示す。

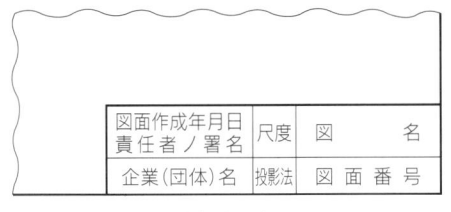

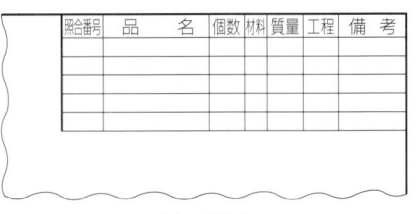

(a) 表題欄   (b) 部品欄

図 2-68　表題欄，部品欄の例

1　表題欄 (title block)

表題欄には，図面番号，図名，企業（団体）名，責任者の署名，図面作成年月日，尺度および投影法を記入する（図2-68(a)）。

2　部品欄 (item block) と部品表

図面の輪郭内側に設けられる場合と，別紙に部品表としてかかれる場合とがある。照合番号，品名，個数，材料，質量，工程その他が記入される（図2-68(b)）。

3　標準部品 (standard parts)

ボルト，ナット，座金，小ねじ，キー，ピン，リベット，ころがり軸受など，種類，形状，寸法などがJISで定められているものを標準部品という。標準部品は，部品図やスケッチ図には図示しないで，組立図の部品欄に必要事項を記入しておく。標準部品は種別，寸法，材料などの表しかたが決められており，これを 呼びかた という。

4　照合番号 (reference number)

組立図などにおいては，多くの部品から構成されているために，それぞれの部品に番号をつけ，部品相互間の関連や組立方法などを明らかにする必要がある。

機械部品は同一の組立図において，数けたの一連番号をつける場合と，一品一葉図面の場合の各部品の図面番号を直接記入する場合とがある。いずれの場合でも，各部品の位置から引出線を出して，整然と番号を記入する。

3　材料記号

図面で部品の材料を指定するのに，ふつう，JISに定められている材料記号を使用する。材料記号を用いると，材質，製品名，強さなどを簡単・明りょうに表すことができる。

JISの材料記号の意味および記号の構成は，原則として次の3部分からできている。

①最初の部分　　材質を表す文字記号で，英語またはローマ字の頭文字あるいは元素記号を用いる（表2-11）。

②中間の部分　　規格名または製品名を表す文字記号で，英語またはローマ字の頭文字を

用い，板，管，棒，線などの製品の形状別種類や用途を表した記号を組み合わせる（表2-12）。

③最後の部分　材料の種類を表すもので，材料の種類番号または最低引張強さの数字などを用いる（表2-13）。また，末尾に硬，軟，熱処理状況，形状，製造方法を示す記号をつけ加えることがある（表2-14）。

表2-11　材質を表す記号の例

記号	材質	備考	記号	材質	備考
F	鉄	Ferrum	A	アルミニウム	Aluminium
			B	青銅	Bronze
			C	銅	Copper
S	鋼	Steel	HBs	高力黄銅	High Strength Brass
			YBs	黄銅(鋳物)	Yellow Brass

表2-12　規格名または製品を表す記号の例

記号	規格名または製品名	備考	記号	規格名または製品名	備考
B	棒またはボイラ	Bar または Boiler	PH	熱間圧延鋼板	Hot Rolled Plate
C	鋳造品	Casting	S	一般構造用圧延材	Structural
F	鍛造品	Forging	T	管	Tube
NC	ニッケルクロム鋼	Nickel Chromium	UP[1]	ばね鋼	Spring
P	薄板	Plate	US[1]	ステンレス鋼	Stainless
PC	冷間圧延鋼板	Cold Rolled Plate	W	線	Wire

注(1)　Uは特殊用途鋼（Special Use）を意味する。
備考　特例として中間部分の記号がないものがある。〔例〕S15C

表2-13　材料の種類を表す記号の例

記号	記号の意味
1	1種
2S	2種特殊級
A	A種
3A	3種A
400	最低引張強さ（400N/mm²）
10C	炭素含有量（0.08～0.13%）

表2-14　材料の末尾に加える記号の例

加工または形状による記号		かたさを表す記号	
記号	記号の意味	記号	記号の意味
D	冷間引抜き	−O	軟質
E	熱間押出し	−½H	½硬質(半硬質)
F	製造のまま	−H	硬質
K	はだ焼用	−EH	特硬質
		−SH	ばね質

材料記号を表示するには，次の例による。

〔例1〕規格名：一般構造用圧延鋼材

材料記号：S S 400　最低引張強さ
　　　　　　　　　　400N／mm²
　　　　　　　　一般構造用圧延材
　　　　　　鋼

〔例2〕規格名：黄銅C2600板軟質

材料記号：C2600　P-O
　　　　　　　　　　　軟質
　　　　　　　　　板
　　　　　　黄銅C2600

〔**例3**〕規格名：機械構造用炭素鋼鋼材10C　〔**例4**〕規格名：高力黄銅鋳物1種

　　　材料記号：S　10C-D　　　　　　　　　　材料記号：CAC　3　0　1
　　　　　　　　│　│　　└─ 冷間引抜き　　　　　　　　　│　│　│　└─ 1種
　　　　　　　　│　└── 炭素含有量　　　　　　　　　　　　│　│　└── 高力黄銅鋳物
　　　　　　　　│　　　（0.08〜0.13％）　　　　　　　　　│　└── 銅合金鋳物
　　　　　　　　└── 鋼

　鉄鋼材料についてはJIS Gに，非鉄金属材料についてはJIS Hに，それぞれの記号が示されている。（資料4，5参照。）

7 図面のつくりかたと管理

1 図面のできる順序とその呼び名

　最新の状態が記録・登録されている図面を**原図**（original drawing）という。複数の同じ図面を必要とする場合，**複写図**（duplicated drawing）がつくられるが，そのまえに原図を保護するため新たな原図がつくられることがあり，これを**第二原図**という。第二原図は，原図の上にトレース紙などをおいてかき写して（**トレース**または**写図**）つくられる。なお，一般には最初からトレース紙に鉛筆がきして原図とすることも多い。

　また，原図を**マイクロフィルム**に撮影し，複写図をつくることもできる。この場合のネガフィルムを**マイクロ写真原図**ともいう。

　図2-69に図面のできる順序を示す。

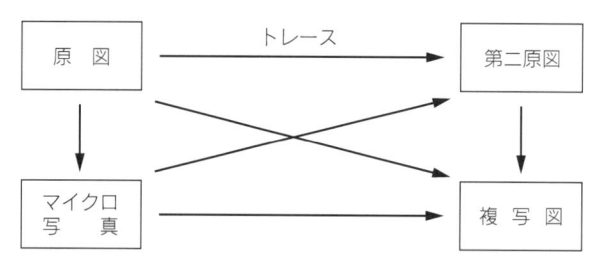

図2-69　図面のできる順序

2 図面のつくりかた

　図面は設計製図者の意図を，図面の利用者や製品の製作者に明確に伝達できるようにかかなければならない。また，図面はひじょうに多くの人が共同でつくり，長い年月にわたって保管・利用されるものであるから，図面の大きさやかきかたなどを標準化することがたいせつである。

1 図面の構成と配置

　図面をつくる場合は，次のようなことを考慮してかくのがよい。
①同種の図面は，できるだけ図面の用紙の大きさをそろえる。
②図面の中へ図形や記事などをかく場合は，その配置などを統一する。
③一つの図面にあまり複雑な工作指示や異種の製作工程などをかき込まない。このような場合は，工程別の図面をつくったほうがよい。

2 原図のかきかた

トレース紙に構造部品などの製作図をかく場合は，次の順序でかくとよい。（図2-70）

1）対象物の大きさや複雑さなどを考慮して，図面の尺度と用紙の大きさを決める（既設計の類似図面を参考にするとよい）。

2）次の順序で図形をかく。

①中心線，基準線を引く。

②投影図の輪郭を細い実線で薄くかく。

③円，円弧をかく。

④直線を引き，不要の線を消して，図形を完成させる。

① 中心・基準線を引く。
② 投影図の輪郭を薄くかく。
③ 円・円弧をかく。
④ 直線を引き，不要の線を消し，図形を完成させる。
⑤ 寸法補助線・寸法線・引出線を引く。
⑥ 寸法数値・面の指示記号・寸法公差記号などをかき込む。

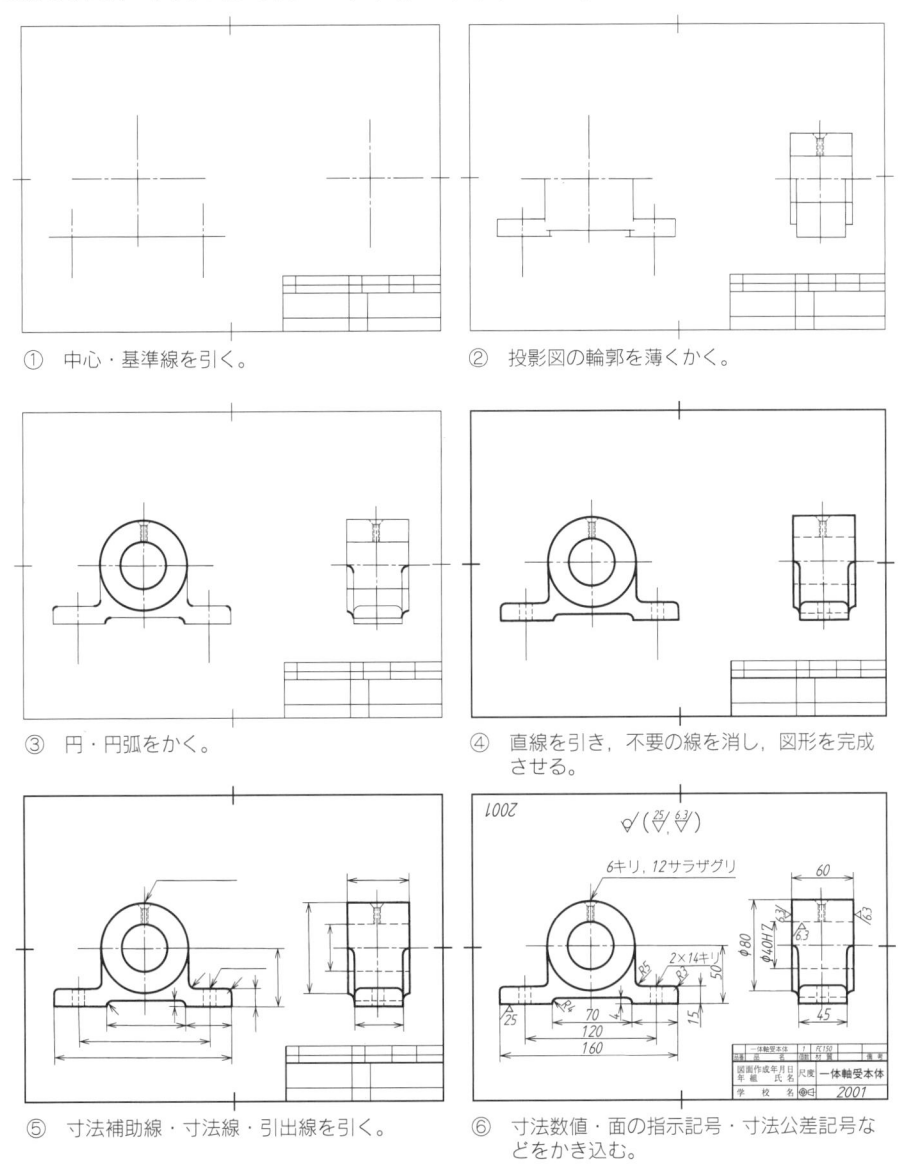

図2-70　原図のかきかた

7. 図面のつくりかたと管理

⑤寸法補助線，寸法線，引出線を引く。

⑥寸法数値，面の指示記号，寸法公差記号などをかき込む。

3）表題欄，部品欄に必要事項を記入する。

4）図面の検図をする。

3 トレース図のかきかた

トレース図は原図の場合とほぼ同様の順序でかく。

4 検図

図面をかき終えたら，誤りや脱落がないか調べなくてはならない。これを**検図**（check of drawing）という。検図はまず，製図者または写図者自身で行うが，これとは別に，検図者を定めて，検図項目を箇条がきにした表などを利用し，組織的に行うと能率がよい。

3 設計製図の能率化

設計製図は，できるだけ短時間に，手順よく能率的に行う必要がある。そのためには，次の点に注意する。

①設計の手順や方法を標準化しておき，むだのないようにする。

②設計資料を整備し，これらを参照し利用しながら進める。

③既設計図面を分類・整理しておき，有効に活用する。

④類似の図面がある場合は，これを利用し，できるだけ新規にかかないですむようにする。

⑤同じような図形などを繰り返しかくことを避け，符記号などを用いて簡略化をはかる。

合成複写法による原図の作成　コピー機などの普及により，図2-71のように，図面の切りばり合成によって，容易に新しい原図をつくることができるようになった。次のような場合には，合成複写によって原図をつくるほうが能率がよい。

①既設計図面の内容のごく一部の指定を変更したい場合。

②複数の既設計図面または資料図面の組み合わせで大部分が構成される図面の場合。

③図面の様式，投影図の種類，尺度などを変更すれば足りる図面の場合。

④既設計図面を提出用・資料用など別の目的に利用したい場合。

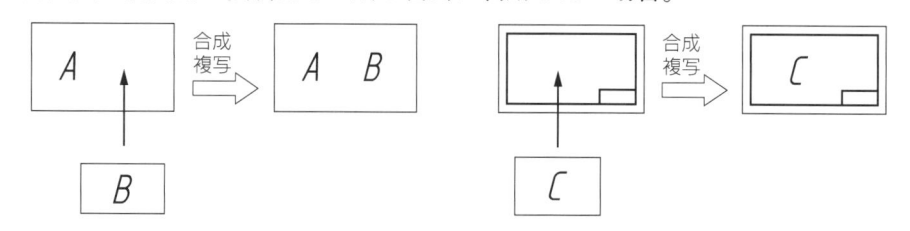

(a) 内容の組み合わせ　　　　(b) 様式の変更

図2-71　合成複写のしくみ

4 図面の管理

貴重な財産である図面の取り扱いにおいては，作成から入庫，出図，回収，訂正，複製，廃図などの処理を能率的に管理することがたいせつである。

1 図面番号

図面は1枚ごとに図面番号をつける。図面番号は，企業の規模，製造業種，図面の発行量などに応じて，その形式やけた数などを定める必要がある。

図面番号は図面の作成順に示すだけでなく，番号の各けたに意味をもたせて，図面の索引に便利なようにするが，けた数があまり多くなりすぎないように注意する。

図面番号は表題欄に記入するほか，図面左上すみにも記入し，図面が逆に置かれていてもすぐ読み取れるようにしておく。図面番号のつけかたの例を次に示す。

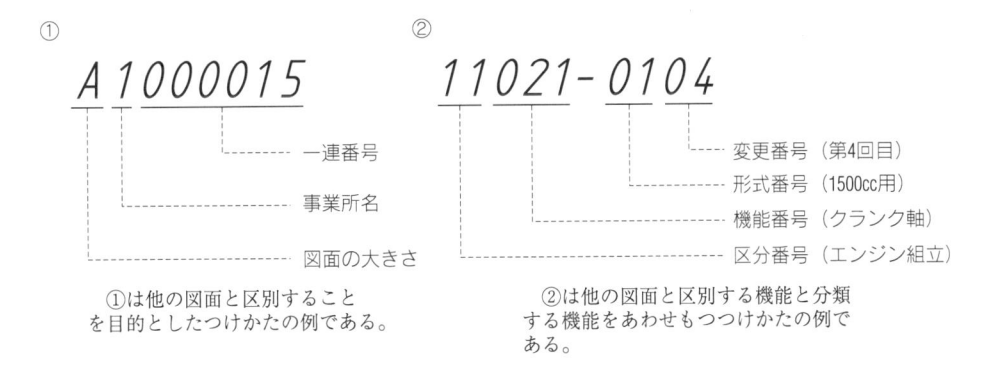

①
A1000015
- 一連番号
- 事業所名
- 図面の大きさ

①は他の図面と区別することを目的としたつけかたの例である。

②
11021-0104
- 変更番号（第4回目）
- 形式番号（1500cc用）
- 機能番号（クランク軸）
- 区分番号（エンジン組立）

②は他の図面と区別する機能と分類する機能をあわせもつつけかたの例である。

2 図面の保管と保存

a 図面の登録と保管　原図が完成すると，図面番号をつけ，発行が承認される。これに基づいて，図面管理部門で図面目録などに所定事項を記入したうえ，原図は大きさや図面番号などによって分け，原図庫に収納される。図2-72は図面目録の例である。

図面番号	登録年月日	製品機種	部品名称	図面の大きさ	図面廃却と新規図面	署名印
81302	3. 8. 20	誘導電動機（回転子および固定子）	総組立	A2		
81302100	〃	81302	回転子組立	A2		
81302101	〃	81302	回転子軸	A4		
81302102	〃	81302	回転子鉄心押え板	A4		
81302103	〃	81302	羽根	A4		
81302104	〃	81302	プーリ	A4		

図2-72　図面目録の例

b 図面の保存　同一の原図からひんぱんに複写を繰り返すと，原図が損傷しやすい。このような場合には，第二原図をつくったり，マイクロ写真などをつくって，日常の複写には，なるべく第一原図を使わないようにするのがよい。さらに，第二原図やマイクロ写真などにしたものを，第一原図と別の場所に保管したほうが，災害などの場合の安全性が高い。

また，原図のまま保存するよりも，マイクロ写真などにしたほうが，長期間の保存も容易になる。

複写図は，一般に，図2-73のようにA4版の大きさにたたんで保管・配布される。この場合は，表題欄が上面にくるようにする。

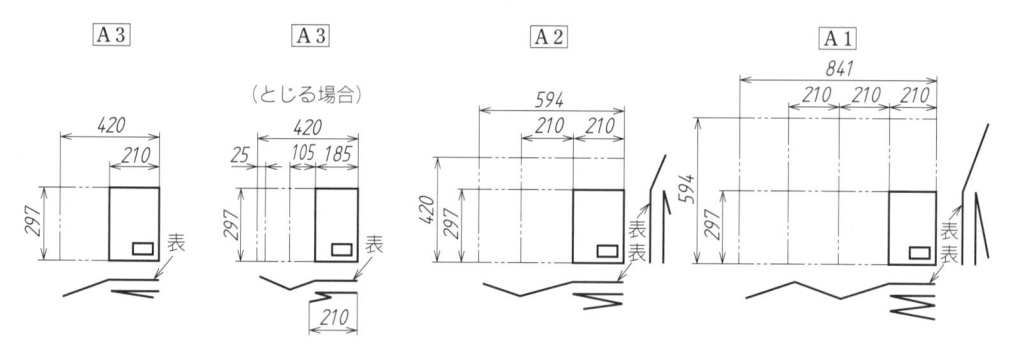

図 2-73　複写図面の折りたたみかた

3　複写図のつくりかた

原図は直接生産現場では使用しない。原図から複写した図面，第二原図から複写した図面あるいはマイクロ写真からつくった図面を使用する。

a マイクロ写真　多数の原図を保管・運用するために，マイクロフィルムによる図面管理が利用されるようになった。これには次のような利点がある。

①原図をそのまま縮小した形で記録することができ，保管場所，図庫が縮小できる。
②複製・復元が自由であり，原図の保護に役立つ。製図用紙に比べて保存性がよい。
③災害および非常のさいのもち出しに便利である。
④縮小されたフィルムにより資料が容易に得られ，トレースなどの必要もない。

3章 機械要素

　ボルト，ナット，歯車などは，いろいろな機械や器具に共通した目的で使われている部品である。

　これらの機械要素は，製作や使用につごうがよいように，標準化されJISに細かく定められたものが多い。電子機器にもよく用いられているこれらの部品について，寸法規格，呼びかたや図示法などをじゅうぶん理解しておくことが必要である。

1 ねじ

1 ねじの種類と表しかた

1 ねじの種類

ねじには，**おねじ**と**めねじ**とがあり，これを組み合わせて使用する。おねじの大きさはその外径で表し，めねじの大きさは，これとはまりあうおねじの大きさで表す(図3-1)。

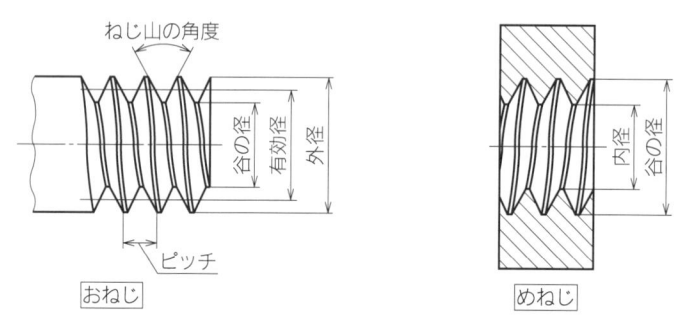

図3-1 ねじ各部の名称

ふつう，ねじは**右ねじ**が使われるが，必要に応じて**左ねじ**も使われる。

ねじが1回転したときの軸方向への進みをリードという。リードとピッチが同じ**1条ねじ**がふつうであるが，リードがピッチの2倍，3倍の**2条ねじ**，**3条ねじ**もある。

ねじ山の形は，図3-2，図3-3のように各種あるが，**三角ねじ**が機械部品の締めつけなど最もよく用いられている。

a 三角ねじ これには次のようなものがある。

(a) メートル並目ねじ・メートル細目ねじ　(b) 管用平行ねじ　(c) 電線管ねじ（薄鋼）

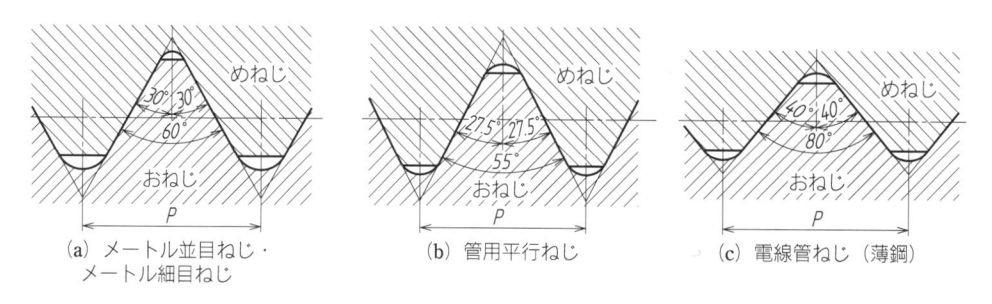

図3-2 三角ねじ

メートル並目ねじ　ねじ山の角度は60°で，山頂をたいらにし，谷を丸めてある。JISでは，おねじの外径が1mmから68mmまで定められている。(資料6参照。) 電子機械用部品では，メートル並目ねじにはおもに次のものが用いられる。

メートル細目ねじ	M1.2, M1.6, M2, M2.5, M3, M4, M5, M6, M8 メートル並目ねじに比べてピッチが小さいねじで, 機械的強さ, 耐震動, 水密を要するものや, 薄いものの締めつけに使われる。JISでは, 呼び径1mm～300mmが定められている。(資料7参照。) 電子機器用部品では, メートル細目ねじはおもに次のものが用いられる。 M4×0.5, M5×0.5, M6×0.75, M8×0.75, M10×0.75, M12×1
ユニファイねじ	ねじ山の形状はメートルねじと同じで, インチ (1インチ=25.4mm) 基準で定められたねじである。このねじは, 航空機その他とくに必要な場合にかぎり用いるよう規定されている。ユニファイ並目ねじとユニファイ細目ねじとがある。
管用平行ねじ	一般配管用炭素鋼鋼管 (ガス管) などの接続に用いられるねじで, ねじ山の角度は55°である。
電線管ねじ	厚鋼電線管ねじと薄鋼電線管ねじとがある。厚鋼電線管ねじのねじ山の角度は55°, 薄鋼電線管ねじのねじ山の角度は80°である。

b 三角ねじ以外のねじ (図3-3)

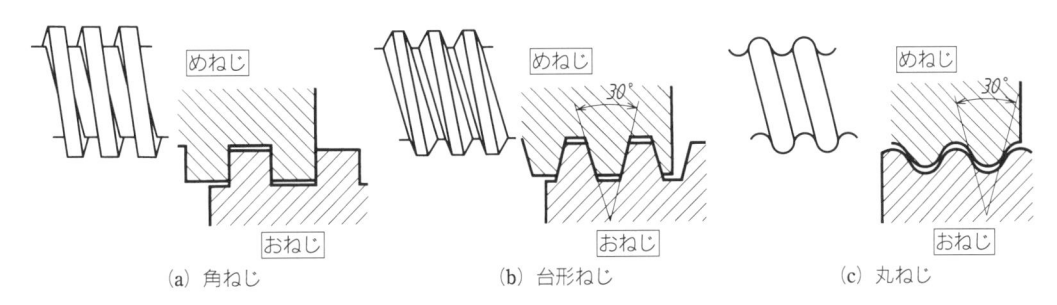

(a) 角ねじ   (b) 台形ねじ   (c) 丸ねじ

図3-3 三角ねじ以外のねじ

角ねじ, 台形ねじ	動力や運動の伝達に使われる。
丸ねじ	白熱電球の口金 (電球ねじ) などに使われる。
ボールねじ	図3-4のように, ねじ棒とナットの間に多数の鋼の球をねじ状に入れた特殊な送りねじで, 工作機械の数値制御の位置決めなどに使われる。

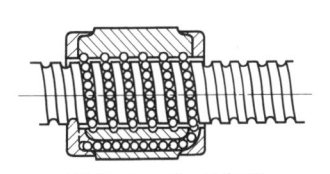

図3-4 ボールねじ

1. ねじ 69

2 ねじの表しかた

ねじの呼びは，ピッチをミリメートルで示すねじの場合は，次のように表す。

| ねじの種類を表す記号 | ねじの呼び径を表す数字 | × | ピッチ |

例：　　　M　　　　　　　　8　　　　　　×　　0.75

　　　　　M　　　　　　　　8

　M8×0.75はメートル細目ねじ，M8はメートル並目ねじの例である。メートル並目ねじのように，同一呼び径に対し，ピッチがただ一つ規定されているねじでは，原則としてピッチを省略する。

ねじの種類を表す記号およびねじの呼びの表しかたの例を表3-1に示す。

表3-1 ねじの種類を表す記号およびねじの呼びの表しかたの例　　　（JIS B 0123:1999）

区分	ねじの種類	ねじの種類を表す記号	ねじの呼びの表しかたの例	関連規格
一般用	メートル並目ねじ	M	M8	JIS B 0205
	メートル細目ねじ(1)		M8×1	JIS B 0207
	ユニファイ並目ねじ	UNC	3/8-16 UNC	JIS B 0206
	ユニファイ細目ねじ	UNF	No.8-36 UNF	JIS B 0208
	メートル台形ねじ	Tr	Tr 10×2	JIS B 0216
	管用平行ねじ	G	G1/2	JIS B 0202
特殊用	厚鋼電線管ねじ	CTG	CTG16	JIS B 0204
	薄鋼電線管ねじ	CTC	CTC19	
	電球ねじ	E	E10	JIS C 7709

注(1) とくに細目ねじであることを明示する必要があるときは，ピッチのあとに〝細目〟の文字を（ ）の中に入れて記入することができる。

一般にねじの表しかたは，次の順序による。

| ねじ山の巻き方向 | ねじ山の条数 | ねじの呼び | − | ねじの等級 |

例：　　　左　　　　　　　2条　　　　　M20×2　　−　　　6H

　　　　　　　　　　　　　　　　　　　　M10　　　−　　　6H/6g

　左2条M20×2-6Hは，左2条メートル細目ねじ（M20×2）のめねじ公差グレード6，公差位置Hを表す。

　M10-6H／6gは，右1条メートル並目ねじ（M10）のめねじ公差グレード6，公差位置Hと，おねじ公差グレード6，公差位置gとの組み合わせを表す。

　右ねじ，1条ねじの場合には，ねじ山の巻き方向およびねじ山の条数は省略する。また，ねじの等級は，必要がない場合は省略してもよい。

2　ねじの図示と表示のしかた

ねじの図示は，**ねじ製図**（JIS B 0002）によって，原則として，図3-5のように，略図で表す。

①おねじの外径を示す線は太い実線でかき，谷底を示す線は細い実線でかく。
②めねじを断面で表すときは，内径を示す線は太い実線，谷底を示す線は細い実線でかく。断面としないときはかくれ線で表す。
③完全ねじ部と不完全ねじ部との境界を表す線は，太い実線（みえないときはかくれ線）とする。
④不完全ねじ部の谷底を示す線は軸線に対して30°の斜線とする。
⑤めねじのねじ下きり穴の行き止まり部は，120°にかく。
⑥おねじとめねじとのはめあい部分は，おねじで表す。
⑦ねじの端面からみた図において，ねじの谷底は細い実線で描いた円周の $\frac{3}{4}$ にほぼ等しい。円の一部で表し，右上方を $\frac{1}{4}$ あける。

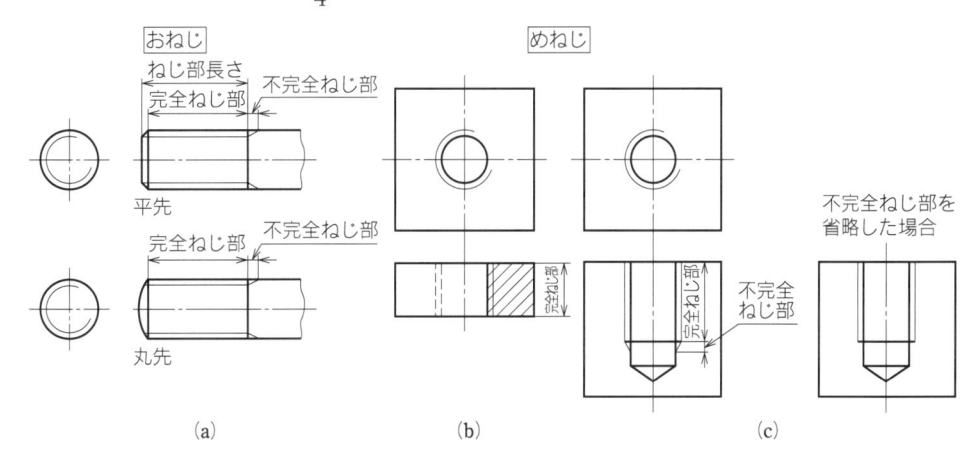

図3-5　ねじの図示

ねじの表しかたを図に示すには，図3-6のように，おねじの場合は山の頂きを表す線に対して記入し，めねじの場合は谷底を表す線に対して記入する。

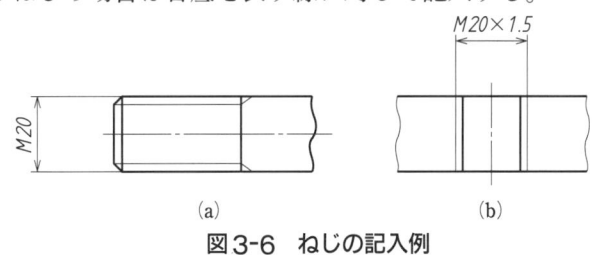

図3-6　ねじの記入例

2 ボルト，ナット，小ねじ，座金

1 ボルト，ナット

　ボルト，ナットは，一般に，図3-7(a)のようにかき表す。図(b)のように，簡略にかくこともある。図3-8は，その製図のしかたの例である。

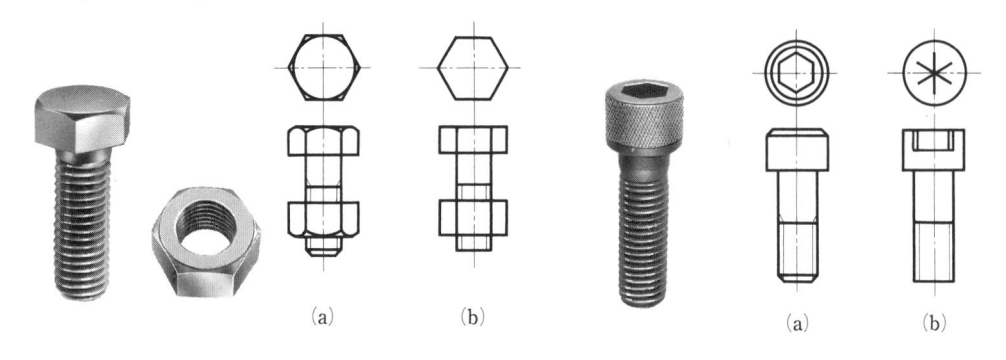

図3-7　ボルト，ナットの図示

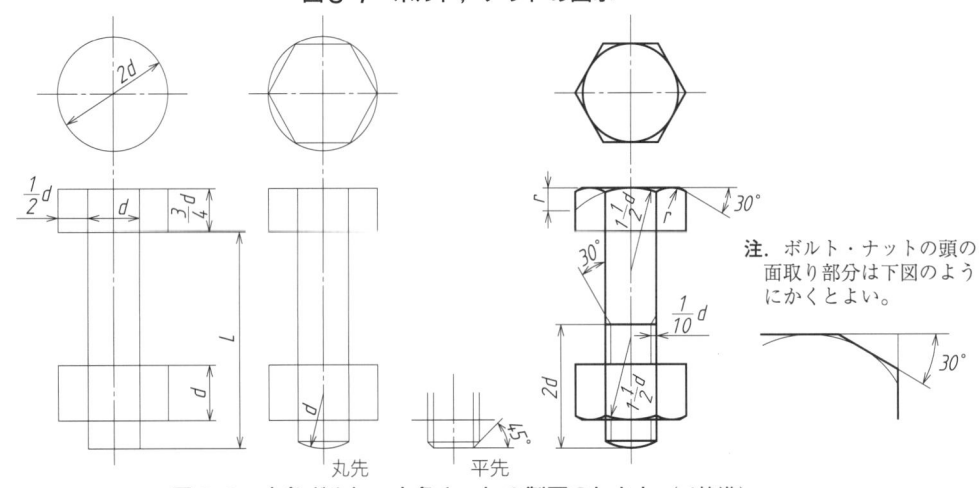

図3-8　六角ボルト，六角ナットの製図のしかた（d基準）

1 六角ボルト，六角ナット

　六角ボルト，六角ナットは，鋼，ステンレス鋼または非鉄金属でつくられ，品質として部品等級，ねじの等級，機械的性質などが定められている。表3-2に，鋼ボルトおよび鋼ナットの品質を示す（並目ねじの場合を示す）。（資料8参照。）

表3-2 六角ボルト,六角ナットの品質

種　類[(1)]	部品等級[(2)]	ねじの等級	材　料	機械的性質[(3)]
呼び径六角ボルト	A，B	6 g	鋼	5.6，8.8，10.9
全ねじ六角ボルト	C	8 g		3.6，4.6，4.8
有効径六角ボルト	B	6 g		5.8，8.8
六角ナット-スタイル1	A，B	6 H	鋼	6，8，10
六角ナット-スタイル2				9，12
六角低ナット-両面取り				0.4，0.5
六角低ナット-面取りなし	B			硬さ HV 110以上

注(1) 呼び径六角ボルト：ボルトの軸部がねじ部と円筒部からなり，円筒部の径がほぼ呼び径のもの。
　　　全ねじ六角ボルト：ボルトの軸部全体がねじ部で，円筒部のないもの。
　　　有効径六角ボルト：ボルトの軸部がねじ部と円筒部からなり，円筒部の径がほぼ有効径のもの。
　　　六角ナット：ねじの呼び径（d）に対するナットの呼び高さが$0.8d$以上のもの。
　　　六角低ナット：ナットの呼び高さが$0.5d$以上，$0.8d$未満のもの。
　　　スタイルによる区分は，六角ナットにおける高さ（最小）の違いを示すもので，スタイル2は，スタイル1よりも高くなっている。
　(2) 部品等級は，仕上げ程度によって定められている（JIS B 1021）。
　(3) 機械的性質は，鋼の場合は強度区分で，ステンレス鋼の場合は性状区分で，非鉄金属の場合は材質区分で表す。

〔六角ボルトの呼びかた〕

規格番号[1)]	種類	部品等級	$d \times l$	-	強度区分 性状区分 材質区分	指定事項[2)]

例： JIS B 1180　呼び径六角ボルト　　A　　M 12×80　-　10.9

　　（略）　　有効径六角ボルト　　B　　M 12×50　-　C 2700　（丸先）

〔六角ナットの呼びかた〕

規格番号[1)]	種　類	部品等級	ねじの呼び	強度区分 性状区分 材質区分	指定事項[2)]

例： JIS B 1181　六角ナット-スタイル1　　A　　M 10　　-8　　座付き

　　（略）　　六角低ナット-面取りなし[3)]　B　　M 8　　-

注 1) 規格番号は，とくに必要がなければ省略してよい。
　2) 指定事項としては，ねじ先の形状，六角ナットの座付き，表面処理の種類などを必要に応じて示す。
　3) 六角ナット-面取りなしは，強度区分を省略する。

▊2▊ ちょうボルト，ちょうナット

頭部をちょう形にして，指先で締めつけられるようにしたものである（図3-9）。

▊3▊ アイボルト，アイナット

頭部が輪状になっているもので，いずれも機器のつり金具として使われる（図3-9）。

ちょうボルト　　　ちょうナット　　　アイボルト　　　アイナット

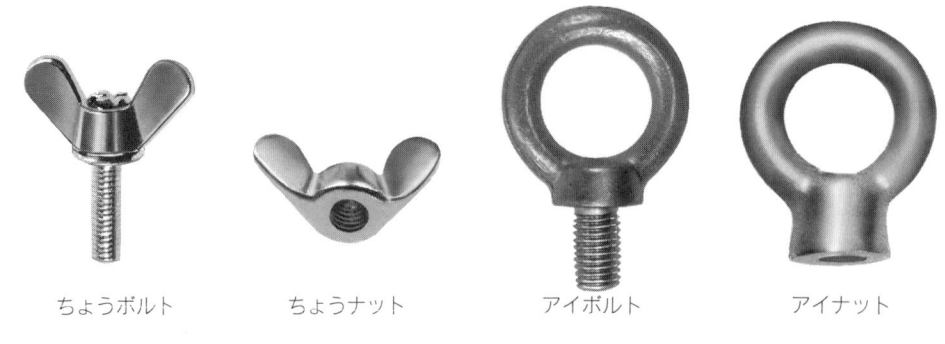

図3-9　特殊なボルト，ナット

2　小ねじ，タッピンねじ，止めねじ

1　小ねじ

　小ねじは，鋼，ステンレス鋼，黄銅などでつくられ，ボルトより強さを必要としないところに使われる。頭部のみぞの形状によって，**すりわり付き小ねじ**と**十字穴付き小ねじ**（図3-10）がある。また，頭部の形状には各種のものがあり，使用目的に応じて使い分ける。小ねじは図3-11のように図示する。（資料9参照。）

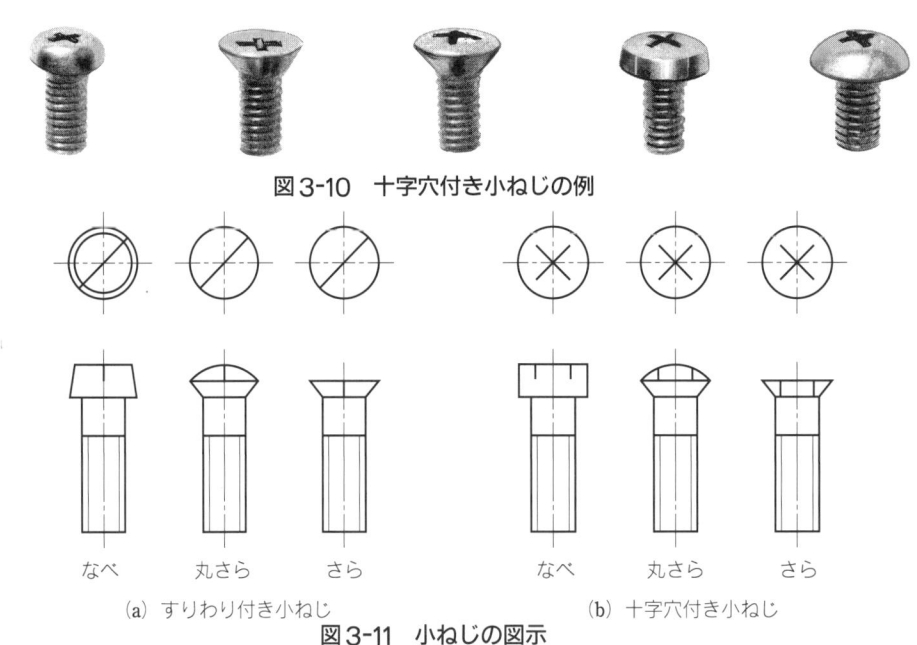

図3-10　十字穴付き小ねじの例

なべ　　丸さら　　さら　　　　　なべ　　丸さら　　さら

(a) すりわり付き小ねじ　　　　　(b) 十字穴付き小ねじ

図3-11　小ねじの図示

〔小ねじの呼びかた〕

規格番号	種類	-	部品等級	$d \times l$	-	強度区分記号	-	十字穴の種類	-	指定事項
例： JIS B 1111	十字穴付きなべ小ねじ	-	A	M5×20	-	4.8	-	H		
（略）	十字穴付きさら小ねじ	-	A	M5×25	-	A2-70	-	Z	-	平先

注　小ねじの部品等級はAである。鋼小ねじの機械的性質の強度区分には，4.8，5.8，8.8がある。なお，ステンレス小ねじの場合は性状区分記号，非鉄金属の場合は材質区分記号をそれぞれ強度区分記号のかわりに用いる。

2 タッピンねじ

タッピンねじは，下穴にねじ込むときに，ねじみぞを切っていくねじで，ナットを使用しないでねじ止め作業をすることができるので，電子機器などによく使われている。

タッピンねじの種類は，**すりわり付きタッピンねじ**と**十字穴付きタッピンねじ**（図3-12）などがあり，頭部の形状も小ねじのように各種のものがある。ねじ部の形状には4種類あり，ねじの呼びは2.2から9.5まで9種類ある。

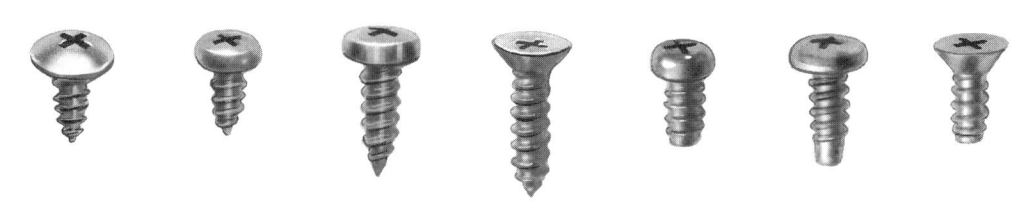

図3-12　十字穴付きタッピンねじの例

3 止めねじ

軸につまみなどを取りつけるには，いろいろな方法があるが，止めねじを用いることがある。ねじ先にはいろいろな形状のものがある。止めねじは，図3-13のように図示する。図3-14は，止めねじの使用例である。

すりわり付き止めねじ　　六角穴付き止めねじ

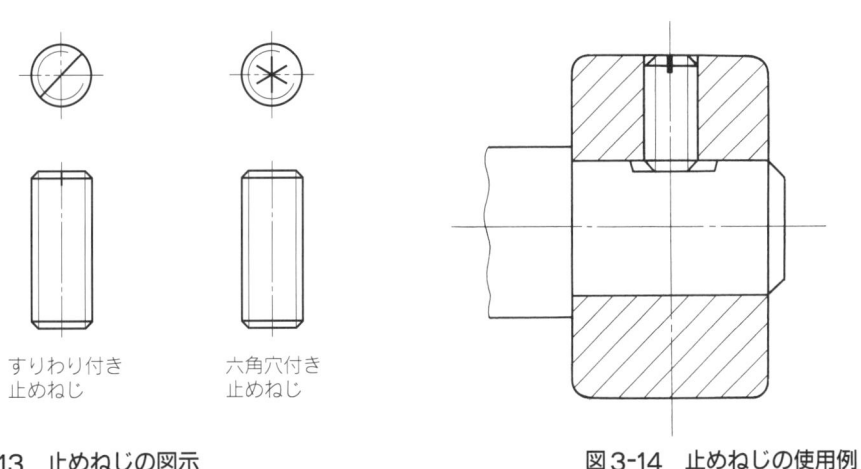

図3-13　止めねじの図示　　　　図3-14　止めねじの使用例

3　座金

平座金は，ボルト，ナットの座面が粗いときや，ボルト穴がボルト径に対して大きいときなどに用いられる。

ばね座金，**歯付き座金**は，振動に対するゆるみ止めに用いられる（図3-15）。

表3-3に平座金およびばね座金の形状・寸法を示す。

2. ボルト，ナット，小ねじ，座金

| 平座金 | ばね座金 | 内歯形(A) | 外歯形(B) | さら形(C) |

歯付き座金

図3-15 座金の例

表3-3 平座金，ばね座金 (JIS B 1256:1998, JIS B 1251:1995)

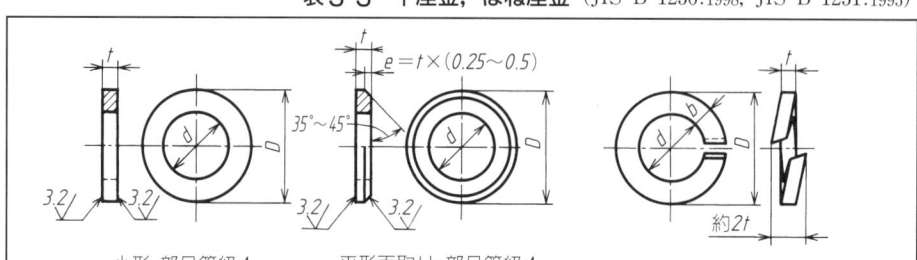

| | 小形-部品等級A | 平形面取り-部品等級A | ばね座金2号 |

平座金

平座金					ばね座金			
呼び径	d	小形-部品等級A		平形面取り-部品等級A		呼び径	d	2号（一般用）	
		D	t	D	t			$b \times t$	D
1.6	1.7	3.5	0.3						
2	2.2	4.5	0.3			2	2.1	0.9×0.5	4.4
2.5	2.7	5	0.5			2.5	2.6	1×0.6	5.2
3	3.2	6	0.5			3	3.1	1.1×0.7	5.9
4	4.3	8	0.5			4	4.1	1.4×1	7.6
5	5.3	9	1	10	1	5	5.1	1.7×1.3	9.2
6	6.4	11	1.6	12	1.6	6	6.1	2.7×1.5	12.2
8	8.4	15	1.6	16	1.6	8	8.2	3.2×2	15.4

〔平座金の呼びかた〕

| 規格番号 | 種類 | 呼び径×外径 | 硬さ区分 | 指定事項 |

例： JIS B 1256　並形-部品等級A　8×16　−140HV　亜鉛めっき

注　1）指定事項は，表面処理の種類などを必要に応じて示す。
　　2）硬さ区分140HVは，ビッカース硬さの最小が140であることを表す。

〔ばね座金の呼びかた〕

| 規格番号または規格名称 | 種類 | 呼び | 材料の略号 | 指定事項 |

例： JIS B 1251　　2号　　8　　S　　亜鉛めっき
　　 ばね座金　　　2号　　12　　SUS

注　材料記号の略号は，鋼製はS，ステンレス製はSUS，りん青銅はPBで表す。

3 穴および軸

1 穴

1 ボルト穴

ボルトや小ねじを通す穴（図3-16）は，ボルトや小ねじの径より大きい。

ボルトや小ねじを通す**穴の直径**は，ねじの呼びと精度に応じて，表3-4のように決まっており，ふつうは精度2級が用いられる。

電子機器用部品では，部品の**取付丸穴の大きさ**にこの表が適用される。

表3-4 ボルト穴の径　　　(JIS B 1001:1985)（単位　mm）

ねじの呼び径	ボルト穴径			ねじの呼び径	ボルト穴径			ねじの呼び径	ボルト穴径		
	1級	2級	3級		1級	2級	3級		1級	2級	3級
1	1.1	1.2	1.3	2.5	2.7	2.9	3.1	8	8.4	9	10
1.2	1.3	1.4	1.5	2.6	2.8	3	3.2	10	10.5	11	12
1.4	1.5	1.6	1.8	3	3.2	3.4	3.6	12	13	13.5	14.5
1.6	1.7	1.8	2	3.5	3.7	3.9	4.2	14	15	15.5	16.5
1.7	1.8	2	2.1	4	4.3	4.5	4.8	16	17	17.5	18.5
1.8	2.0	2.1	2.2	4.5	4.8	5	5.3	18	19	20	21
2	2.2	2.4	2.6	5	5.3	5.5	5.8	20	21	22	24
2.2	2.4	2.6	2.8	6	6.4	6.6	7				
2.3	2.5	2.7	2.9	7	7.4	7.6	8				

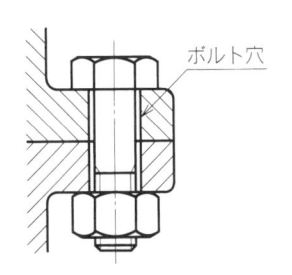

図3-16 通しボルトの場合
（ボルト穴の例）

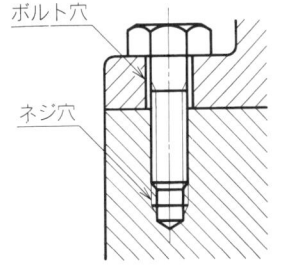

図3-17 押さえボルトの場合
（ねじ穴の例）

2 ねじ穴

ねじ穴（図3-17）は，**ねじ下穴**をドリルであけ，タップでめねじを立ててつくる（図3-18）。図3-19は，めねじ部とねじ下穴の寸法を示す場合の記入例である。

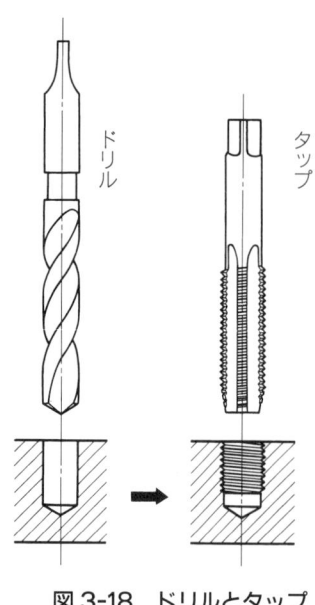

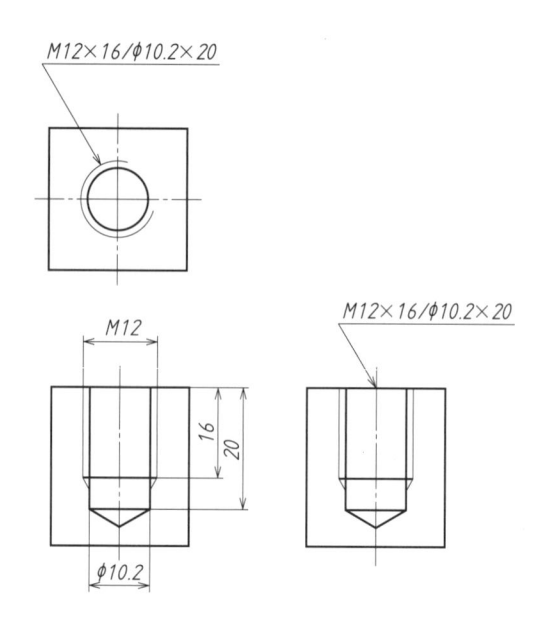

図 3-18 ドリルとタップ　　図 3-19 ねじ穴の寸法記入例

> **課題**　製図例7のボルト，ナット，小ねじを略画法で製図してみなさい。

2 軸

伝動軸のような回転軸では，軸が支えられる部分などは，穴とのはめあいが必要であって，このはめあい部分の**軸の直径**がJISで定められている。軸の直径14mm以下では，六角ボルトの径にほぼ等しく，表3-5のようになっている。

表 3-5 軸の直径 (JIS B 0901.1977)(単位 mm)

4	5	6	7	8	9	10	11	12	14
4.5	5.6	6.3	7.1				11.2	12.5	

電子機器に使われる操作用回転軸の直径は，次の数値がよく使われる。

　　　　　4，　6，　8，　10，　12，　14

軸の端部には一般に**面取り**を施すが，軸の直径14mm以下ではC0.5とするのがふつうである。

> **課題**　製図例8の陸式ターミナルを製図してみなさい。

4 キー，ピン，止め輪

1 キー

キーは，回転軸にプーリまたは歯車などを取りつけるのに使われる。

キーには，**こう配キー**，**平行キー**，**半月キー**がある。

こう配キーは，正方形または長方形の角形断面をもち，ハブを軸上に固定させるために用いる。平行キーは，軸上をハブが軸方向に動くときに用いる。半月キーは，キー部分の幅が狭いときに用いる。

また，使用上からは，あらかじめキーをキーみぞにはめておき，プーリや歯車を押し込むものと，それらを軸にはめてから，頭のついたキーを打ち込むものとに区別される（表3-6参照）。

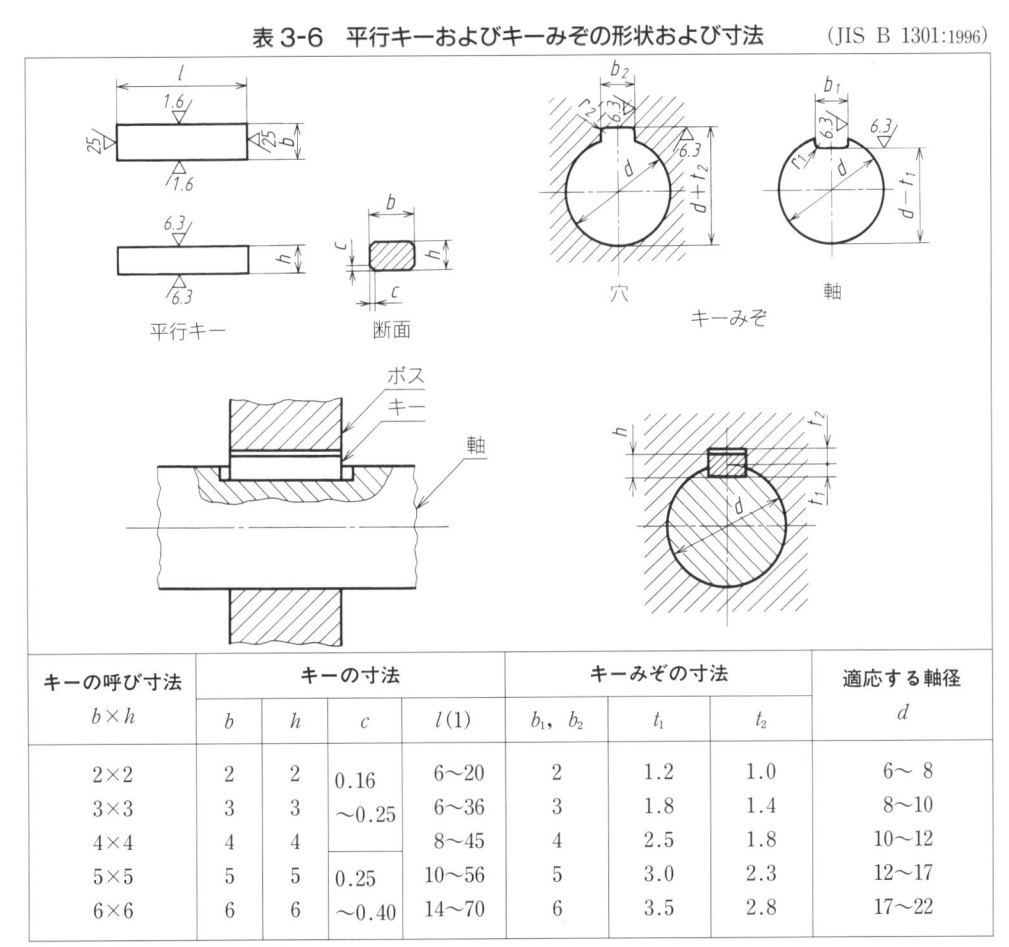

表3-6 平行キーおよびキーみぞの形状および寸法　　　（JIS B 1301:1996）

キーの呼び寸法	キーの寸法				キーみぞの寸法			適応する軸径
$b \times h$	b	h	c	l(1)	b_1, b_2	t_1	t_2	d
2×2	2	2	0.16 ～0.25	6～20	2	1.2	1.0	6～8
3×3	3	3		6～36	3	1.8	1.4	8～10
4×4	4	4		8～45	4	2.5	1.8	10～12
5×5	5	5	0.25 ～0.40	10～56	5	3.0	2.3	12～17
6×6	6	6		14～70	6	3.5	2.8	17～22

注（1）lは次の数値から選ぶ。
　　6，8，10，12，14，16，18，20，22，25，28，32，36，40，45，50，56，63，70

〔キーの呼びかた〕

規格番号	種類	呼び寸法×長さ	指定事項
JIS B 1301	平行キー	4×4×12	SS 400

2 ピン

ピンは，機械部品を連結したり，二つの部分の合わせ目の位置決めなどに使われ，**割りピン**，**テーパピン**，**スプリングピン**などがある（図3-20）。図3-21に，その使用例を示す。

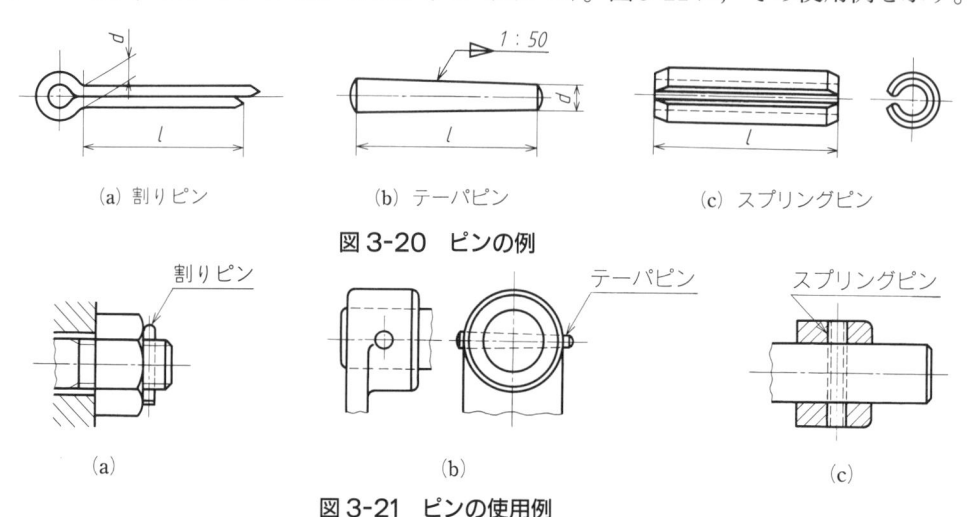

(a) 割りピン　　(b) テーパピン　　(c) スプリングピン

図3-20　ピンの例

図3-21　ピンの使用例

3 止め輪

止め輪は，軸または穴につけたみぞにはめて，軸方向の移動を止めるために使われる。図3-22のように，**C形**，**C形同心**，**E形**などがある。C形，C形同心には軸用と穴用があり，いずれも軸線方向にすべらせてみぞにはめ込む。E形は，軸用で軸に垂直にみぞにはめ込むものである。

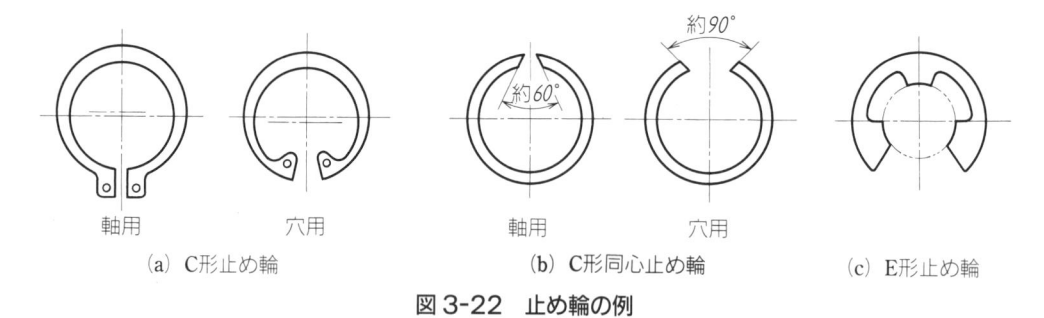

(a) C形止め輪　　(b) C形同心止め輪　　(c) E形止め輪

図3-22　止め輪の例

5 軸受，軸継手

1 軸受

　軸受は，機械の回転軸などを支える役目をする。軸受は，接触面の状態によって**すべり軸受**と**ころがり軸受**に分けられ，また，荷重が軸に垂直にかかる**ラジアル軸受**と，荷重が軸方向にかかる**スラスト軸受**とに分けられる（図3-23）。

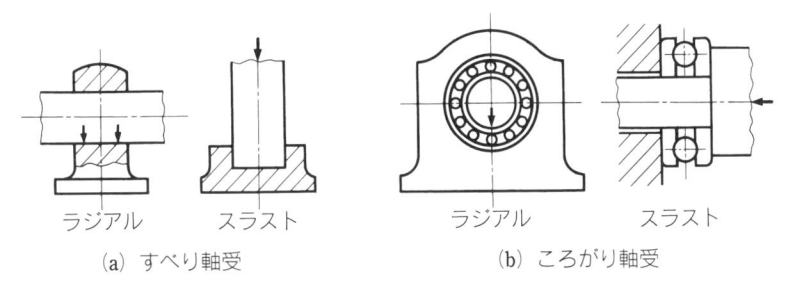

　　　ラジアル　　スラスト　　　　ラジアル　　スラスト
　　　　(a) すべり軸受　　　　　　(b) ころがり軸受
　　　　　　　　図3-23　軸受の例

　ころがり軸受にもいろいろな種類のものがあるが，電子機器には小形で，比較的単純なものが使われる。軸受内径，外径，幅など主要寸法によって，図3-24のように略図で表す。

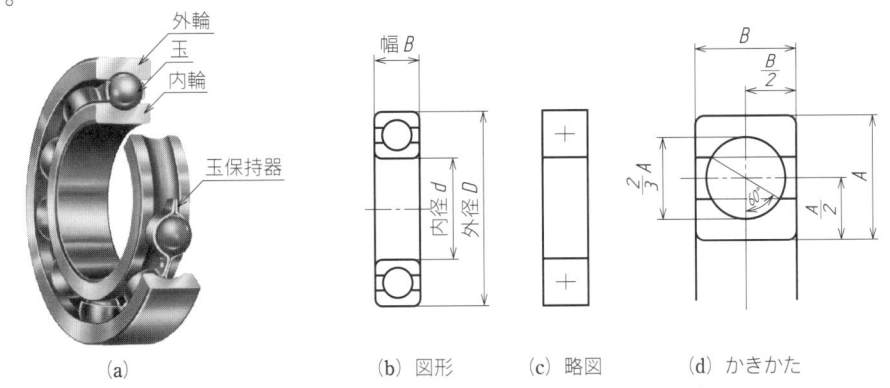

　(a)　　　　(b) 図形　　(c) 略図　　(d) かきかた
　　　　図3-24　ラジアル玉軸受（単列深みぞ形）

2 軸継手

　二つの回転軸を連結するとき，軸継手が用いられる。

　製図例9は小形のフランジ形軸継手の一種である。両フランジは軸に止めねじで止め，両フランジ間はしゅう動円板で連結されているので，両軸の軸心が多少ずれている場合にも使用できる。

　課題　　製図例9の軸継手を製図してみなさい。

6 歯車

　一つの軸から他の軸へ回転を伝えるのに，たがいにかみ合う歯車を用いると，確実な回転の伝達ができる。また，歯数を変えることによって，2軸の間にいろいろな回転速度比を得ることができる。歯車は，動力伝達装置や変速装置に広く使われている。

1 歯車の種類

　歯車にはいろいろな種類のものがある。
　平歯車（図3-25(a)）は，二つの軸が平行な場合に最も一般的に用いられる歯車である。**すぐばかさ歯車**（図3-25(b)）は，二つの軸が交わる形の場合に用いられる。**ねじ歯車**（図3-25(c)）は，二つの軸が平行でなく，交わりもしない場合に用いられる。**ウォームギヤ**（図3-25(d)）は，二つの軸が垂直になっていて交わらない場合に用いられるが，速度比が大きいので，減速装置に広く使用される。

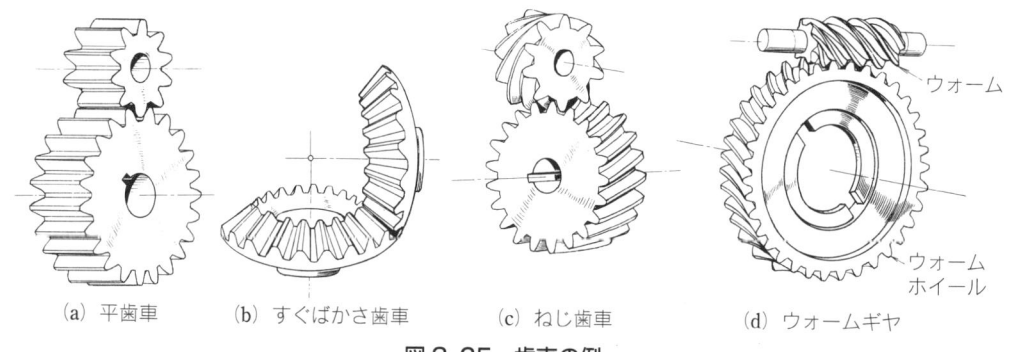

(a) 平歯車　　(b) すぐばかさ歯車　　(c) ねじ歯車　　(d) ウォームギヤ

図3-25　歯車の例

2 歯車の各部名称と歯の大きさ

　図3-26に歯車の各部名称を示す。歯車の歯形曲線は，第1章で学んだインボリュートがよく用いられる。
　歯車の歯は，ピッチ円周に沿って等しい間隔で切削されているが，歯の大きさを表すには，一般に**モジュール**が用いられる。
　モジュール m [mm] は，ピッチ円直径を d [mm]，歯数を z とすれば，次の式で求められる。

$$m = \frac{\text{ピッチ円直径}}{\text{歯数}} = \frac{d}{z}$$

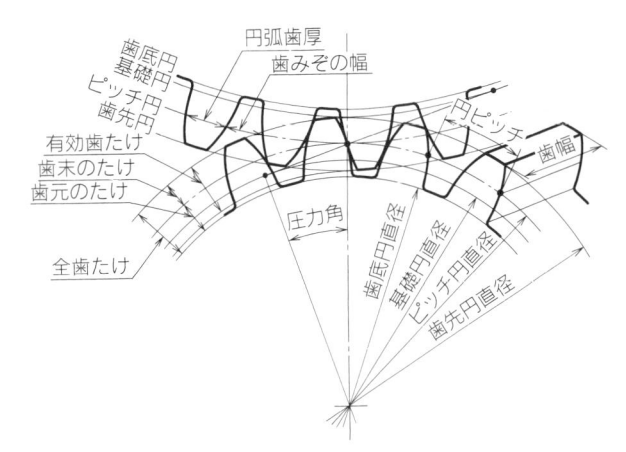

図 3-26 歯車の各部名称

JISでは，表3-7のように，モジュールの標準値を規定している。たがいにかみ合う歯車のモジュールは，等しくなければならない。

表 3-7 モジュールの標準値
(JIS B 1701:1999)(単位 mm)

I	II
1	1.125
1.25	1.375
1.5	1.75
2	2.25
2.5	2.75
3	3.5
4	4.5
5	5.5
6	(6.5)
	7
8	9
10	11
12	14
16	18
20	22
25	28
32	36
40	45
50	

備考　I列のモジュールを用いることが望ましい。
モジュール6.5はできるかぎり用いない。

3　歯車の製図

機械で加工する歯車の図は，歯形の実形をかくことなく，**歯車製図**（JIS B 0003）によって略図でかく。

歯車の部品図は，図3-27のように，図および要目表からなる。要目表には，歯切り，組立および検査などに必要な事項を記入する。

図は，主として歯車素材（歯切り前の機械加工を終わった状態のもの）を製作するのに必要な形状，寸法を示し，次の要領でかく。

①歯先円は太い実線でかく。

②ピッチ円は細い一点鎖線でかく。

③歯底円は細い実線でかく。正面図（軸に垂直な方向からみた図）を断面図示するときには，歯底の線は太い実線でかく。

④歯筋の方向を示すには，通常3本の細い実線でかく（図3-29）。

⑤かみ合う一対の歯車の図示は，かみあい部の歯先円を，ともに太い実線でかく。正面図を断面図示するときは，かみあい部の一方の歯先円を示す線は，細い破線または太い破線でかく（図3-28）。

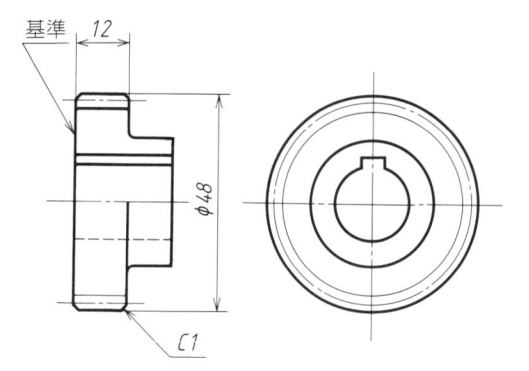

図3-27 平歯車の製作図

要目表	
平歯車	
歯車歯形	標準
基準ラック 歯形	並歯
モジュール	1.5
圧力角	20°
歯数	30
基準ピッチ円直径	45

組立図などに歯車をかく場合は，図3-29のように簡略にした略図を用いることがある。簡略の程度は，図面の使用目的によって選ぶ。

課題 製図例10は，軸と一体になった小さい平歯車の製作図である。これを製図してみなさい。

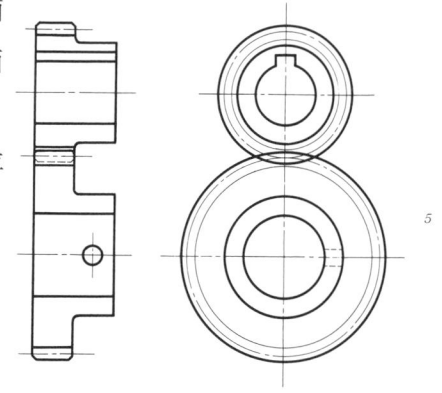

図3-28 かみ合う歯車の図示

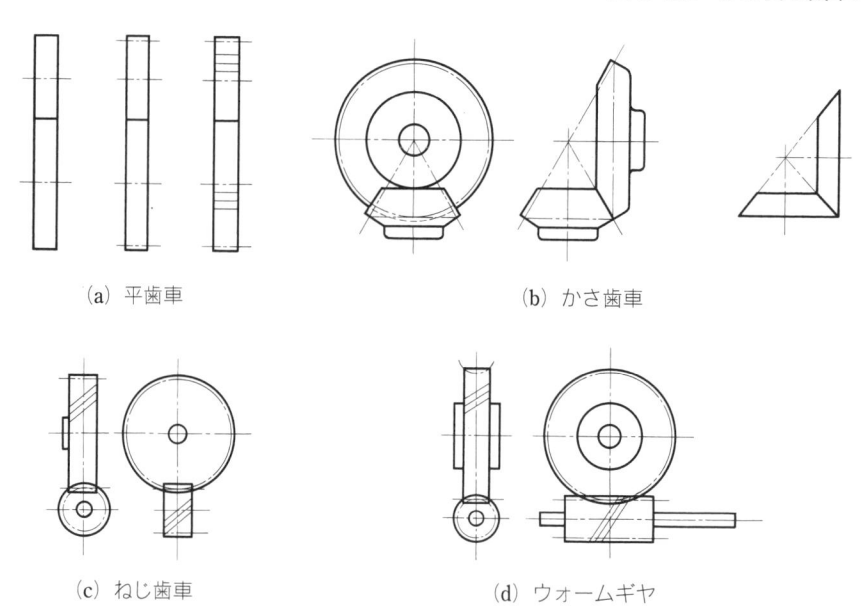

(a) 平歯車

(b) かさ歯車

(c) ねじ歯車

(d) ウォームギヤ

図3-29 各種歯車の略画法

7 スケッチ

機械や部品などから紙面に形状を描き取って寸法を記入することを**スケッチ**（sketching）という。このようにしてできた図を**スケッチ図**（freehand drawing）または見取図といい，ふつう正投影図でかき，仕上げ程度，加工方法など製作に必要な事項を記入する。なお，図形はプリント法を基本にしてフリーハンドで線を補うのがよい。

スケッチ図は，次のような場合などに必要である。
①既製品と同一のものをつくるとき。
②損傷した部品を新しくつくるとき。
③実物をモデルにして新製品をつくるとき。

1 スケッチの方法

1 スケッチの順序

①機械をよく観察し，構造・機能を調べ，組み立てたままの状態で各部品の関係位置を示す組立図をかき，主要寸法をはかって記入しておく。

②各部品に分解してスケッチする。部品に荷札をつけて分解の順に一連番号をかき入れ，組立図にもこの番号を記入しておく。また，接合部など必要箇所には，取りはずすまえにフェルトペンなどで合い印をつける（図3-30）。

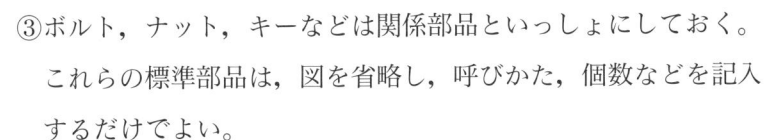

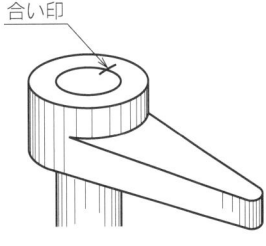

③ボルト，ナット，キーなどは関係部品といっしょにしておく。これらの標準部品は，図を省略し，呼びかた，個数などを記入するだけでよい。

図3-30 合い印

2 スケッチ作業

①部品を最もよく表す図を正面図とし，縮尺にとらわれずフリーハンドでかく。構造の複雑な箇所は断面図や補助投影図などを併用する。

②プリントできるものは，実物の表面に光明丹を塗るか，油を含ませた布で表面をこすり，これに紙を押し当てて実形を転写する。図3-31はその例である。複雑な曲線部は，銅線や鉛線などを曲面に押し当てて形取り，その線材の形状を鉛筆で写し取る（図3-32）。

③図に必要な寸法補助線，寸法線，引出線をあらかじめ全部引き，寸法をはかって次々に記入していく。

④スケッチ図には，材料の種類，表面あらさ，はめあいの程度，その他必要事項を調べて記入しておく。

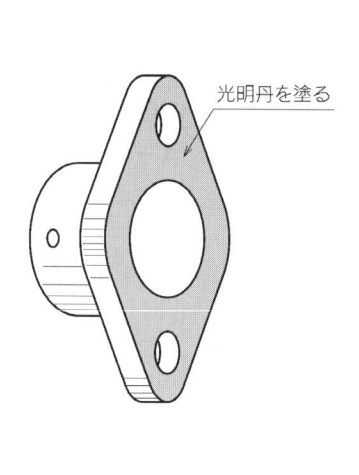

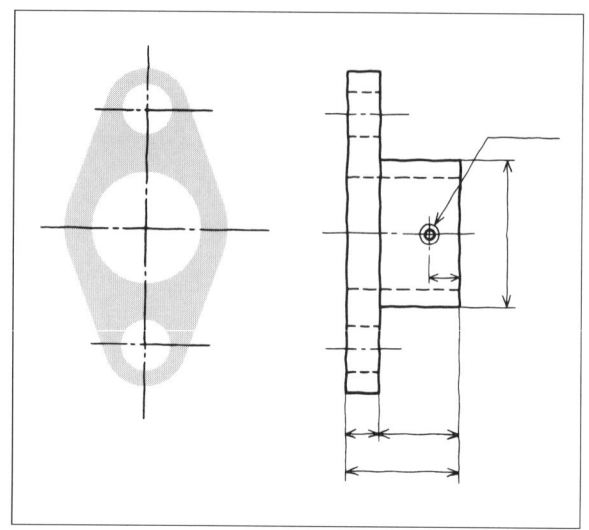

図 3-31　プリント法を用いたスケッチ

⑤部品表をつくり，部品番号，品名，材料，個数，記事を記入する。
⑥最後に検図する。寸法はとくにたいせつであるから，はかり落としや記入もれがないかをよく調べる。重要寸法は，再度確認するように心がける。

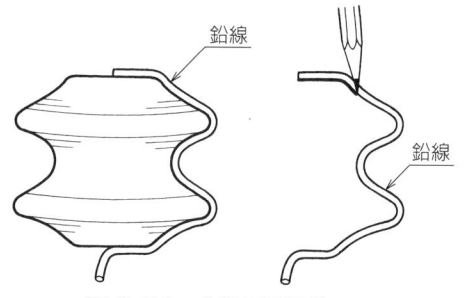

図 3-32　曲線の形取り

課題　製図例11は，丸形コネクタのプラグのスケッチ図である。この図をもとにして製作図をかいてみなさい。

4章 電子機器用部品

　電子機器の図面を作成する場合には，電子回路を構成する部品である抵抗器，コンデンサ，コイル，IC，電源変圧器などについて理解しておく必要がある。これらの部品の寸法・定格・性能などについては，JISに定められているものが多い。また，これらを回路接続図に表示する場合には，図記号で表し，JISの電気用図記号を用いる。

　この章では，これらについて学習するほか，電子機器用部品の設計・製図の概要を理解するために，コイルと小形電源変圧器を例に学習する。

1 定格の表示

電子機器用部品の定格値（定格電力・定格電圧・抵抗値など）は，部品の小形化に対応して，色の違いや文字記号で表示する方法がとられている。

1 色による記号化

表4-1に示す色は，0から9までの数字，10のべき数（10^n）あるいは許容差などを表す（91ページ表4-5参照）。

表4-1 色に対応する数値　（JIS C 5062:1997）

色	有効数字	10のべき数	許容差
銀色	—	10^{-2}	±10 %
金色	—	10^{-1}	± 5 %
黒	0	1	—
茶色	1	10	± 1 %
赤	2	10^2	± 2 %
黄赤	3	10^3	± 0.05 %
黄	4	10^4	—
緑	5	10^5	± 0.5 %
青	6	10^6	± 0.25 %
紫	7	10^7	± 0.1 %
灰色	8	10^8	—
白	9	10^9	—
色をつけない	—	—	±20 %

2 文字による記号化

抵抗値または静電容量の公称値に対する許容差を％で示す場合の文字記号は，表4-2に示す一つの英文字で表す（90ページ図4-2参照）。

表4-2 許容差（％）の文字記号（JIS C 5062:1997）

許容差 %	文字記号	許容差 %	文字記号
± 0.005	E	± 1	F
± 0.01	L	± 2	G
± 0.02	P	± 5	J
± 0.05	W	±10	K
± 0.1	B	±20	M
± 0.25	C	±30	N
± 0.5	D		

2 抵抗器

　抵抗器は，その抵抗値が変えられるようになっているかどうかによって，固定抵抗器と可変抵抗器とに分けられている。可変抵抗器については，その最大抵抗について公称抵抗値や定格電圧あるいは定格電力などを定めてある。

　抵抗器は，電流によって発熱し，このために抵抗値の変化などが生じるので，その定格電力にはじゅうぶん注意しなければならない。

1 固定抵抗器

　固定抵抗器を電流の流れる通電部分の材質によって分けると，炭素系，金属系に分類できる。また，絶縁物・外装などによって分けた，いろいろな呼びかたのものがある。

　電子機器に用いられる固定抵抗器には，表4-3のようなものがある。

表4-3　各種の固定抵抗器

種　類	記　号	JIS
電子機器用炭素皮膜固定抵抗器	RD	JIS C 6408:1994
電子機器用絶縁形炭素皮膜固定抵抗器	RD	JIS C 6407:1992
電力形固定巻線抵抗器	RW	JIS C 6401:1991
電子機器用円筒形炭素皮膜チップ固定抵抗器	RD	
電子機器用円筒形金属皮膜チップ固定抵抗器	RN	
電子機器用角形金属皮膜チップ固定抵抗器	RN	
電子機器用角形金属系混合皮膜チップ固定抵抗器	RK	
電子機器用酸化金属皮膜固定抵抗器	RS	JIS C 6409:1994

　図4-1に，一般的な抵抗器の例を示す。

炭素皮膜固定抵抗器　　　　　　　　　　　酸化金属皮膜固定抵抗器

金属皮膜固定抵抗器　　　　　　　　　　　電力形固定抵抗器

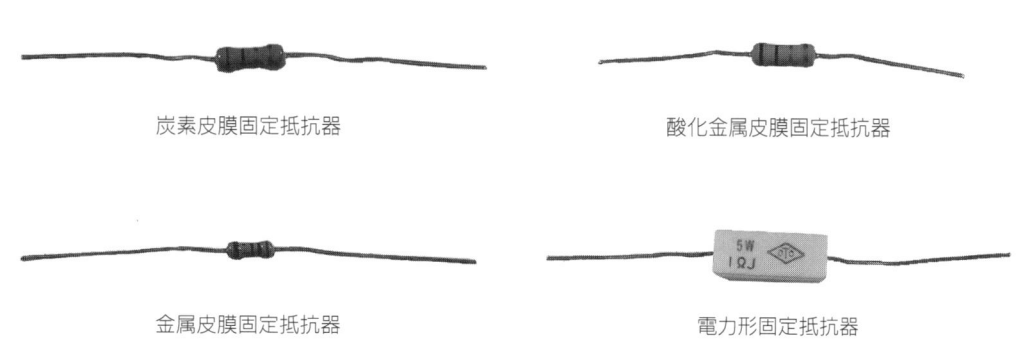

図4-1　抵抗器の例

絶縁形炭素皮膜固定抵抗器　　磁器棒の表面に，炭素皮膜を密着，固定させて，これに端子をつけ絶縁外装を施したもので，熱特性がよく，高温，高湿に耐えられるので，産業用電子機器に用いられている。

　固定抵抗器の外形寸法には，表4-4のようなものがあり，その形名は，図4-2のようになっている。なお，この種の抵抗器の抵抗値および抵抗値許容差は，表4-5のように，色によって表示することがある。

表4-4　固定抵抗器(RD)の外形寸法と定格電力　　（JIS C 6407:1992）

単位 mm

定格電力		寸　法			
記号	電力[W]	L	D	d	l
2B	0.125	6.4±1.0	2.4±0.4	0.5±0.05	38±3 または 20以上
2E	0.25	9.5±1.0	2.4±0.4	0.7±0.05	
2H	0.5	9.5±1.0	2.4±0.4	0.8±0.05	
3A	1.0	14.3±1.0	5.7±0.4	1.0±0.05	
3D	2.0	17.5±1.0	8.1±0.4	1.2±0.05	

RD 05　A　2E　221　J

種類：絶縁形炭素皮膜固定抵抗器

形状：形・ケース・リード線端子などの種別によって分類してある。次の形状の場合05と表す。
［円筒形 非金属ケース リード線端子 反対方向］

特性：Aは，定格電力を軽減せずに最高周囲温度70℃で負荷できる特性を示す。

定格電力：[W]
2B：0.125
2E：0.25
2H：0.5
3A：1
3D：2.0

定格抵抗値：3数字を用いて表し，はじめの2数字は有効数字を示し，最後の数字はあとに続く0の数を示す。小数点はRを用いる。
例．2R7：2.7 [Ω]
010：1
100：10
901：900
102：1k
203：20k
914：910k
105：1M
115：1.1M
206：20M
226：22M

抵抗値許容差：[%]
F：±1
G：±2
J：±5

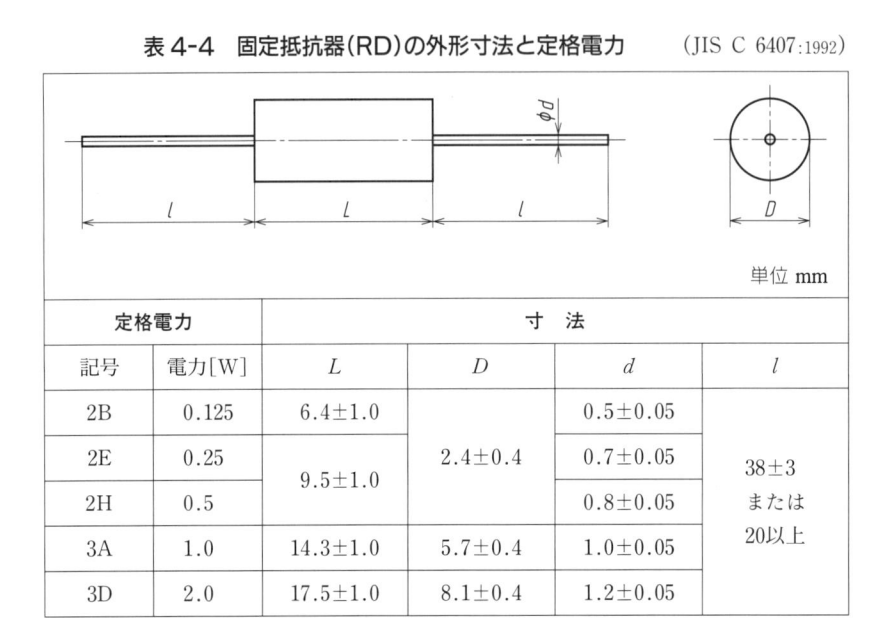

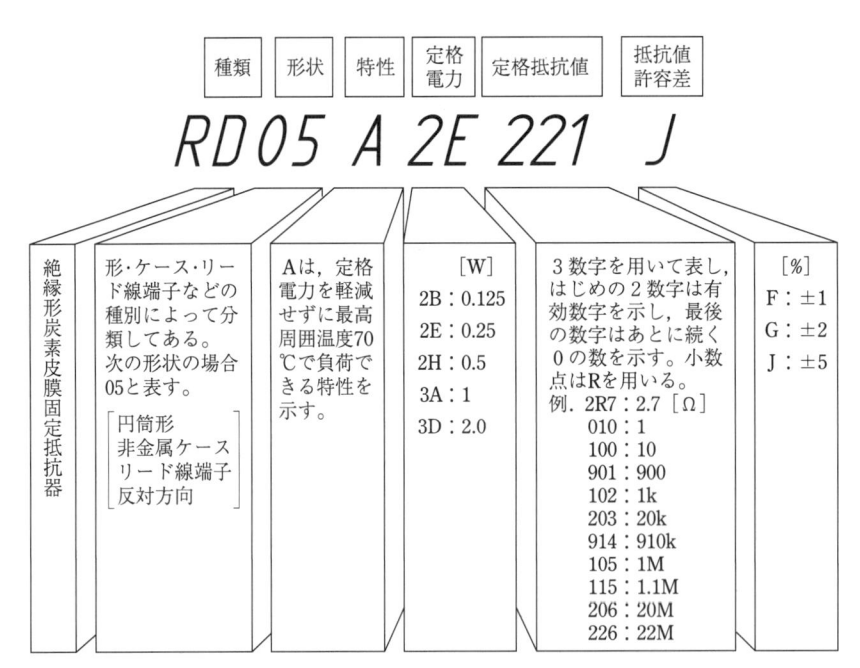

図4-2　固定抵抗器の形名　　（JIS C 6407:1992）

表 4-5 固定抵抗器(RD)の色による定格表示　　　　（JIS C 6407:1992）

色 名	公称抵抗値				抵抗値許容差
	有効数字			乗 数	
	第1色帯	第3色帯	第3色帯	第4色帯	第5色帯
	第1色帯	第2色帯	—	第3色帯	第4色帯
黒	—	0	0	10^0	—
茶色	1	1	1	10^1	±1 %
赤	2	2	2	10^2	±2 %
黄赤	3	3	3	10^3	—
黄	4	4	4	10^4	—
緑	5	5	5	10^5	—
青	6	6	6	—	—
紫	7	7	7	—	—
灰色	8	8	8	—	—
白	9	9	9	—	—
金色	—	—	—	10^{-1}	±5 %

(a) 有効数字が2けたの場合

(b) 有効数字が3けたの場合

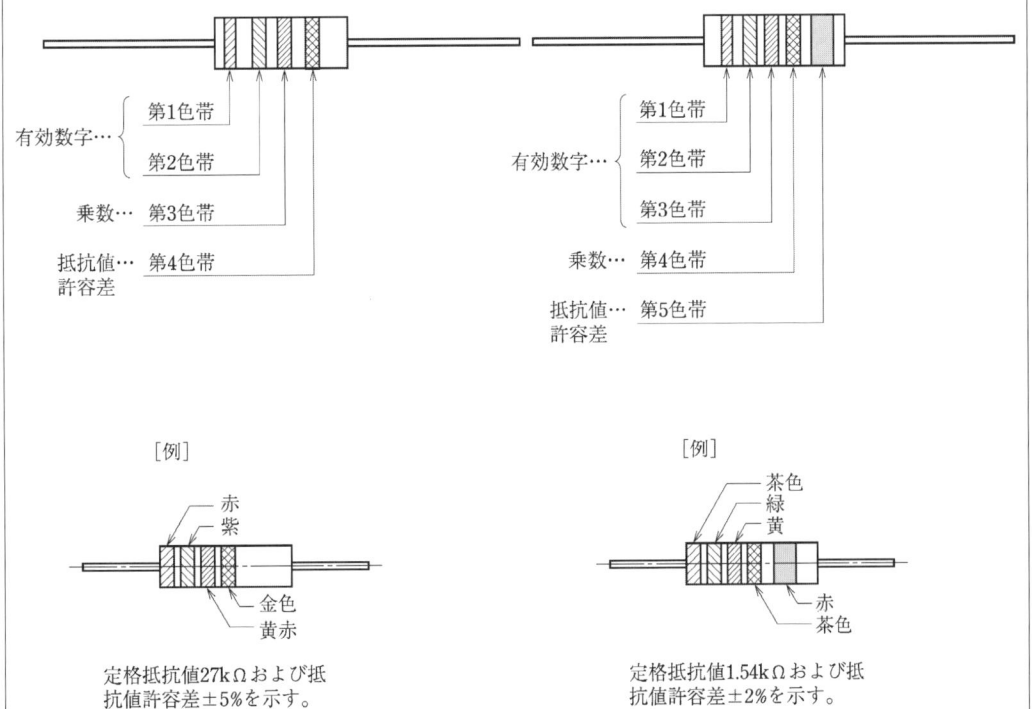

有効数字… 第1色帯／第2色帯
乗数… 第3色帯
抵抗値許容差… 第4色帯

有効数字… 第1色帯／第2色帯／第3色帯
乗数… 第4色帯
抵抗値許容差… 第5色帯

[例] 赤・紫・金色・黄赤
定格抵抗値27kΩおよび抵抗値許容差±5%を示す。

[例] 茶色・緑・黄・赤・茶色
定格抵抗値1.54kΩおよび抵抗値許容差±2%を示す。

2. 抵抗器

2　可変抵抗器

可変抵抗器は，回転軸を回転することによってすべり片が抵抗体の上を移動し，抵抗値を変化できるようにしたもので，抵抗体の種類によって炭素系可変抵抗器・巻線形可変抵抗器などがあり，性能の違いによって普通級と特殊級とがある。

JISに規定されているものには，表4-6のようなものがある。

表4-6　各種の可変抵抗器

種　類	記　号	JIS
普通級炭素系可変抵抗器	RV	JIS C 6443:1995
電子機器用炭素系混合体可変抵抗器	RV	JIS C 6444:1991
巻線形可変抵抗器	RA	JIS C 6445:1995

普通級炭素系可変抵抗器　これは主としてラジオ受信機・テレビジョン受信機・発振器などに使われるもので，炭素系皮膜抵抗体を用いた回転形の抵抗器である。

普通級炭素系可変抵抗器の形名は，図4-3のように表す。

形式は，図4-4のように4種類ある。

```
種類  大きさ  形式  軸  抵抗変化特性  公称全抵抗値  開閉器

RV   16   N   20R   A    500kΩ   RSE
```

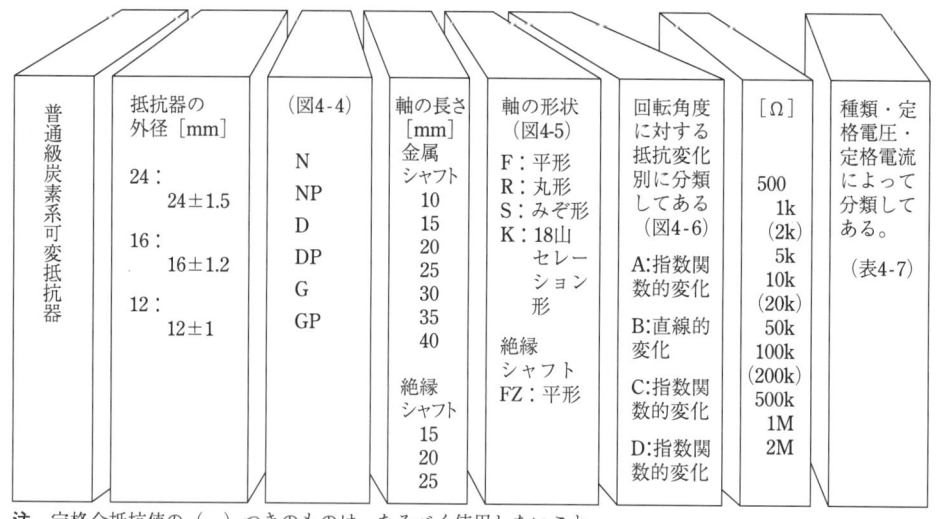

普通級炭素系可変抵抗器	
抵抗器の外径[mm]　24：24±1.5　16：16±1.2　12：12±1	
(図4-4)　N　NP　D　DP　G　GP	
軸の長さ[mm]　金属シャフト　10　15　20　25　30　35　40　絶縁シャフト　15　20　25	
軸の形状（図4-5）　F：平形　R：丸形　S：みぞ形　K：18山セレーション形　絶縁シャフト　FZ：平形	
回転角度に対する抵抗変化別に分類してある（図4-6）　A：指数関数的変化　B：直線的変化　C：指数関数的変化　D：指数関数的変化	
[Ω]　500　1k　(2k)　5k　10k　(20k)　50k　100k　(200k)　500k　1M　2M	
種類・定格電圧・定格電流によって分類してある。（表4-7）	

注　定格全抵抗値の（　）つきのものは，なるべく使用しないこと。

図4-3　普通級炭素系可変抵抗器の形名　　　　　（JIS C 6443:1995）

軸の形状は図4-5，抵抗変化特性は図4-6のとおりである。また，スイッチの分類は，表4-7のとおりである。

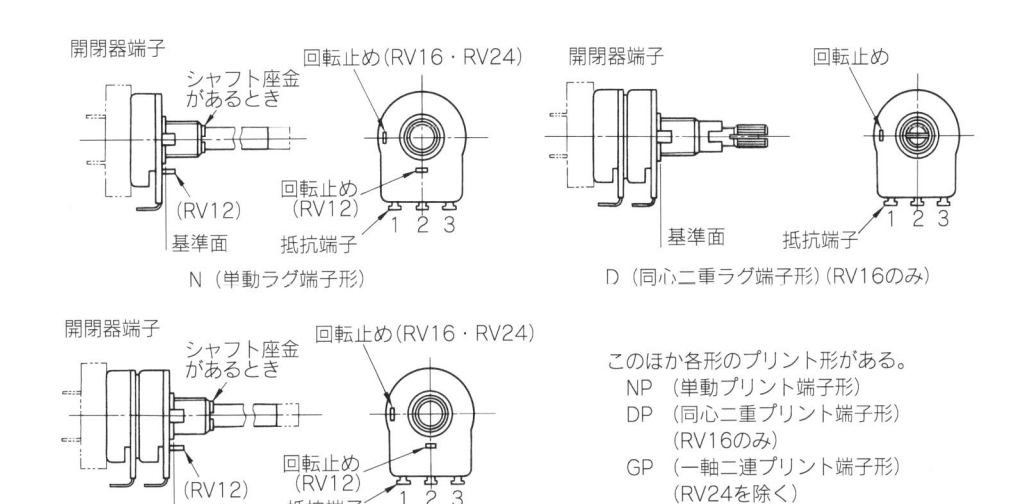

図4-4 普通級炭素系可変抵抗器の形式

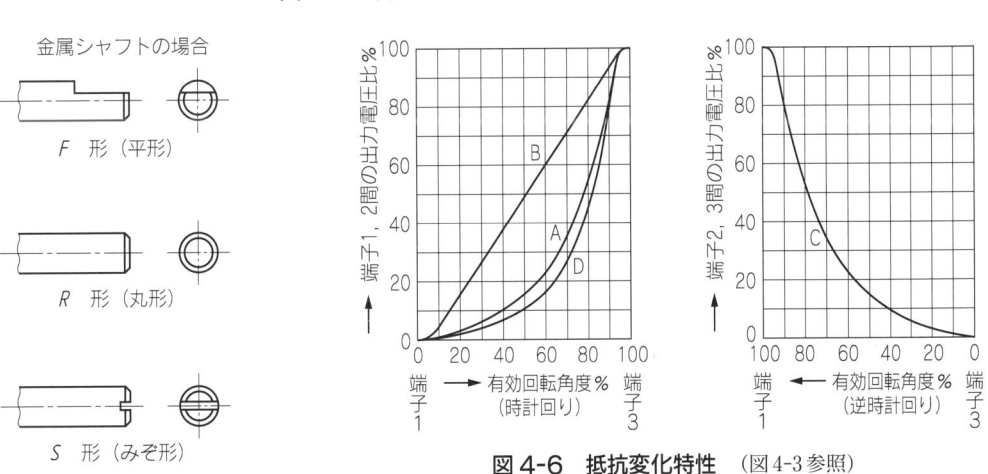

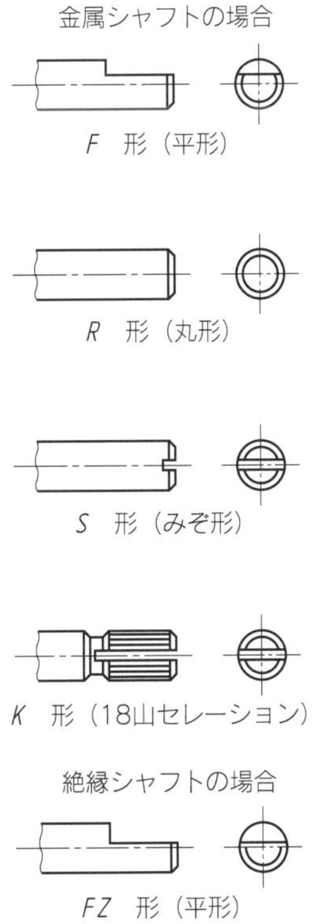

N（単動ラグ端子形）
D（同心二重ラグ端子形）（RV16のみ）
G（一軸二連ラグ端子形）

このほか各形のプリント形がある。
NP （単動プリント端子形）
DP （同心二重プリント端子形）
　　 （RV16のみ）
GP （一軸二連プリント端子形）
　　 （RV24を除く）

図4-5 軸の形状

金属シャフトの場合
F 形（平形）
R 形（丸形）
S 形（みぞ形）
K 形（18山セレーション）

絶縁シャフトの場合
FZ 形（平形）

図4-6 抵抗変化特性 （図4-3参照）

表4-7 スイッチの分類

操作方式	回路接点数	定格		
		記号	定格電圧[V]	定格電流[A]
R：回転形	S：単極単投	E	110（交流）	1
		F		3
		H		5
P：プッシュ形	D：2極単投	1	120（交流）	1
		3		3
U：プルプッシュ形	M：単極双投	5		5
		G	16（直流）	1
		T		3
		K	30（直流）	3

2. 抵抗器

3 コンデンサ

　コンデンサは，抵抗器と同様に電子機器に数多く用いられている。コンデンサを使用する場合には，その定格静電容量のほかに耐電圧にじゅうぶん注意することがたいせつである。コンデンサにも固定コンデンサと可変コンデンサがある。

1 固定コンデンサ

　固定コンデンサには，誘電体の種類・用途・電極の構造などによって各種のものがあるが，多くの場合，誘電体の種類によって分類されている。表4-8は，JISに定められているものを示す。

表4-8　各種の固定コンデンサ

(JIS C 5101-1:1998)

記号	コンデンサの種類	誘電体の主材料	電極の種類
CA	アルミニウム固体電解コンデンサ	アルミニウム酸化皮膜	アルミニウムおよび固体電解質
CC	磁器コンデンサ種類1[(1)]	磁器	金属膜
CE	アルミニウム非固体電解コンデンサ	アルミニウム酸化皮膜	アルミニウムおよび非固体電解質
CF	メタライズドプラスチックフィルムコンデンサ	プラスチックフィルム	蒸着金属膜または蒸着金属膜と金属はくの併用
CG	磁器コンデンサ種類3	磁器	金属膜
CK	磁器コンデンサ種類2[(2)]		
CL	タンタル非固体電解コンデンサ	タンタル酸化皮膜	タンタルおよび非固体電解質
CM	マイカコンデンサ	マイカ	金属膜または金属はく
CQ	プラスチックフィルムコンデンサ	プラスチックフィルム	金属はく
CS	タンタル固体電解コンデンサ	タンタル酸化皮膜	タンタルおよび固体電解質
CU	メタライズド複合フィルムコンデンサ	異種のプラスチックフィルムの組み合わせ	蒸着金属膜または蒸着金属膜と金属はくの併用
CW	複合フィルムコンデンサ		金属はく

注(1)　種類1のものは，主として酸化チタン系磁器をおもな誘電体とする。
　(2)　種類2のものは，主としてチタン酸バリウム系磁器を誘電体とする。

　ここでは，アルミニウム非固体電解コンデンサについて調べてみる。
　この種の電解コンデンサは，電解液によってアルミニウムはくの表面に生成した酸化被膜を誘電体としたもので，ほかの形のコンデンサに比べ，漏れ電流は大きいが，小形で大容量のものができる。電解コンデンサを使用する場合には，極性にじゅうぶん注意する必要がある。この電解コンデンサの形名には，図4-7のようなものがあり，表4-9は形状記号の例を示したものである。また，図4-8は各種の固定コンデンサの例である。

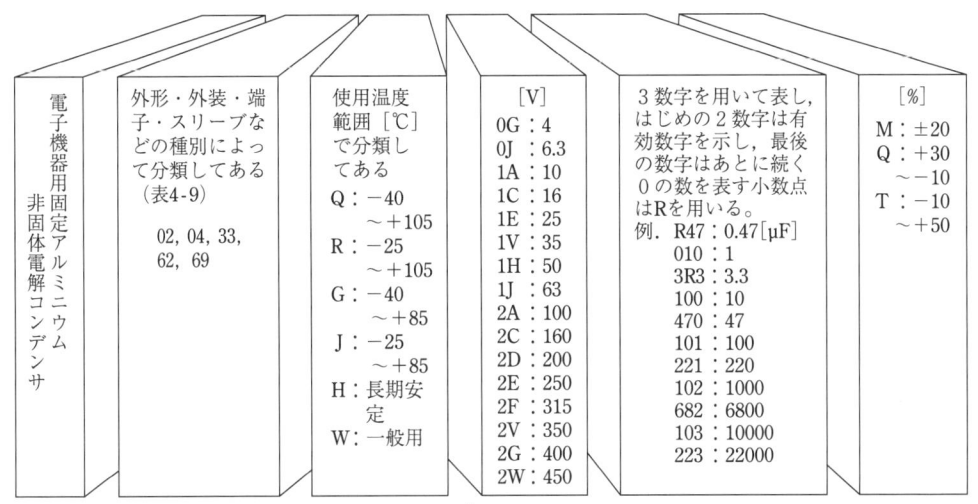

```
   ┌──────┐┌──────┐┌──────┐┌──────┐┌──────┐┌──────┐┌──────┐
   │ 種類 ││ 形式 ││ 特性 ││ 定格 ││ 定 格 ││定格静電││
   │      ││      ││      ││ 電圧 ││静電容量││容量許容差│
   └──────┘└──────┘└──────┘└──────┘└──────┘└──────┘
```

CE 04WG1H 100   M

| 電子機器用固定アルミニウム非固体電解コンデンサ | 外形・外装・端子・スリーブなどの種別によって分類してある（表4-9）
02, 04, 33, 62, 69 | 使用温度範囲［℃］で分類してある
Q：−40〜+105
R：−25〜+105
G：−40〜+85
J：−25〜+85
H：長期安定
W：一般用 | ［V］
0G：4
0J：6.3
1A：10
1C：16
1E：25
1V：35
1H：50
1J：63
2A：100
2C：160
2D：200
2E：250
2F：315
2V：350
2G：400
2W：450 | 3数字を用いて表し，はじめの2数字は有効数字を示し，最後の数字はあとに続く0の数を表す小数点はRを用いる。
例．R47：0.47［μF］
010：1
3R3：3.3
100：10
470：47
101：100
221：220
102：1000
682：6800
103：10000
223：22000 | ［%］
M：±20
Q：+30〜−10
T：−10〜+50 |

図 4-7 電子機器用固定アルミニウム非固体電解コンデンサの形名　　（JIS C 5101-1:1998）

表 4-9 アルミニウム非固体電解コンデンサの形状記号の例（JIS C 5101-1:1998）

記号	外形	外装	端子 種別	端子 方向	スリーブの有無
02	円筒形	金属ケース	リード線	反対	あり
04	円筒形	金属ケース	リード線	反対	あり
33	円筒形	金属ケース	ねじ	同一	あり
62	円筒形	金属ケース	はんだ付け用ラグ	同一	あり
69	円筒形	金属ケース	プリント配線板用	同一	あり

アルミニウム非固体電解コンデンサ 　　　　タンタル固体電解コンデンサ

磁器コンデンサ 　　　　プラスチックフィルムコンデンサ　　　　マイカコンデンサ

図 4-8 各種固定コンデンサの例

2　可変コンデンサ

可変コンデンサには，表4-10のようなものがある。

表4-10　可変コンデンサ

種　類	記　号
電子機器用同調可変コンデンサ（タイプAコンデンサ）	VA, VQ
電子機器用微調整可変コンデンサ（タイプBコンデンサ）	VD, VF, VK
電子機器用半固定コンデンサ（タイプCコンデンサ）	VB, VC, VG, VM, VP

注　同調用可変コンデンサはタイプAコンデンサ，微調整用可変コンデンサはタイプBコンデンサ，半固定コンデンサはタイプCコンデンサという。

可変コンデンサの種類を表す記号は誘電体により異なり，表4-11に示すように二つの英大文字で表す。

表4-11　可変コンデンサの種類の記号の例

記　号	タイプ	誘電体	記　号	タイプ	誘電体
VA	A	空気	VB	C	空気
VQ	A	プラスチックフィルム	VC	C	磁器
VD	B	空気	VG	C	ガラス
VF	B	プラスチックフィルム	VM	C	マイカ
VK	B	ガラス	VP	C	プラスチックフィルム

1　電子機器用同調可変コンデンサ

無線受信機の同調回路・発振回路などに使用する可変コンデンサで，誘導体が空気のものとプラスチックのものがある。その形名は，図4-9の例のように表す。

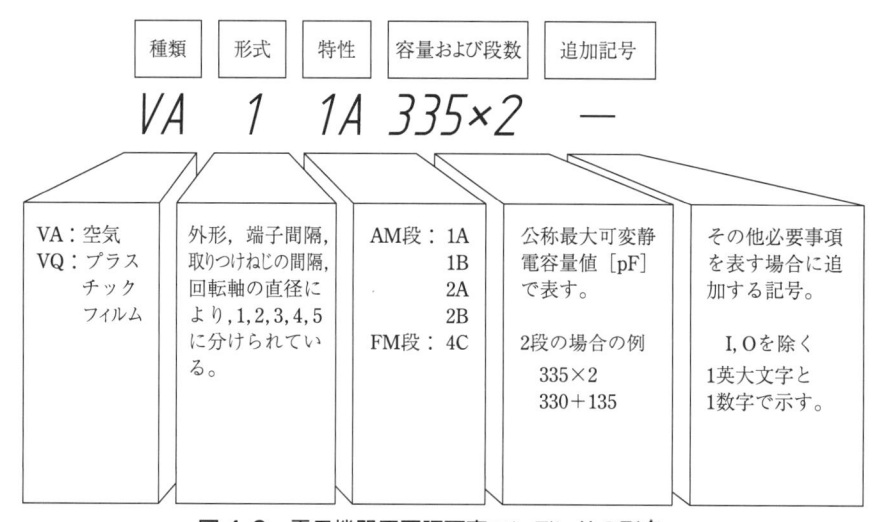

```
  種類    形式    特性   容量および段数   追加記号
  VA      1      1A      335×2            —
```

| VA：空気
VQ：プラスチックフィルム | 外形，端子間隔，取りつけねじの間隔，回転軸の直径により，1, 2, 3, 4, 5 に分けられている。 | AM段：1A
　　　　1B
　　　　2A
　　　　2B
FM段：4C | 公称最大可変静電容量値 [pF] で表す。
2段の場合の例
335×2
330＋135 | その他必要事項を表す場合に追加する記号。
I, Oを除く1英大文字と1数字で示す。 |

図4-9　電子機器用同調可変コンデンサの形名

図 4-10 電子機器用同調可変コンデンサの例

製図例12は，電子機器用同調可変コンデンサ(VA)（図4-10）の製作図である。

課題 製図例12-1の電子機器用同調可変コンデンサの組立図をかいてみなさい。

2 電子機器用半固定コンデンサ

半固定コンデンサには，表4-11に示すように，誘電体が空気・磁器・ガラス・マイカ・プラスチックフィルムなど各種のものがある。

図4-11は，電子機器用半固定磁器コンデンサの外形図の一例である。これは，軸端にすりわりが切ってあり，これをねじ回しで回転させて調節するようになっている。形状には，8種類のものが規定されている。

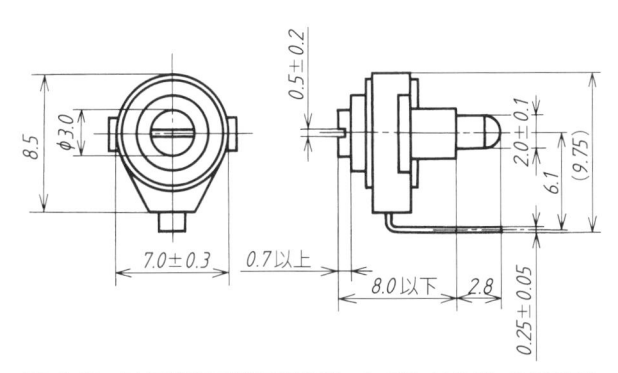

図 4-11 電子機器用半固定磁器コンデンサの例（VC070）

4 コイル

電子機器の内部において，コイルは，同調回路・フィルタ回路などの周波数選択回路に利用されている。使用周波数によって低周波用・高周波用などがあり，構造によって単層ソレノイド・多層ソレノイド，または空心形・積層鉄心形・圧粉鉄心形などがある。ここでは，同調回路に用いられる高周波用空心ソレノイドについて学習する。

1 コイルの設計

表4-12に示す図のような単層ソレノイドの自己インダクタンス L [H]は，長さを l [m]，半径を r [m]，巻数の総数を N とすると，次式で表される。

$$L = 4\pi^2 \lambda \mu_s r^2 \frac{N^2}{l} \times 10^{-7} \ [\text{H}] \tag{4-1}$$

μ_s は比透磁率で，空気の μ_s は1である。λ はソレノイドの形によって決まる長岡係数で，表4-12はその値を示し，図4-12はそれをグラフで示したものである。

使用する電線を決定する場合，表4-13のような電線表が用いられる。

表 4-12 長岡係数

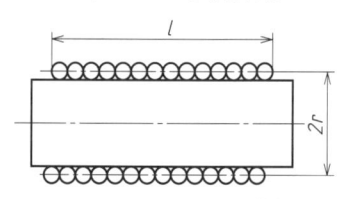

$2r/l$	λ	$2r/l$	λ
0	1.000	0.90	0.711
0.10	0.959	1.00	0.688
0.20	0.920	1.50	0.595
0.30	0.883	2.00	0.526
0.40	0.850	3.00	0.429
0.50	0.818	4.00	0.365
0.60	0.789	6.00	0.285
0.70	0.761	8.00	0.237
0.80	0.735	10.00	0.203

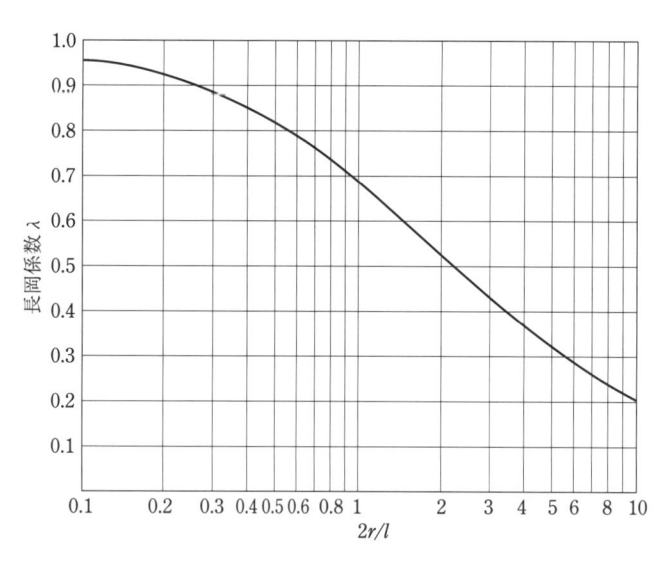

図 4-12 長岡係数のグラフ

注 式（4-1）および表4-12の図において，電線径 d を小さくして巻数 N を多くすれば，インダクタンス L は大きなものが得られるが，ソレノイドの抵抗分が増加するので，ソレノイドの Q が低下する。

表4-13 油性エナメル銅線寸法表（2種）　（JIS C 3202:1994）（単位 mm）

導体径	最大仕上り外径	導体径	最大仕上り外径	導体径	最大仕上り外径	導体径	最大仕上り外径
0.11	0.135	0.20	0.231	0.29	0.324	0.60	0.644
0.12	0.147	0.21	0.241	0.30	0.337	0.65	0.694
0.13	0.157	0.22	0.252	0.32	0.357	0.70	0.746
0.14	0.167	0.23	0.264	0.35	0.387	0.75	0.798
0.15	0.177	0.24	0.274	0.37	0.407	0.80	0.852
0.16	0.189	0.25	0.284	0.40	0.439	0.85	0.904
0.17	0.199	0.26	0.294	0.45	0.490	0.90	0.956
0.18	0.211	0.27	0.304	0.50	0.542	0.95	1.008
0.19	0.221	0.28	0.314	0.55	0.592	1.00	1.062

備考　呼びかたの例：2種油性エナメル銅線0.18 mm，または2EW 0.18 mm

2　コイルの設計例

半径 r を10 mm，長さ l を30 mm，自己インダクタンス L を200 µH とした場合のソレノイドを設計してみよう。

$$\frac{2r}{l} = \frac{2 \times 10}{30} = 0.667$$

図4-12から，$2r/l = 0.667$ に相当する長岡係数 λ を求めると0.77となる。

したがって，これらの値を式（4-1）に代入すると，

$$200 \times 10^{-6} = 4 \times 3.14^2 \times 0.77 \times 1^2 \times 10^{-4} \times \frac{N^2}{30 \times 10^{-3}} \times 10^{-7} \text{ [H]}$$

$$N = \frac{\sqrt{200 \times 3}}{2 \times 3.14 \times \sqrt{0.77 \times 10^{-3}}} = \frac{24.5}{6.28 \times 0.0277} \fallingdotseq 141 回$$

長さ30 mmのボビンに141回巻くためには，導体径 d は次のようになる。

$$d = \frac{30}{141} \fallingdotseq 0.213 \text{ mm}$$

表4-13から，最大仕上り外径 0.211 mm の 2EW 0.18 mm を選定する。

製図例13は，同調用コイルの例である。同調用コイルは，それを使用するのに便利なように，ボビンに取付金具や端子を取りつける必要がある。ボビンの長さを決める場合には，ソレノイドの長さ l のほかに，この点も考慮する。

課題
1. 電子機器用可変コンデンサの容量が，最小10 pF，最大330 pFのとき，526.5〜1606.5 kHzの周波数帯で使用できる単層ソレノイドを設計しなさい。ただし，配線その他の分布容量は30 pFとする。なお，ソレノイドの自己インダクタンス L は，$f_0 = \dfrac{1}{2\pi\sqrt{LC}}$ によって求める。
2. 製図例13の同調用コイルの図例を製図してみなさい。

5 小形電源変圧器の設計・製図

　電子機器を動作させるための電源には，商用周波数の交流電源がよく用いられるが，トランジスタ・ICなどを働かせるには，その特性に応じた直流電圧や交流電圧が必要である。そのため，電子機器内に変圧器が用いられる。
　この種の電源変圧器は，一般に出力1kVA以下のもので，**電子機器用小形電源変圧器**といわれ，その構造や電気的性能などがJISに定められていて，これに適合するようにつくられる。

1 小形電源変圧器の規格

1 製品の形名

　電子機器用小形電源変圧器の形名は，その構造・定格出力・等級を表す記号から構成され，図4-13の例のように配列される。図4-14は，TP 15415 B-1Xの形状，取りつけ方法，端子の出しかたなどを示したものである。

種類	相数周波数	形状	取付方法	取付位置と端子の関係	端子	定格出力	-	等級
TP	1	5	4	1	5	B	-	1X

種類（電源変圧器）: TP

相数周波数: 単相50Hzまたは60Hzを表す記号は1とする。

形状:
1: 金属ケース入り完全密閉
2: 金属ケース入り非完全密閉
3: 開放形・鉄心と取りつけ面平行
4: 開放形・鉄心と取りつけ面直角
5: 開放形・締金具にチャンネルフレームを用いる
6: 合成樹脂ケース入り
7: その他

取付方法:
1: リードまたはピンにより取りつけ（プリント配線板用）
2: スタットにより取りつけ
3: ねじ穴により取りつけ
4: 丸・長・かけ穴により取りつけ
5: つめにより取りつけ

取付位置と端子の関係:
1: 上部配線形
2: 下部配線形
3: 横配線形
4: 上下配線形

端子:
1: ねじ
2: 棒
3: ラグ
4: リード
5: 絶縁リード
6: その他

定格出力（単位VA）:
A: 10以下
B: 10〃 16〃以下
C: 16〃 25〃
D: 25〃 40〃
E: 40〃 63〃
F: 63〃 100〃
G: 100〃 160〃
H: 160〃 250〃
K: 250〃 400〃
L: 400〃 630〃
M: 630〃 1000〃

等級	周囲最高温度℃	温度上昇限度℃	試験温度℃
1X	40	60	110
2X	55	60	125
3X	70	50	155
1Y	55	50	110
2Y	70	50	125

図4-13 電子機器用小形電源変圧器の形名　　（JIS C 6436 : 1995）

2 電気的性能

　電気的性能としては，絶縁抵抗・耐電圧・層間耐電圧・無負荷損失・電圧偏差・電圧不平衡度・温度上昇・電圧変動率・過負荷について示されている。

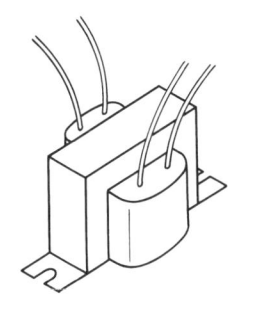

図4-14 小形電源変圧器の例 (TP 15415 B-1X)

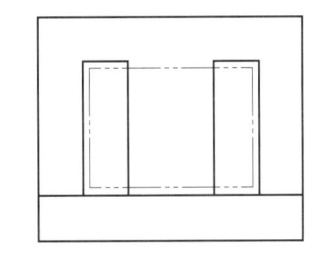

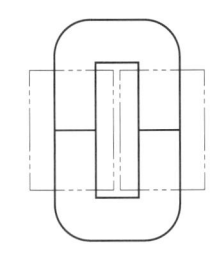

図4-15 鉄心の種類
(a) 積鉄心
(b) カットコア

2 変圧器用鉄心

この種の変圧器の鉄心には，図4-15(a)に示すような，**電子機器用トランスの鉄心積層板**❶（EIAJ RC-2724）**による積鉄心**と，図(b)に示すような，**電子機器用カットコア**とがある。

鉄心積層板は，厚さ0.35mmの鉄ニッケル磁性合金板，方向性けい素鋼帯および無方向性電磁鋼帯をEI形に打ち抜いたもので，その形状・寸法は表4-14のとおりである。

カットコアは内鉄形に適するものと外鉄形に適するものの2種類があり，厚さ0.3mmまたは0.35mmの方向性けい素鋼帯を巻鉄心とし，これをカットしたものである。

表4-14 電子機器用トランスの鉄心積層板の寸法　　　　　　　　　　(EIAJ RC-2724)

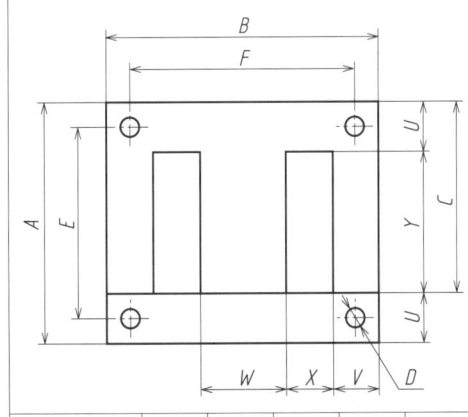

注　適用出力の欄は次の仮定のもとに計算した参考値である。
　　鉄心の最大磁束密度　$B_m = 1.0$ T
　　鉄心の占積率　$K_i = 0.95$
　　銅線の占積率　$K_c = 0.4$
　　銅線の電流密度　$\sigma = 3$ A/mm²
　　鉄心積厚／中央脚の幅　$T/W = 1 \sim 1.5$

(単位　mm)

形名	A	B	C	D	E	F	U	V	W	X	Y	適用出力 [VA]
EI-48	40.0	48.0	32.0	—	—	—	8.0	8.0	16.0	8.0	24.0	6.2～ 9.3
EI-54	45.0	54.0	36.0	—	—	—	9.0	9.0	18.0	9.0	27.0	9.9～15
EI-57	47.5	57.0	38.0	—	—	—	9.5	9.5	19.0	9.5	28.5	12 ～18
EI-60	50.0	60.0	40.0	—	—	—	10.0	10.0	20.0	10.0	30.0	15 ～23
EI-66	55.0	66.0	44.0	4.5	44.0	56.0	11.0	11.0	22.0	11.0	33.0	22 ～33
EI-76	68.5	76.2	50.8	5.0	50.8	64.0	12.7	12.7	25.4	12.7	38.1	39 ～59
EI-85	71.5	85.8	57.2	5.0	57.2	71.0	14.3	14.3	28.6	14.3	42.9	63 ～95

❶　EIAJは，日本電子機械工業会の略号である。

3 小形電源変圧器の設計

1 鉄心寸法の決定

変圧器の巻線に誘起する電圧 E [V] は，巻数を N，周波数を f [Hz]，磁束の最大値を Φ_m [Wb] とすると，

$$E = 4.44 f N \Phi_m \ [\text{V}] \tag{4-2}$$

巻線に流れる電流を I [A] とすれば，出力 P [VA] は，

$$P = EI = 4.44 f N I \Phi_m \ [\text{VA}] \tag{4-3}$$

この式の NI を電気装荷，Φ_m を磁気装荷という。出力は両者の積に比例するが，NI の大きいものは銅の使用量が多く，Φ_m の大きいものは鉄の使用量が多い。

a 電気装荷 NI と鉄心寸法 電気装荷は鉄心の窓面積に関係するもので，鉄心の窓面積を XY [mm²]（表4-14の図による），銅線の占積率を K_c，一次巻線および二次巻線の電流密度をそれぞれ，σ_1 [A／mm²]，σ_2 [A／mm²]，一次巻線および二次巻線の起磁力をそれぞれ，$N_1 I_1$，$N_2 I_2$ とすると，次の関係式がなりたつ。

$$\frac{N_1 I_1}{\sigma_1} + \frac{N_2 I_2}{\sigma_2} = K_c XY \ [\text{mm}^2]$$

また，$\sigma_1 = \sigma_2 = \sigma$，$N_1 I_1 = N_2 I_2 = NI$ とすると，

$$\frac{N_1 I_1 + N_2 I_2}{\sigma} = \frac{2NI}{\sigma} = K_c XY$$

したがって，電気装荷と窓面積の関係は次のようになる。

$$NI = \frac{1}{2} \sigma K_c XY \tag{4-4}$$

b 磁気装荷 Φ_m と鉄心寸法 磁気装荷は鉄心中央脚の断面積に関係するもので，鉄心中央脚の幅を W [mm]，積厚を T [mm]，最大磁束密度を B_m [T]，鉄心の占積率を K_i とすると，次の関係式がなりたつ。

$$\Phi_m = B_m K_i WT \times 10^{-6} \ [\text{Wb}] \tag{4-5}$$

c 出力と鉄心寸法 式 (4-4)，(4-5) を式 (4-3) に代入すると，出力は次のようになる。

$$P = 2.22 f B_m \sigma K_c K_i \times 10^{-6} \times XYWT \ [\text{VA}] \tag{4-6}$$

変圧器の仕様が与えられると出力 P がわかるから，表4-14により鉄心の形名が決まり，鉄心の寸法 X，Y，W が決まる。B_m，σ，K_c，K_i を適当に仮定すると，式 (4-6) から積厚 T が求められ，鉄心の寸法はすべて決定する。

2 巻数の決定

式（4-2）により巻数Nは次のようになる。

$$N = \frac{E}{4.44 f \, \Phi_m}$$

Φ_mは式（4-5）により求められるから，E，fが与えられると，Nが求められる。

3 電線の太さの決定

出力・電圧が与えられると電流Iが決まるから，電流密度をσ [A／mm²] として，電線の断面積a [mm²] は次の式により求められる。

$$a = \frac{I}{\sigma} \; [\mathrm{mm^2}]$$

断面積がわかれば，表4-15の電線表によって電線の太さを決定する。

表4-15　ホルマール銅線寸法（2種） （JIS C 3202：1994）

導体		導体断面積 [mm²]	最小被膜厚さ [mm]	最大仕上り外径 [mm]	最大導体抵抗[Ω/km] (20℃)	概算質量 [kg/km]	$\sigma=3\mathrm{A/mm^2}$ としたときの電流[A]
径 [mm]	許容差 [mm]						
0.16	±0.003	0.0201	0.007	0.189	908.8	0.191	0.060
0.17	〃	0.0227	〃	0.199	803.2	0.215	0.068
0.18	〃	0.0254	0.008	0.211	715.0	0.241	0.076
0.19	〃	0.0284	〃	0.221	640.6	0.267	0.085
0.20	〃	0.0314	〃	0.231	577.2	0.295	0.094
0.21	〃	0.0346	〃	0.241	522.8	0.324	0.104
0.22	±0.004	0.0380	〃	0.252	480.1	0.355	0.114
0.23	〃	0.0415	0.009	0.264	438.6	0.388	0.125
0.24	〃	0.0452	〃	0.274	402.2	0.422	0.136
0.25	〃	0.0491	〃	0.284	370.2	0.457	0.147
0.26	〃	0.0531	〃	0.294	341.8	0.493	0.159
0.27	〃	0.0573	〃	0.304	316.6	0.531	0.172
0.28	〃	0.0616	〃	0.314	294.1	0.570	0.185
0.29	〃	0.0661	〃	0.324	273.9	0.611	0.198
0.30	±0.005	0.0707	0.010	0.337	254.0	0.654	0.212
0.32	〃	0.0804	〃	0.357	222.8	0.742	0.241
0.35	〃	0.0962	〃	0.387	185.7	0.885	0.289
0.37	〃	0.1075	〃	0.407	165.9	0.989	0.323
0.40	〃	0.1257	0.011	0.439	141.7	1.15	0.377
0.45	±0.006	0.1590	〃	0.490	112.1	1.46	0.477
0.50	〃	0.1963	0.012	0.542	89.95	1.80	0.589
0.55	〃	0.2376	〃	0.592	74.18	2.17	0.713
0.60	±0.008	0.2827	〃	0.644	62.64	2.57	0.848
0.65	〃	0.3318	〃	0.694	53.26	3.03	0.995
0.70	〃	0.3848	0.013	0.746	45.84	3.51	1.155

備考　導体断面積，概算質量，および$\sigma=3\mathrm{A/mm^2}$としたときの電流は参考値。
　　　呼びかたの例：2種ホルマール銅線0.25 mm，または2 PVF 0.25 mm

4　小形電源変圧器の設計例

1　仕様

> 小形電源変圧器（形式　TP 15415 B-1X）
> 周波数　50 Hz　一次電圧　100 V
> 二次電圧および二次電流　24 V，0.5 A（出力　12 VA）

2　鉄心の選定

変圧器の出力が12 VAであるから，表4-14の適用出力の欄を参照して，EI-57とする。その寸法は，図4-16のとおりである。

3　鉄心積厚の決定

式（4-6）において，σを3 A／mm^2，fを50 Hz，K_cを0.3（巻わくを使用するため小さめとする），K_iを0.95，B_mを1 Tとすると，

$$P = 94.9 \times 10^{-6} \times XYWT \text{ [VA]}$$

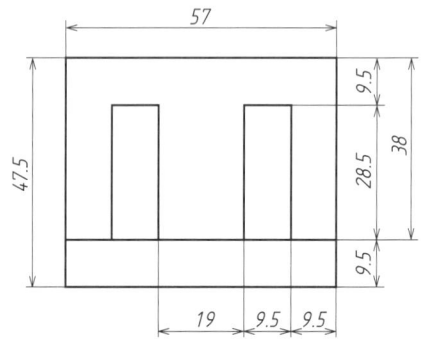

図4-16　鉄心（EI-57）の寸法

図4-16から，Xは9.5 mm，Yは28.5 mm，Wは19 mmであり，Pは12 VAであるから，鉄心の積厚Tは次のように求められる。

$$T = \frac{12}{94.9 \times 10^{-6} \times 9.5 \times 28.5 \times 19} \fallingdotseq 24.6 \text{ mm}$$

これを25 mmとする。$\frac{T}{W} = \frac{25}{19} \fallingdotseq 1.3$となり，1～1.5の範囲にある（表4-14参照）。

4　巻数および電線の太さの決定

a 一次巻線（100 V，0.12 A）　式（4-5）において，B_mを1 T，K_iを0.95，Wを19 mm，Tを25 mmとすると，Φ_mは次のようになる。

$$\Phi_m = 1 \times 0.95 \times 19 \times 25 \times 10^{-6} \fallingdotseq 0.451 \times 10^{-3} \text{ Wb}$$

式（4-2）において，Eを100 V，fを50 Hz，Φ_mを0.451×10^{-3} Wbとすると，一次巻線の巻数N_1は次のようになる。

$$N_1 = \frac{100}{4.44 \times 50 \times 0.451 \times 10^{-3}} \fallingdotseq 999 \text{ 回}$$

これを1000回とする。

一次巻線の電流I_1は0.12 Aであり，電流密度σ_1を3 A／mm^{2}とすると，電線の断面積a_1は次のようになる。

$$a_1 = \frac{I_1}{\sigma_1} = \frac{0.12}{3} = 0.0400 \text{ mm}^2$$

表4-15によって，2種ホルマール銅線0.23 mm（断面積0.0415 mm²），仕上り外径0.264 mmと決定する。

b 二次巻線（24 V，0.5 A）　二次巻線の巻数N_2は次のようになる。
$$N_2 = N_1 \times \frac{E_2}{E_1} = 1000 \times \frac{24}{100} = 240 \text{ 回}$$

定格負荷時のインピーダンス降下を考慮して約4％増とし，250回と決定する。

二次電流I_2は0.5 Aであり，電流密度σ_2を3 A／mm²とすると，断面積a_2は次のようになる。
$$a_2 = \frac{I_2}{\sigma_2} = \frac{0.5}{3} \fallingdotseq 0.1667 \text{ mm}^2$$

表4-15により2種ホルマール銅線0.50 mm（断面積0.1963 mm²），仕上り外径0.542 mmと決定する。

以上の計算の結果，一次巻線および二次巻線の巻数と電線の太さは，図4-17のようになる。

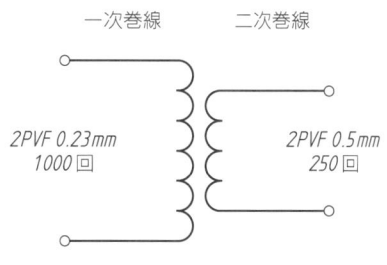

図4-17　電線の太さと巻数

5　各巻線の厚さおよび諸量の計算

a 一次巻線（0.23 mm，1000回）

巻線をしやすくするために，図4-18に示すような寸法の巻わくを使用し，その有効巻幅を26 mmとすれば，1層の巻数および層数は次のようになる。

$$1 \text{層の巻数} = \frac{\text{有効巻幅}}{\text{仕上り外径}} = \frac{26}{0.264} \fallingdotseq 98 \text{ 回}$$

$$\text{層　　数} = \frac{\text{巻数}}{1 \text{層の巻数}} = \frac{1000}{98} \fallingdotseq 10.2$$

これを11層とみると，絶縁物などを考慮した巻線の厚さは次のようになる。

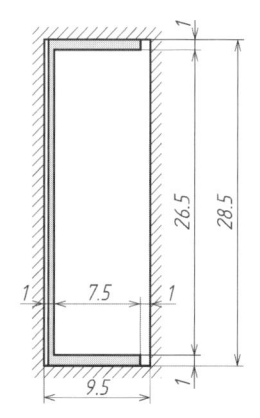

$$\text{巻線の厚さ} = \underset{\text{電　線}}{(0.264 \times 11)} + \underset{\text{コンデンサペーパ}}{(0.02 \times 10)}$$
$$+ \underset{\text{プレスボード}}{(0.1 \times 1)} \fallingdotseq 3.2 \text{ mm}$$

図4-18　巻わく寸法

したがって，一次巻線は図4-19のようになり，この図および表4-15により，次の諸量が求められる。

1巻の平均長 $= (21 + 27) \times 2 + 3.2\pi \fallingdotseq 106$ mm

電　線　の　全　長 $= 106 \times 1000 = 0.106$ km

電　線　の　質　量 $= 0.388 \times 0.106 \fallingdotseq 0.0411$ kg

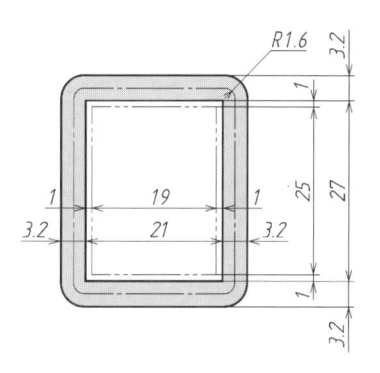

巻　線　の　抵　抗 $= 438.6 \times 0.106 \fallingdotseq 46.5$ Ω

図4-19　一次巻線

b 二次巻線(0.50 mm, 250回)　一次巻線と同様にして次の諸量が求められる。

$$1層の巻数 = \frac{26}{0.542} \fallingdotseq 48回$$

$$層　　数 = \frac{250}{48} \fallingdotseq 5.2$$

これを6層とみて，

$$巻線の厚さ = (0.542 \times 6) + (0.02 \times 5) + (0.1 \times 2) \fallingdotseq 3.6 \text{ mm}$$

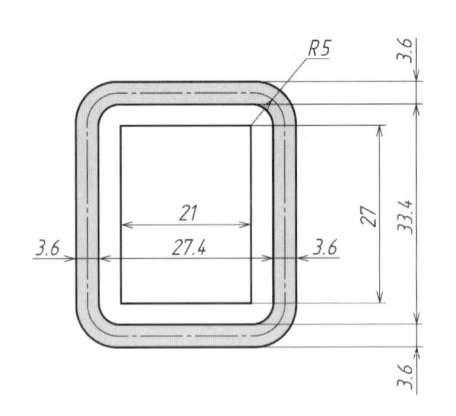

図4-20　二次巻線

図4-20および表4-15により，

$$1巻の平均長 = (21+27) \times 2 + 10\pi \fallingdotseq 127 \text{ mm}$$

$$電線の全長 = 127 \times 250 \fallingdotseq 0.0318 \text{ km}$$

$$電線の質量 = 1.8 \times 0.0318 \fallingdotseq 0.0572 \text{ kg}$$

$$巻線の抵抗 = 89.95 \times 0.0318 \fallingdotseq 2.86 \text{ Ω}$$

6　鉄心の質量

図4-16の鉄心の寸法および積厚 T は25 mm，占積率 K_i は0.95，密度 d は，7.75g/cm³ であるから，鉄心の質量は次のようになる。

$$鉄心の質量 = \{(57 \times 47.5 \times 25) - (28.5 \times 9.5 \times 25) \times 2\} \times 0.95 \times 10^{-3} \times 7.75$$

$$= 398.7 \text{g} \fallingdotseq 0.399 \text{ kg}$$

7　諸量のまとめ

以上の計算結果をまとめると次のようになる。

表4-16　諸量のまとめ

巻線\項目		巻線			鉄心		
		巻数[回]	径[mm]	質量[kg]	形名	積厚[mm]	質量[kg]
一次巻線	100V 0.12A	1 000	0.23	0.041 1	EI-57	25	0.399
二次巻線	24V 0.5A	250	0.5	0.057 2			

製図例14は，この設計計算に基づいて設計製図した製作図である。この図によって製作実習してみるとよい。

課題　製図例14の小形電源変圧器組立図および部品図を製図しなさい。

6 半導体素子・集積回路

　半導体素子・集積回路は，形状が小さく消費電力も少ないため，機器の小形化や機能の向上がはかられるとともに信頼性も増すので，広く用いられている。

1 半導体素子

　ダイオード・トランジスタ・電界効果トランジスタなどの半導体素子の形名は，電子情報技術産業協会の規格により，図4-21のように示すことになっている。図4-22にトランジスタの標準外形寸法の例を，また図4-23に半導体素子の例を示す。

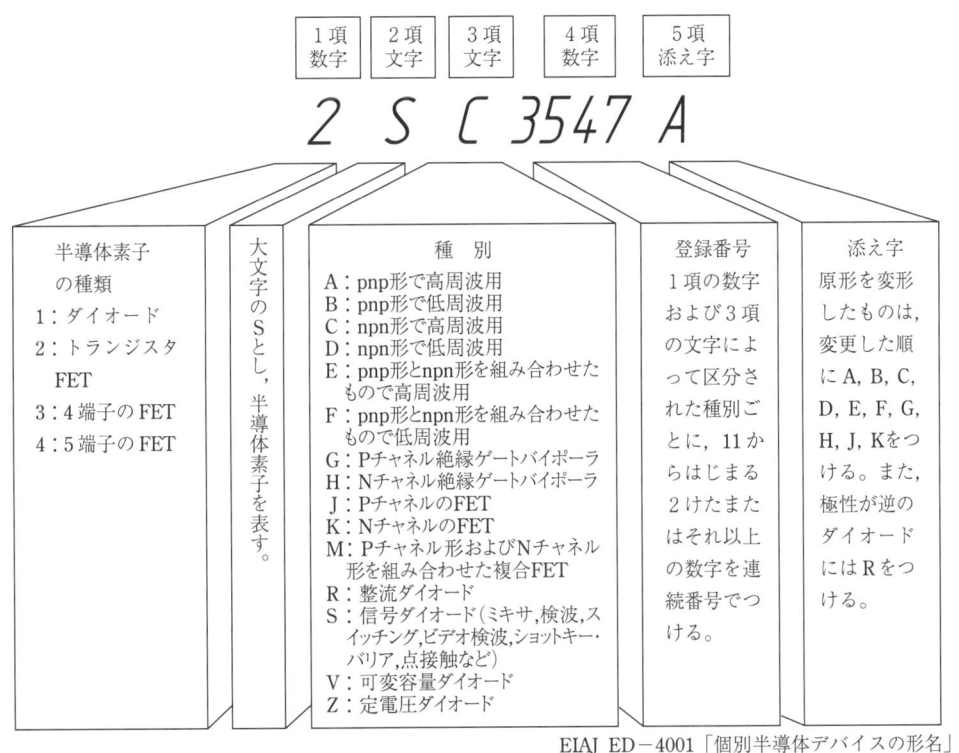

```
 1項    2項    3項    4項    5項
数字   文字   文字   数字   添え字

 2  S   C   3547  A
```

1項 半導体素子の種類
1：ダイオード
2：トランジスタ FET
3：4端子のFET
4：5端子のFET

2項 大文字のSとし，半導体素子を表す。

3項 種別
A：pnp形で高周波用
B：pnp形で低周波用
C：npn形で高周波用
D：npn形で低周波用
E：pnp形とnpn形を組み合わせたもので高周波用
F：pnp形とnpn形を組み合わせたもので低周波用
G：Pチャネル絶縁ゲートバイポーラ
H：Nチャネル絶縁ゲートバイポーラ
J：PチャネルのFET
K：NチャネルのFET
M：Pチャネル形およびNチャネル形を組み合わせた複合FET
R：整流ダイオード
S：信号ダイオード(ミキサ,検波,スイッチング,ビデオ検波,ショットキー・バリア,点接触など)
V：可変容量ダイオード
Z：定電圧ダイオード

4項 登録番号
1項の数字および3項の文字によって区分された種別ごとに，11からはじまる2けたまたはそれ以上の数字を連続番号でつける。

5項 添え字
原形を変形したものは，変更した順にA，B，C，D，E，F，G，H，J，Kをつける。また，極性が逆のダイオードにはRをつける。

EIAJ ED-4001「個別半導体デバイスの形名」

注　第1項の半導体素子の種別を表す数字は，n個の有効電気的接続を有する単体および同一の単体を複数合成したものは，$n-1$とする。たとえば，有効電気的接続2のダイオードの場合は1と表し，有効電気的接続3のトランジスタの場合は2と表す。

図4-21　半導体素子の形名

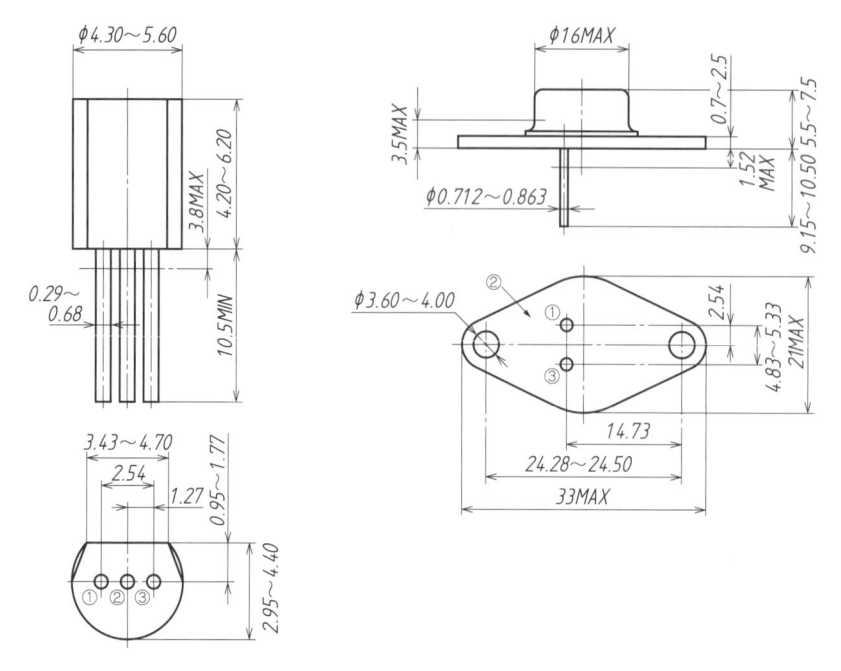

注 ①はエミッタ，②はコレクタ，③はベースを表す。

図4-22 トランジスタの標準外形寸法の例

図4-23 半導体素子の例

2 集積回路

　集積回路（integrated circuit：IC）は，トランジスタや抵抗など回路素子のすべてが，基板上または基板内に集積されている回路であり，設計から製造・試験・運用にいたるまでの各段階において，一つの単位として取り扱うものである。主として半導体技術・膜製造技術が用いられているため，半導体集積回路ともよばれている。半導体集積回路の外形

寸法については，図4-24に示すように1形～4形がある。

集積回路は，構成・機能・集積度などによって各種のものがある。

このうち集積度について分類すると，小規模集積回路（SSI，100素子未満），中規模集積回路（MSI，100～1000素子未満），大規模集積回路（LSI，1000素子以上），超大規模集積回路（VLSI，10万個程度以上）のものに分けられ，今後，小形でいっそう大規模のものが開発されつつある。

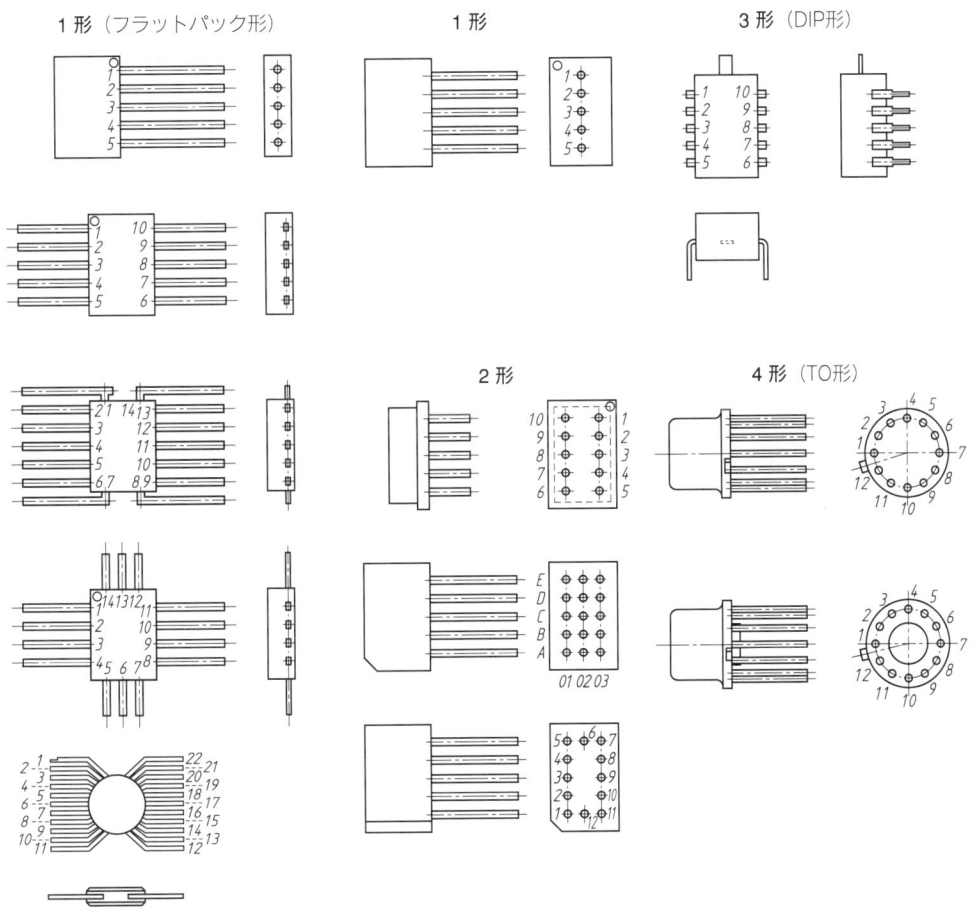

注(1) ICの高さは，0.625 mm（0.64 mm），1.250 mm（1.27 mm），1.875 mm（1.9 mm），2.500 mm（2.54 mm），および1.250 mm（1.27 mm）の整数倍。
(2) 長辺および短辺は，1.25 mm（1.27 mm）の整数倍。
(3) 1形，2形，3形の端子の中心間隔は，0.625 mm（0.635 mm）の整数倍とする。
(4) 4形の端子の円の直径は，2.50 mm（2.54 mm）の整数倍および5.84 mmとする。
(5) 端子の長さは，1形は1.50 mm以上，2形，3形は2.50 mm以上，4形は12.5 mm以上。

備考 かっこつきの寸法は，できるだけ使用しないこと。

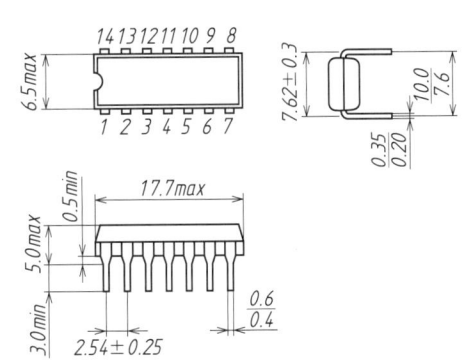

図4-24 半導体集積回路の外形寸法の例

7 電子機器用の図記号

　電子機器の内部における部品の回路接続状態を図で表す場合には，回路接続図を用いるが，その場合，部品はJISの電気用図記号を用いて表す。

図記号のかきかた

　これまでに学習した電子機器用部品の図記号をかく場合には，まえに学習した注意事項のほかに次の点に配慮する。

① 図記号の大きさは，任意に決めてかいてよいが，できるだけJISに定められている形と相似形にかく。

② JISで定められていないもの，またはJISの記号ではふじゅうぶんなものに対しては，図記号を組み合わせて表す。それでもじゅうぶんでないときは，文字や記号を併記するなどして表す。

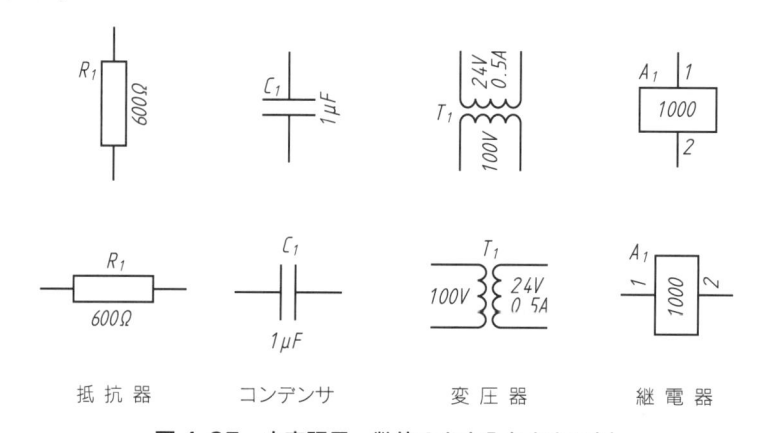

抵抗器　　　コンデンサ　　　変圧器　　　継電器

図4-25　文字記号・数値のかき入れかたの例

③ 図記号や接続線の間隔は，文字記号が明りょうにかけるだけの寸法を取る。そのためには，方眼紙を用いるとよい。

　図記号に文字記号や数値をかき入れるときは，図4-25のようにするとよい。

④ ICの図記号は，一般に三角形や長方形の図記号が使われている。図4-26は，ICに実装されている回路を図記号で表した例である。

(a) リニア集積回路

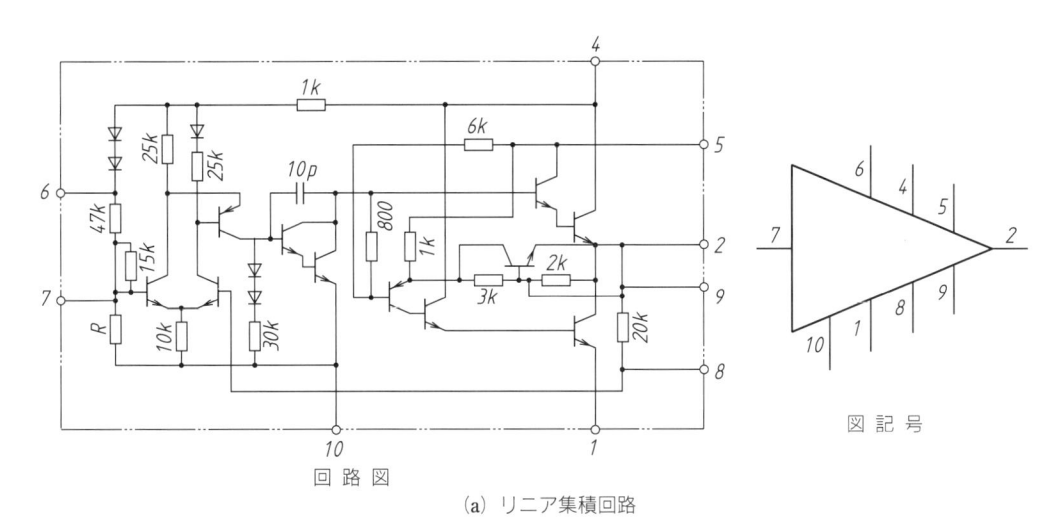

アナログ集積回路ともいう。入力量に応じて出力量が連続的に変化する特性を有し，値が時間的に連続である電気信号の増幅・発振・変換・演算などの機能をもつ集積回路である。

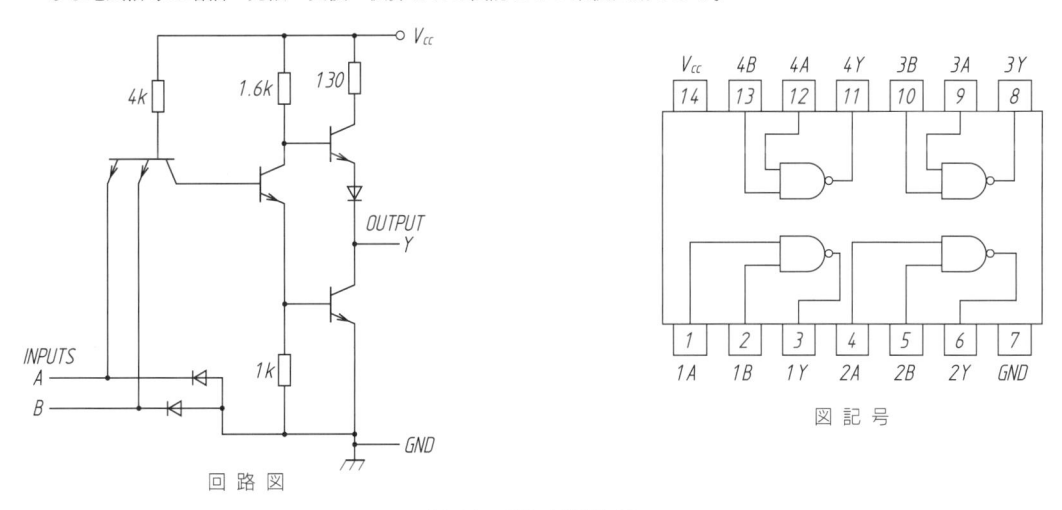

(b) ディジタル集積回路

ディジタル信号の0,1を回路の動作点に対応させることにより，論理演算，相互変換，情報の伝達・変換・蓄積などの処理を行う集積回路である。

注 回路図と図記号の端子番号に欠番があるのは，実物のICに遊びの端子があるためである。

図4-26　ICの回路と図記号の例

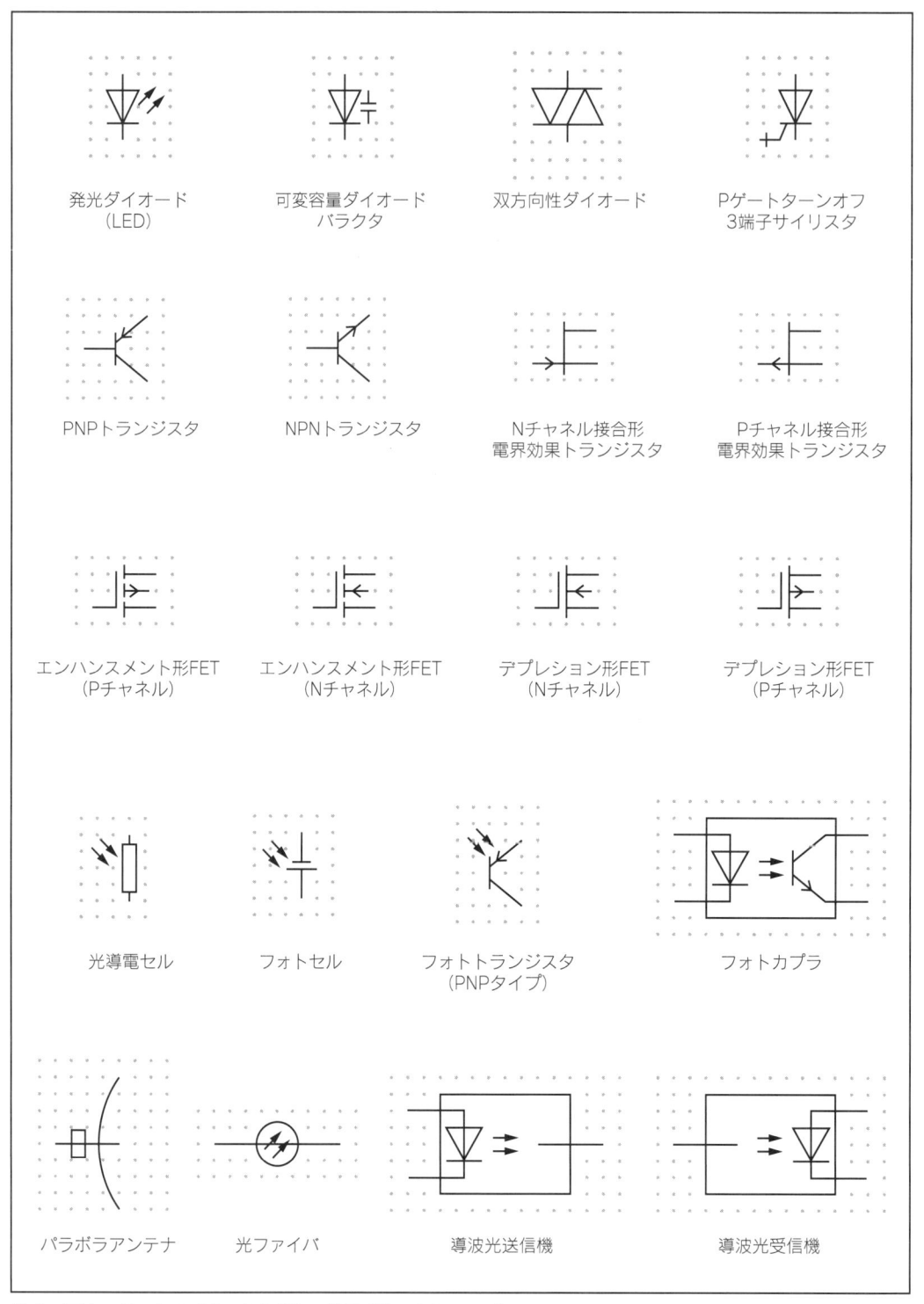

課題 図4-27の電子機器に用いられる図記号を製図してみなさい。

発光ダイオード（LED）	可変容量ダイオード バラクタ	双方向性ダイオード	Pゲートターンオフ3端子サイリスタ
PNPトランジスタ	NPNトランジスタ	Nチャネル接合形電界効果トランジスタ	Pチャネル接合形電界効果トランジスタ
エンハンスメント形FET（Pチャネル）	エンハンスメント形FET（Nチャネル）	デプレション形FET（Nチャネル）	デプレション形FET（Pチャネル）
光導電セル	フォトセル	フォトトランジスタ（PNPタイプ）	フォトカプラ
パラボラアンテナ	光ファイバ	導波光送信機	導波光受信機

備考　図中のドットはグリッドを表し，基準寸法は2.5mmである。

図4-27　電子機器に用いられる図記号の例

5章

電子機器

　電子機器は，すでに学習したトランジスタ・IC・抵抗器・コイル・コンデンサなどの部品を組み合わせて，ある特定の目的・機能を果たすようにつくられたものであり，各種のものがある。

　この章ではまず，発振器を例に電子機器の製作に必要な基礎知識と各種の基本的な図面のかきかたについて学習し，次に電子回路の設計のしかた，さらに各種の電子機器の製図について学習する。

1 電子機器の設計・製図（発振器）

　電子機器を製作する場合には，あらかじめ仕様書を作成し，それに基づいて設計・製図をする。電子機器は，電気回路系統と機構系統からなりたっているので，その設計・製図は，電気回路と機構の両者について行う必要がある。また，電気回路に関する図面には，系統図・接続図・配線図などが用いられ，機構に関する図面には，組立図・部品図などが用いられる。ここでは，広く利用されている発振器を例にとって，その設計・製図のあらましと図面のかきかたについて学習する。

1 仕様書

　機械器具類は，一般に，ある目的を効果的に果たすためにつくられるものであり，これを製作する場合には，その指針になるものが必要である。仕様書はその指針を示すものであるので，電気回路系統と機構系統からなる電子機器の仕様書には，その使用の目的をあきらかにするとともに，それを達成するために必要な機能条件，ならびに，それらを満足するための電気回路条件や機構条件が示される。

表 5-1　発振器の仕様書の例

機器の名称	発振器	
使用目的	音声・搬送周波数帯を含む通信回線の試験に用いる。	
機能条件	①周波数範囲	10Hz～1MHz（連続可変）
	②周波数確度	±（3％＋1Hz）
	③出力インピーダンス	600Ω±10％以内
	④出力減衰器	連続可変，−20dB（1/10倍，ATTつき）
	⑤出力波形	正弦波および方形波
	⑥正弦波	最大出力電圧 8Vrms[1]以上（開放），4Vrms以上（600Ω負荷）ひずみ率　10Hz～30Hz 2％以下，30Hz～100Hz 1％以下，100Hz～500kHz 0.5％以下
	⑦方形波	最大出力電圧 8Vp-p[2]以上（600Ω負荷），立上り時間0.2μs以下（600Ω負荷），オーバシュート2％以下（600Ω負荷），サグ5％以下（600Ω負荷，50Hzにて）
電気回路条件	①回路方式	ウィーンブリッジCR発振回路方式，トランジスタ回路方式
	②使用部品	JISに適合する部品を使用すること
	③電源	AC100V±10％，50/60Hz，消費電力：約7VA
	④その他	（省略）
機構条件	①外形寸法	添付外形図のとおり
	②その他	（省略）

注(1),(2)　rmsは実効値を，p-pはピークピーク値を表す。

仕様書を作成するにあたっては，必要なことがらを簡潔・明りょうに記述するようにつとめる。なお，仕様書では，微細な点まで詳細に記述するのがよいと思われるが，常識的に考えて，当然と思われることや周知・明白なことは省略することが多い。表5-1は，仕様書の例である。仕様書は，使用者が作成することもあり，製作者が使用者の意見を聞いて作成することもある。

2　系統図

　仕様書に示された機能条件や電気回路条件に基づいて，電気回路設計がなされるが，そのさい，まず，電子機器を構成するのに必要な基本回路の組み合わせを，正方形または長方形などで囲ったブロックを用いて系統図を作成する。この系統図を**ブロック線図**（block diagram）ともいう。

　図5-1は，発振器回路のブロック線図の例である。ブロック線図の図記号には，電気用図記号を用いる。ブロック線図をかく場合には，線の太さはふつう0.3～0.5mm程度にする。また，図記号には必要に応じて，使用するトランジスタ，ICなどの名称・目的・機能・動作などを示す記号を併記することがある。

　図記号の配列については，動作順序に従って左から右に展開してかくのが原則であるが，場合によっては，各回路の実際の相互関係位置に対応させてかくことがある。

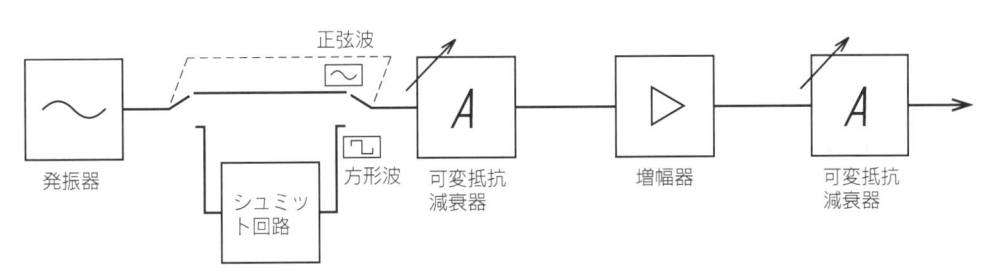

図5-1　発振器回路の系統図（ブロック線図）

3　接続図

　系統図に基づいて検討した事項を考慮して，次に，接続図が作成される。接続図は，回路部品相互の接続状態や回路の機能をわかりやすく示すための図であるので，図5-2，図5-3のように使用部品は電気用図記号で表し，それらを縦・よこの実線で結んで示す。電子機器の接続図をかく場合には，原則として次の点を配慮する。

① スケッチではフリーハンドでかく（図5-2）が，図面としては，図5-3のように製図用器具を用いてかく。

図 5-2 発振器増幅部のスケッチ

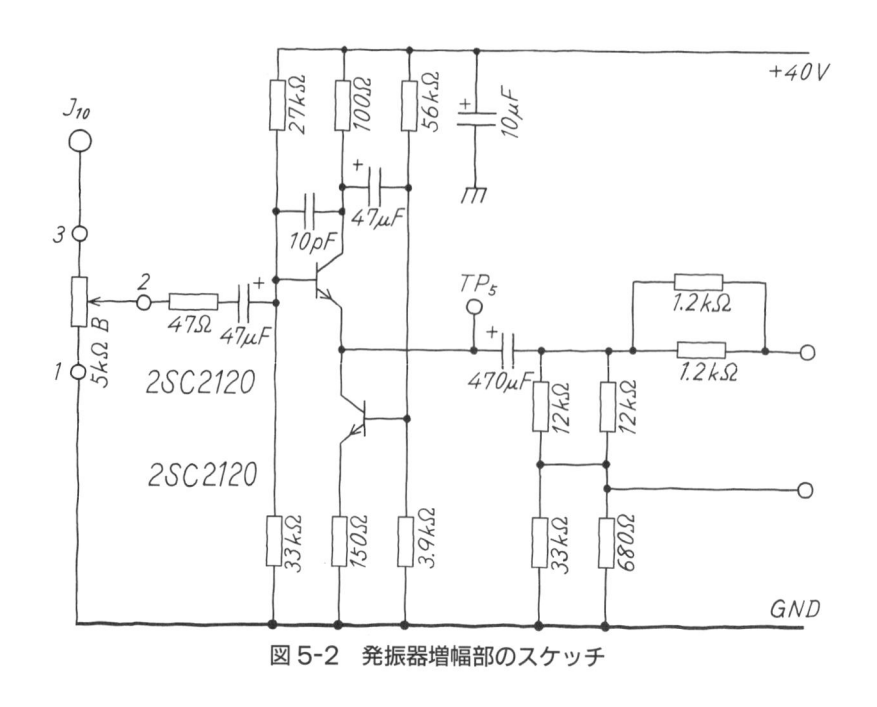

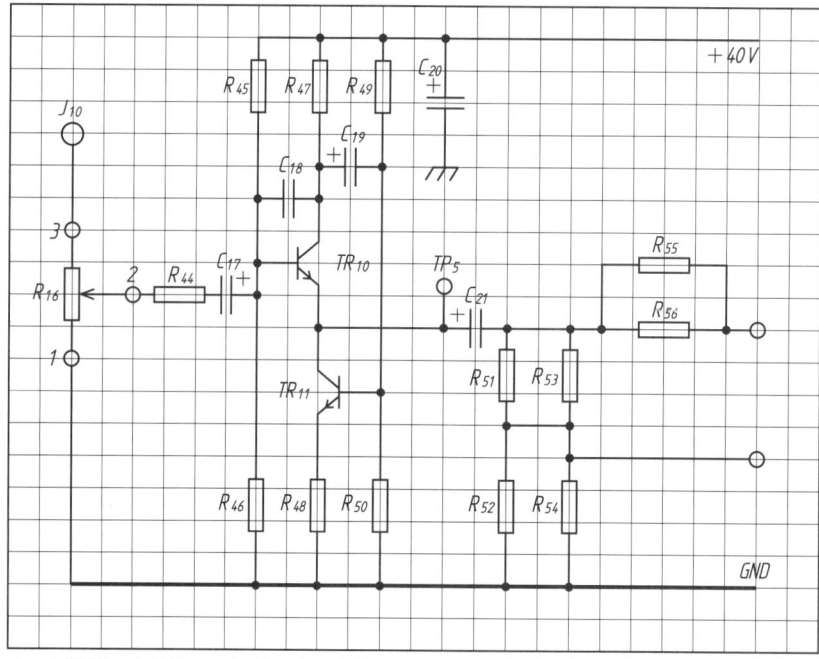

注. 方眼 10 または 5mm 目（ふつうの実線 0.3 〜 0.5mm，とくに太い実線 0.5 〜 0.8mm）

図 5-3 発振器増幅部の製図

② 電子機器の回路は，信号の増幅・整形・処理などを行うことを目的としている。それらを直接行っている回路を主回路といい，それ以外の回路を補助回路という。接続図では，主回路を中心に考えて信号の流れが一見してわかるように，その流れが図面の左から右へ，上から下へ続くようにかく。

③ 補助回路は主回路の外側に，電源回路は最下段にかく。

④ 対称に働く回路は接地をはさんで対称にかく。

⑤ 図記号や接続線の間隔は，図5-3に示すように，できるだけ基準間隔あるいはその整数倍の間隔に選び，それらの間隔に文字記号が明りょうにかけるだけの寸法にとる。そのためには，次の(ア)～(エ)のいずれかの方法によってかくとよい。

　(ア) 方眼を印刷したトレース紙を用いる。

　(イ) トレース紙の裏側に方眼をかく。

　(ウ) トレース紙の下に方眼紙を敷いてかく。

　(エ) ケント紙の場合は方眼を細い線で下がきをしてかく。

⑥ 接続線の太さは同一にすることを原則とするが，目的・用途に応じて，その太さを変えてもよい。図5-3の接地線を太くしてあるのは，その例である。

接続図は前記のような事項を配慮してかかれる。

製図例15-1は，発振器の回路接続図の例である。図面をあまり大きくしないという観点から，図面の一部を図5-1のブロック線図の図記号を用いて示すことがある。図5-3のように，各部品を図記号と文字記号で表している場合は，表5-2のような電子部品表を添付する必要がある。

表5-2　電子部品表の例

記号	品　　名	形　　名	備　考	記号	品　　名	形　　名	備　考
R_1	絶縁形炭素皮膜固定抵抗器	RD 05A 3A 825 JEX	JIS C 6407	C_1	プラスチックフイルムコンデンサ	CQ 09SK 2E 200 KCM	JIS C 5101
R_2	〃	〃	〃	C_2	〃	〃 201 KCM	〃
R_3	〃	〃 275 JEX	〃	C_3	〃	〃 510 KCM	〃
R_4	〃	〃	〃	C_4	〃	〃	〃

4　配線図

仕様書に示された機能条件などを満足するように，設計・計算ならびに試作・試験が繰り返し検討された結果，接続図が決まると，各構成部品の取りつけ方法やそれらの相互の具体的な接続方法すなわち配線計画がたてられ，配線図がつくられる。

配線計画をたてる場合には，次の点に配慮する。

① 信号の流れ道にあたる配線は，できるだけ短くなるようにする。

② 電源回路その他の回路は，ある程度長くなってもよい。

③ 他の仕様条件で決められる部品配置に関連した条件を満たすようにする。

④ 配線相互間の誘導・干渉が，できるだけ少なくなるようにする。
⑤ 配線作業の簡易化その他を考えて，できるだけプリント配線板を採用する。
⑥ かなり長い配線が同一方向に用いられるときは，可能な範囲内において束線を採用し，仕上がりをきれいにする。
⑦ 接続の誤りを防ぎ，完成後の点検を容易にするため，目的別・用途別に配線の色分けをする。

　製作のとき配線する場合には，色別絶縁電線が用いられる。なお，その主要な部分をプリント配線にすることが多い。プリント配線についてはあとで学ぶ（125ページ参照）。

5　機構に関する図

　機構の設計・製図では，電気回路の設計・製図において検討した事項，ならびに，仕様書に示された機構条件を満足するようにくふうする。

　まず，最初に行うことは，使用電子部品やプリント配線板を固定する対象物と，固定する方法とについての設計・製図である。たとえば，固定する対象物には，製図例15-2に示すように，プリント配線板取付金具（取付アングル）や空間をつくるための支持金具（スペーサ）などが必要である。

　また，電子機器の内部には，多くの基本回路が密接して配置されているので，回路相互に静電結合や電磁結合が表れ，各基本回路が正常に動作しないことがある。その場合には，これを防ぐためシールドを必要とする。とくに，発振器の場合には，発振出力は出力端子から導き出すことだけが必要で，シールドカバーその他の方法で外部に漏れて出ないようにする。製図例15-2には，プリント配線板に取りつけたシールド板およびシールドケースが示されている。したがって，これらの必要な部品図をかいて製作者に示すことが必要である。

　このように，一つの電子機器をつくるには，多くの機構部品や要素を用いるが，その組立をするには組立図が必要である。製図例15-2は，イラストレーションで示された組立図の例である。このような組立図では，使用部品が多いので部品欄の代わりに，表5-3

表5-3　機構部品表の例

品番	図面番号	品　　　名	個数	材　料	工程	備　　考
1	498941	前面パネル	1	A1100P		
2	498942	ケース	1	SPCC		
3	498943	後面平板(PLATE REAR)	1	SPCC		
4	498944	サブパネル	1	A1100P		サンドブラストアルマイト仕上

に示すような部品表を添付するのがふつうである。

　次に，パネル・プリント配線板などは，露出した状態で使用者に供給することは，使用者に対して危険と不便を与えるうえ，ふつごうなことも多いので，ケース・キャビネット・架・コンソールなどに取りつける。

　製図例15-3は，ケースの例である。また，図5-4は，その発振器の外観である。

　一般に，機械器具類は，人間が用いるものであるから，これらを使う場合，安全，使いよさ，疲労の軽減，快適さなどの点ですぐれているものがよい。電子機器のパネルなどは，この点を考慮して設計する。製図例15-4は，ダイヤル・ロータリスイッチ・可変抵抗器などを取りつける補助板（サブパネル）の例である。

　なお，電子機器のパネルには，レベル計・ランプなどのような表示装置とダイヤル・つまみのような制御装置とが設けられている。これらの形状・色彩・配列のしかたなどは電子機器の使いやすさにかなり大きく影響するので，機構の設計・製図では，このような点にも注意する必要がある。

図5-4　発振器の外観

|課題|　製図例15-4の発振器の部品サブパネルを製図してみなさい。

2 回路計

　回路計（circuit tester）は，電気製品の修理や電気機器，電子回路の調整，試験，検査を容易に実施する測定器であり，JISによって直流電圧，直流電流，交流電圧，交流電流，抵抗の3種類以上を測定する機能をもったものと規定されている。

1 回路計の種類

　回路計には，アナログ式とディジタル式の2種類がある。図5-5に，回路計の外観を示す。アナログ式は，可動コイル形メータを用いて，目盛板と指針の振れた位置から測定値を読み取る。ディジタル式は，A-D変換回路で測定値をパルスの個数に変換して，カウンタ回路により一定時間内のパルスをカウントすることで測定値を読み取る。ディジタル式は，測定範囲の切換が自動的に行われるうえ，許容差が小さく，読み取り誤差が生じないなどの優れた点があるが，測定値が揺れ動くと読み取りにくいという欠点がある。アナログ式は，測定値の時間的な変化が針の角度の変化として現れるので，たとえばコンデンサの充放電などの観察にも使える。ここでは，アナログ式の回路計を中心に学習する。

　アナログ式の回路計は，指示計器のほかに整流器，分流器，倍率器，可変抵抗器，測定範囲切換スイッチ，電池，ヒューズなどから構成される。

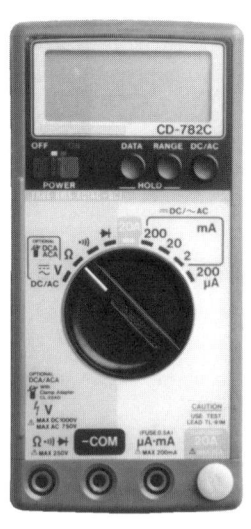

(a) アナログ式回路計　　　　(b) ディジタル式回路計

図5-5　アナログ式回路計とディジタル式回路計

2 回路計の測定範囲と許容差

　回路計に関する規格としては，JIS C 1202があり，AA級，A級の階級に応じて，固有誤差，測定範囲の数，目盛の長さ（ディジタル式は除く），回路定数（内部抵抗とその最大目盛値との比を[kΩ/V]で表したもの）が規定されている。

　表5-4に，アナログ式回路計の階級による種類を示す。

表5-4　階級による種類（アナログ式）

階級			AA級	A級
固有誤差	直流電圧 直流電流	最大目盛値に対する%	±2	±3
	交流電圧		±3	±4
	抵抗	目盛の長さに対する%	±3	±3
測定範囲の数			20以上	10以上
目盛の長さ[mm]			70以上	40以上
回路定数	直流電圧[Ω/V]		20k以上	10k以上
	交流電圧[Ω/V]		9k以上	4k以上

　また，アナログ式回路計の最大目盛値は二つの系列が決められており，その系列の範囲で目盛が設定されている。表5-5に，最大目盛値の分類であるA系列を示す。

表5-5　アナログ式回路計の最大目盛値（A系列）

測定量の種類	最大目盛値								
直流電圧 [V]	2.5	5	10	25	50	100	250	500	1000
交流電圧 [V]	2.5	5	10	25	50	100	250	500	1000
直流電流 [A] [mA] [μA]	1	5	10	25	50	100	250	500	
抵抗 [kΩ]	1		10		100		1000		10000

3 抵抗計の原理

　図5-6において，電流計の内部抵抗をr_m[Ω]，電流調整用抵抗をR[Ω]とすれば，抵抗計の内部抵抗r_0[Ω]は，次のようになる。

$$r_0 = r_m + R$$

　ここで，起電力をE[V]とし，スイッチを1側に倒した場合に回路に流れる電流をI_0[A]，3側に倒した場合の電流をI[A]，未知抵抗をR_x[Ω]とすれば，I_0，Iは，次のようになる。

$$I_0 = \frac{E}{r_0}, \quad I = \frac{E}{r_0 + R_x}$$

このI_0からIへの電流の減少の割合から，未知の抵抗R_xの値を求めるのが，抵抗計である。IとI_0の比をPとすると，

$$P = \frac{I}{I_0} = \frac{r_0}{r_0 + R_x}$$

となり，R_xは，次のように表される。

$$R_x = r_0\left(\frac{1}{P} - 1\right)$$

この式において，Pが$\frac{1}{2}$のとき，R_xとr_0が等しくなる。

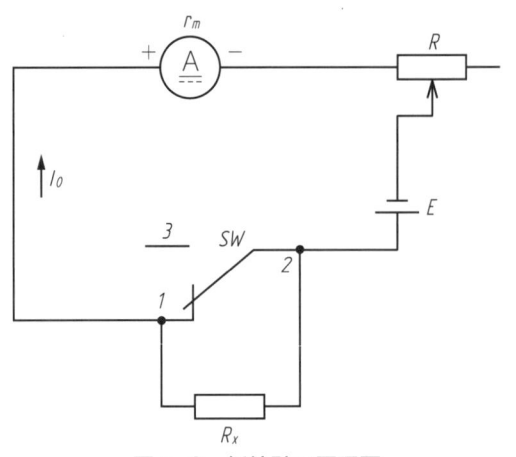

図5-6 抵抗計の原理図

抵抗計の指針の振れ角度は，電流の減少割合に比例するので，指針の振れ角度が$\frac{1}{2}$のとき，抵抗計の内部抵抗と未知抵抗の値が等しいことになる。回路計の抵抗目盛〔Ω〕は，これを応用して求めることができる。たとえば，内部抵抗が$20\,\mathrm{k\Omega}$で，これに$10\,\mathrm{k\Omega}$の抵抗を接続したとき，メータの振れ角度の割合は，次のようにして求められる。

$$P = \frac{r_0}{r_0 + R_x} = \frac{20 \times 10^3}{20 \times 10^3 + 10 \times 10^3} \fallingdotseq 66.7\ \%$$

同様にして，各抵抗におけるメータの振れの角度を求め，その角度ごとに抵抗の値をスケールに描けば，抵抗の目盛ができあがる。

4 直流電流計の原理と回路図

図5-7に回路計の直流電流計部分の回路図を示す。電流計に流れる電流をI_a，両端の電圧をV_a，内部抵抗をr_a，これに並列に接続する抵抗（分流器）をR_s，$\frac{I}{I_a} = m$（mは，測定範囲の倍率を表す）とすれば，これらの間に次の関係式がなりたつ。

$$I = I_a + I_s \quad (5-1), \qquad V_a = r_a I_a = R_s I_s \quad (5-2)$$

ここで，$R_s = \frac{r_a}{m-1}$とすれば，

$$I_s = \frac{V_a}{R_s} = \frac{r_a I_a}{\frac{r_a}{m-1}} = (m-1)I_a \tag{5-3}$$

となり，式（5-1），（5-3）から次のようになる。

$$I_s + I_a = mI_a = I, \qquad m = \frac{I}{I_a}$$

すなわち，$R_s = \frac{r_a}{1-m}$の分流器を接続すれば，電流計の最大指示値のm倍の電流が測定できるようになる。

直流電流計のメータ感度は$50\,\mathrm{\mu A}$である。スイッチでR_2，R_{10}～R_{12}の分流器を切り換

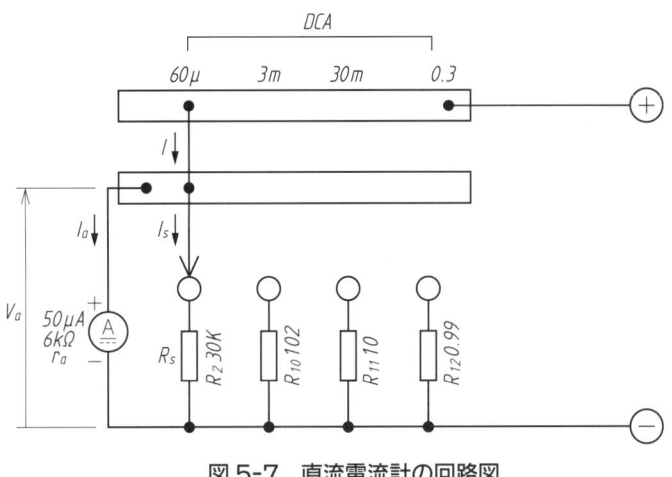

図 5-7　直流電流計の回路図

えることによって測定範囲を変える。

5　製図の手順

接続図の描きかた

(1) **用紙の大きさ**　JIS Z 8311の図面の大きさに従う。A4または，A3サイズが適当。
(2) **線の太さ**　規定はないが，図面のつり合いを考え，線，図記号，文字を統一して描く。
(3) **テンプレートを使う**　回路記号（抵抗，ダイオード，コンデンサ，電池，ヒューズ，SW，可変抵抗器，端子，矢印など）は，テンプレートを使って描く。
(4) 接続図を描くには，その回路の動作や図記号の構成，配置を考えて次の手順で行う。

　① 全体をいくつかに分ける。上下左右をみてバランスを取るようにする。
　② 主要記号を並べる。
　③ 各部分が寸法内に納まるように，割りつけを考えて配置する。
　④ 図記号，線の間隔，記入文字の大きさなどのつり合いを考えて配列する。
　⑤ 接続する線は，垂直または水平に描く。交差は避けたほうがよい。

接続図を描くときの一般的な注意事項

　① 図記号の大きさを変えることは自由であるが，できるだけ相似形とする。
　② 図面全体のつり合いを考え，図記号の大きさ，線と線の間隔，線の太さなどの調和が取れるように描く。素子の名称，符合，定数の記入によって間が狭くならないよう周囲に余白をとること。
　③ 接点部が電気などのエネルギーによって駆動されるものは，その駆動部の電源およびその他のエネルギーがすべて切り離された状態。
　④ 接点部が手動によって操作されるものは，その操作部に手を触れない状態。

課題　製図例16の回路図を製図してみなさい。

3 直流安定化電源

電子機器を安定に動作させるには，トランジスタやICの電極に加えられる電圧が一定かつ安定していることがたいせつである。このような目的のために安定化電源が用いられている。ここでは簡単な回路について学習する。

1 仕様書

直流安定化電源としては，出力電圧が安定であることはもとより，小形・軽量で，過負荷や出力の短絡などによる事故防止のための出力制限回路を備えていることが必要である。このようなことを考えて作成した例が表5-6の仕様書である。

表5-6 直流安定化電源の仕様書（概要）の例

機器の名称		直流安定化電源（トラッキング型正負安定化電源）
機能・条件など	電　　圧	$0 \sim \pm 18$ V
	電　　流	0.5 A（max）
	リプル	3 mVp-p
	安定度	電源電圧の±10 %の変動に対し20 mV
		負荷の0～100 %の変動に対し30 mV
	電流制限	0.1／0.5 A（2レンジ）
	電　　源	AC 100 V，50／60 Hz

2 回路接続図

トラッキング型正負安定化電源は，＋側の出力電圧を変化させると，それに追従して−側出力にもまったく同じ大きさの負電圧が出てくるものである。このような直流安定化電源回路の系統図としては，図5-8のようなものが考えられる。

製図例17-1は図5-8をもとにした回路図の例である。この例では，基準電圧と出力電圧は4558で比較され，その結果は2SD633，2SB673で構成される制御回路に伝えられる。2SC1815，2SA1015は過電流を検出し電流制限を行う回路である。

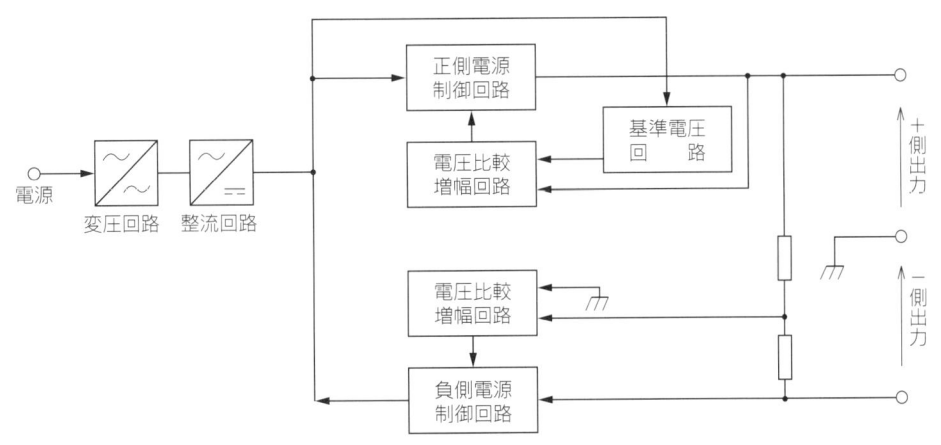

図 5-8 直流安定化電源の系統図の例

3 プリント配線板

電子機器を小形化するには，使用部品を小形化するとともに配線を短く合理化する必要がある。そのために考えられたものが**プリント配線板**（printed wiring board）であり，これを用いるようになってから配線も短くなり，また保守点検も容易になった。

プリント配線板とは，回路部品を接続する電気配線を設計に基づいて，配線図形に表現したものを適当な方法により絶縁物上に電気導体で再現したもので，電子部品が取りつけられる直前の状態のものをいう。

プリント配線板は，表5-7に示すようなプリント配線板用銅張積層板を材料としてつくられる。

表5-7 プリント配線板用銅張積層板　　　　　　　　　　　　　　　　（単位　mm）

種　類	プリント配線板用銅張積層板（紙基材エポキシ樹脂）	JIS C 6482:1997
	プリント配線板用銅張積層板（合成繊維布基材エポキシ樹脂）	JIS C 6483:1997
	プリント配線板用銅張積層板（ガラス布基材エポキシ樹脂）	JIS C 6484:1997
	プリント配線板用銅張積層板（紙基材フェノール樹脂）	JIS C 6485:1997
寸　法	厚さ：0.1, 0.2, 0.3, 0.4, 0.5, 0.6, 0.8, 1.0, 1.2, 1.6, 2.0, 2.4, 2.8, 3.2（大きさは1000×1000と1000×1200とがある。）	
銅はく	厚さ：0.018, 0.035, 0.070（銅はくは，片面と両面がある。）	

プリント配線板の各部寸法については，JISで定められており，表5-8はその概要を示したものである。

表 5-8　プリント配線板の主要部寸法　（JIS C 5010:1994）　　（単位　mm）

外形寸法	パネル寸法	銅張積層板の大きさ（1000×1000, 1000×1200）および分割数（4, 6, 8, 9, 12）に従って，パネル寸法内に配列できる寸法とする。
	厚さ	材料寸法（表5-7）による。
格子寸法	基本格子	プリント配線板にたがいに直角の格子上に穴を配列する場合の格子間隔は2.5または2.54とする。
	補助格子	穴配列の補助格子間隔は，0.5および0.635を単位とする。さらに細かい単位が必要な場合には，0.05を単位とする。
穴寸法	丸穴寸法	次の値にすることが望ましい。0.5，0.6，0.8，1.0，1.3，1.6，2.0
	穴の位置	穴の中心は，格子交点にあることを原則とする。
	穴の板端との距離	その最小距離は，その配線板の板厚以上とする。
ランド	標準ランド寸法	ランドとは，部品端子または導体層相互間を接続するために穴の周囲に設けた特定の導体部分をいう。標準ランド寸法は，次によることが望ましい。0.8，1.0，1.3，1.5，1.8，2.0，2.5，3.0，3.5

注　寸法には寸法許容差が定められている。

　プリント配線板の計画にあたっては，まず部品取りつけ側に部品の配置を決め，接続図に従って配線側に部品間を結ぶ線を決定する。この場合，線に流れる電流とプリント配線板の銅はくの厚さとを考慮して，銅はくの幅を決定する。また，配線間の間隔は，配線間に加わる電圧に耐えられるような寸法にする。なお，銅はくの幅は，仕上がりをきれいにするため，ある程度，形状や寸法を統一し，部品との接続点や端子あるいは銅はく配線の曲げかたなども，図5-9のように規格化して用いる。

　また，設計図では5mm方眼紙を用いてかくと便利である。

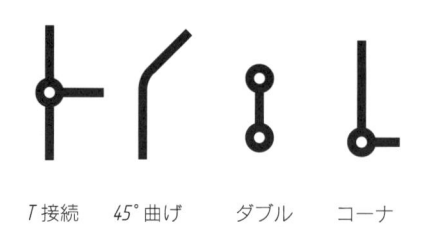

T接続　　45°曲げ　　ダブルパッド　　コーナパッド

図5-9　銅はく部分

製図例17-2，17-3は，プリント配線板の配線側と部品取付側の図である。

課題　　製図例17の直流安定化電源回路の図例を製図してみなさい。

4 低周波増幅器の設計

微小な交流信号を増幅するための増幅器は，各種の電子機器の主要構成要素として広く用いられる。ここでは増幅器の設計例として低周波増幅器について学習する。

1 仕様書と回路構成

マイクロホンから得た出力を増幅して100倍程度の大きさにしたい場合，表5-9に示すような仕様の増幅器が必要となる。この場合，可聴周波数帯において平たんな周波数特性が必要とされるので，周波数特性を表す帯域幅（相対利得が−3 dB以内の周波数範囲）は，20 Hz〜20 kHzの範囲に取ってある。

増幅回路には抵抗容量結合回路や変成器結合回路があるが，良好な周波数特性が得やすいという点から抵抗容量結合回路を採用することを考え，図5-10のような抵抗容量結合帰還増幅回路を用いることにする。

表5-9 低周波増幅器の仕様書の例

機能条件など	項目	値
	電源電圧 V_{CC}	9 V
	電圧利得 G	40 dB
	信号源抵抗 R_g	1 kΩ
	入力抵抗 R_i	10 kΩ以上
	負荷抵抗 R_L	6 kΩ
	最大出力電圧 V_0	1 V（実効値）
	周波数特性	20 Hz〜20 kHz −3 dB以内
	使用トランジスタ TR$_1$	2 SC 1312
	使用トランジスタ TR$_2$	2 SC 1815

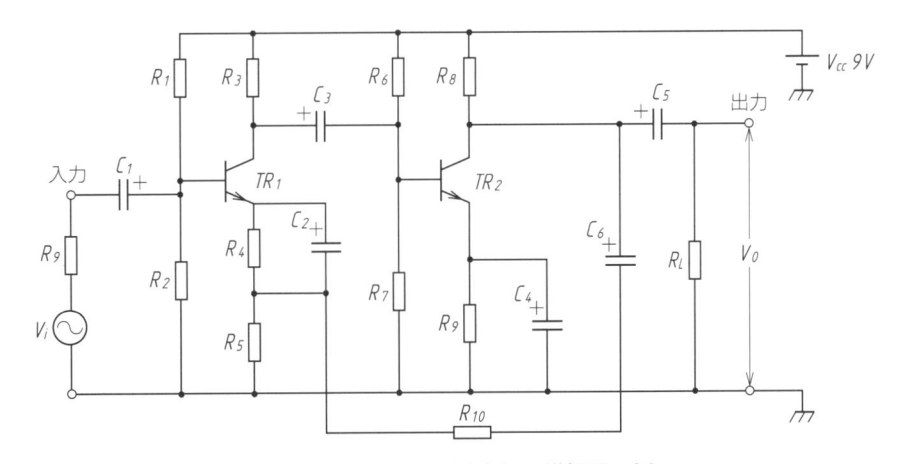

図5-10 抵抗容量結合帰還増幅器の例

2 回路の設計例

図5-10のような2段の結合回路の定数決定にさいしては，まず2段めの回路定数を決定し，次に初段の回路定数を定め全体の利得を求め，必要な帰還量を算出し帰還回路の定数を決定する。

4. 低周波増幅器の設計

表 5-10 低周波増幅器の設計表

回路定数など	計算式・計算例	備考
R_8	$R_8 \leq \left(\dfrac{V_{cc}-V_{E2}}{\sqrt{2}\,V_0} - 2\right)R_L = \left(\dfrac{9-1}{\sqrt{2}} - 2\right) \times 6 \times 10^3 = 21.9\,\text{k}\Omega$ 余裕をみてその37%, $R_8 = 8.1\,\text{k}\Omega$ とする。	V_{E2}：TR_2のエミッタ電圧 $V_{E2} = 1\text{V}$ とする。 $V_{E1} = 1\text{V}$ とする。
I_{c2}	$I_{c2} = \dfrac{V_{cc}-V_{E2}}{R_8 + \dfrac{R_8 \cdot R_L}{R_8 + R_L}} = \dfrac{9-1}{8.1 \times 10^3 + \dfrac{8.1 \times 10^3 \times 6 \times 10^3}{8.1 \times 10^3 + 6 \times 10^3}} \fallingdotseq 0.7\,\text{mA}$	I_{c2}：TR_2のコレクタ電流
R_9	$R_9 = V_{E2}/I_{c2} = 1/(0.7 \times 10^{-3}) \fallingdotseq 1.4\,\text{k}\Omega$	
V_{c2}	$V_{c2} = V_{cc} - R_8 \cdot I_{c2} = 9 - 8.1 \times 10^3 \times 0.7 \times 10^{-3} \fallingdotseq 3.3\,\text{V}$	V_{c2}：TR_2のコレクタ電圧
I_{B2}	$I_{B2} = \dfrac{I_{c2}}{h_{FE}} = \dfrac{0.7 \times 10^{-3}}{240} = 2.9\,\mu\text{A}$	I_{B2}：TR_2のベース電流 h_{FE}：直流電流増幅率 $h_{FE} = 240$ とする。
R_7	$R_7 = R_9 \cdot K = 1.4 \times 10^3 \times 10 = 14\,\text{k}\Omega$	$K = 5 \sim 30$ $K = 10$ とする。
R_6	$R_6 = \dfrac{V_{cc}-(V_{BE2}+V_{E2})}{I_{B2}+I_{R7}} = \dfrac{9-1.63}{2.9 \times 10^{-6}+0.116 \times 10^{-3}} \fallingdotseq 62\,\text{k}\Omega$ $\left[I_{R7} = \dfrac{V_{BE2}+V_{E2}}{R_7} = \dfrac{0.63+1}{14 \times 10^3} = 0.116 \times 10^{-3}\,\text{A}\right]$	V_{BE2}：TR_2のエミッタ・ベース間電圧 $V_{BE2} = 0.63\text{V}$ とする。 I_{c2}を実測して決定。
I_{c1}	$I_{c1} = 0.5\,\text{mA}$ [雑音レベルと信号源抵抗の値で，トランジスタの規格表によって決定する。 $I_{c1} \fallingdotseq I_{E1}$]	I_{c1}：TR_1のコレクタ電流 I_{E1}：TR_1のエミッタ電流
R_4+R_5	$R_4+R_5 = V_{E1}/I_{c1} = 1/(0.5 \times 10^{-3}) = 2\,\text{k}\Omega$	V_{E1}：TR_1のエミッタ電圧
R_5	$R_5 = (R_4+R_5)K' = 2 \times 10^3 \times 0.1 = 200\,\Omega$	$K' = 0.1 \sim 0.05$ $K' = 0.1$ とする。
R_3	$R_3 = \dfrac{V_{cc}-V_{c1}}{I_{c1}} = \dfrac{9-3.3}{0.5 \times 10^{-3}} = 11\,\text{k}\Omega$	V_{c1}：TR_1のコレクタ電圧 $V_{c1} = V_{c2} = 3.3\text{V}$
R_2	$R_2 = (R_4+R_5)K = 2 \times 10^3 \times 10 = 20\,\text{k}\Omega$	$K = 5 \sim 30$ $K = 10$ とする。
I_{B1}	$I_{B1} = \dfrac{I_{c1}}{h_{FE}} = \dfrac{0.5 \times 10^{-3}}{480} = 1.04\,\mu\text{A}$	I_{B1}：TR_1のベース電流 $h_{FE} = 480$ とする。
R_1	$R_1 = \dfrac{V_{cc}-(V_{BE1}+V_{E1})}{I_{B1}+I_{R2}} = \dfrac{9-1.6}{1.04 \times 10^{-6}+80 \times 10^{-6}} \fallingdotseq 91\,\text{k}\Omega$ $\left[I_{R2} = \dfrac{V_{BE1}+V_{E1}}{R_2} = \dfrac{0.6+1}{20 \times 10^3} = 80 \times 10^{-6}\,\text{A}\right]$	V_{BE1}：TR_1のエミッタ・ベース間電圧 $V_{BE1} = 0.6\,\text{V}$ とする。 I_{c1}を実測して決定。
R_{i1}	$R_{i1} \fallingdotseq \dfrac{1}{\dfrac{1}{R_1}+\dfrac{1}{R_2}+\dfrac{1}{h_{ie1}+h_{fe1} \cdot R_5}}$ $= \dfrac{1}{\dfrac{1}{91 \times 10^3}+\dfrac{1}{20 \times 10^3}+\dfrac{1}{24 \times 10^3+480 \times 200}}$ $= 14.4\,\text{k}\Omega$	R_{i1}：TR_1の入力抵抗 $h_{ie1} = 24\,\text{k}\Omega$ とする。 $h_{fe1} = 480$ とする。 R_{i1}は帰還があると少し大きくなる。
R_{i2}	$R_{i2} = \dfrac{1}{\dfrac{1}{R_6}+\dfrac{1}{R_7}+\dfrac{1}{h_{ie2}}} = \dfrac{1}{\dfrac{1}{62 \times 10^3}+\dfrac{1}{14 \times 10^3}+\dfrac{1}{10 \times 10^3}}$ $= 5.3\,\text{k}\Omega$	R_{i2}：TR_2の入力抵抗 $h_{ie2} = 10\,\text{k}\Omega$ とする。

回路定数など	計算式・計算例	備　考
C_1	$C_1 \geq \dfrac{1}{2\pi \cdot f_c(R_{i1}+R_g)} = \dfrac{1}{2\pi \times 20 \times (14.4 \times 10^3 + 1 \times 10^3)}$ $= 0.52\,\mu\text{F}$　$C_1 = 1\,\mu\text{F}$ とする。	$f_c = 20$ Hz とする。
C_2	$C_2 \geq \dfrac{h_{ie1}+(1+h_{fe1})(R_4+R_5)}{2\pi \cdot f_c \{h_{ie1}+(1+h_{fe1})R_5\}R_4}$ $= \dfrac{24 \times 10^3 + 481 \times 2 \times 10^3}{2\pi \times 20 \times \{24 \times 10^3 + 481 \times 200\} \times 1.8 \times 10^3}$ $= 36.3\,\mu\text{F}$　$C_2 = 47\,\mu\text{F}$ とする。	$f_c = 20$ Hz とする。
C_3	$C_3 \geq \dfrac{1}{2\pi \cdot f_c(R_3+R_{i2})} = \dfrac{1}{2\pi \times 20 \times (11 \times 10^3 + 5.3 \times 10^3)}$ $= 0.49\,\mu\text{F}$　$C_3 = 1\,\mu\text{F}$ とする。	$f_c = 20$ Hz とする。
C_4	$C_4 \geq \dfrac{h_{ie2}+R_K+(1+h_{fe2})R_9}{2\pi \cdot f_c(h_{ie2}+R_K)R_9}$ $= \dfrac{10 \times 10^3 + 5.6 \times 10^3 + 241 \times 1.4 \times 10^3}{2\pi \times 20 \times (10 \times 10^3 + 5.6 \times 10^3) \times 1.4 \times 10^3}$ $= 129\,\mu\text{F}$　$C_4 = 220\,\mu\text{F}$ とする。	$R_K = \dfrac{1}{\dfrac{1}{R_3}+\dfrac{1}{R_6}+\dfrac{1}{R_7}}$ $= 5.6\,\text{k}\Omega$ $f_c = 20$ Hz, $h_{fe2} = 240$ とする。
C_5	$C_5 \geq \dfrac{1}{2\pi \cdot f_c(R_8+R_L)} = \dfrac{1}{2\pi \times 20 \times (8.1 \times 10^3 + 6 \times 10^3)}$ $= 0.56\,\mu\text{F}$　$C_5 = 1\,\mu\text{F}$ とする。	$f_c = 20$ Hz とする。
A_{v0}	$A_{v0} = \dfrac{h_{fe1}}{h_{ie1}+h_{fe1}\cdot R_5}\left(\dfrac{R_3 \cdot R_{i2}}{R_3+R_{i2}}\right)\dfrac{h_{fe2}}{h_{ie2}}\left(\dfrac{R_8 \cdot R_L}{R_8+R_L}\right)$ $= \dfrac{480}{24 \times 10^3 + 480 \times 200} \times \left(\dfrac{11 \times 5.3 \times 10^6}{16.3 \times 10^3}\right) \times \dfrac{240}{10 \times 10^3}$ $\times \left(\dfrac{8.1 \times 6 \times 10^6}{14.1 \times 10^3}\right) = 1184$	帰還のない場合の電圧増幅度 A_{v0}, 電圧利得 G_0 とすれば $G_0 = 20\log_{10} A_{v0}$ $= 61.5$ dB
R_{10}	$R_{10} = \left(\dfrac{1}{\beta}-1\right)R_5 = \left(\dfrac{1}{0.00916}-1\right) \times 200 \fallingdotseq 22\,\text{k}\Omega$ $\left\{A_v = \dfrac{A_{v0}}{1+\beta \cdot A_{v0}} = 100,\;\therefore \beta = \dfrac{\dfrac{A_{v0}}{100}-1}{A_{v0}} = \dfrac{\dfrac{1184}{100}-1}{1184} = 0.00916\right\}$	負帰還のある場合の電圧増幅度 A_v, 電圧利得 G とすれば $G = 20\log_{10} A_v$ $= 40$ dB
C_6	$C_6 \geq \dfrac{1}{2\pi \cdot f_c \cdot R_{10}} = \dfrac{1}{2\pi \times 5 \times 22 \times 10^3} = 1.45\,\mu\text{F}$ $C_6 = 1.8\,\mu\text{F}$ とする。	$f_c = 5$ Hz とする。
S_1	$S_1 = \dfrac{dI_{c1}}{dI_{CBO1}} = \dfrac{R_4+R_5+\dfrac{R_1 \cdot R_2}{R_1+R_2}}{R_4+R_5+\dfrac{1}{1+h_{FE}}\left(\dfrac{R_1 \cdot R_2}{R_1+R_2}\right)}$ $= \dfrac{2 \times 10^3 + \dfrac{91 \times 20 \times 10^6}{111 \times 10^3}}{2 \times 10^3 + \dfrac{1}{481} \times \left(\dfrac{91 \times 20 \times 10^6}{111 \times 10^3}\right)} = 9$	S_1：TR$_1$の安定指数 $h_{FE} = 480$ とする。
S_2	$S_2 = \dfrac{dI_{c2}}{dI_{CBO2}} = \dfrac{R_9+\dfrac{R_6 \cdot R_7}{R_6+R_7}}{R_9+\dfrac{1}{1+h_{FE}}\left(\dfrac{R_6 \cdot R_7}{R_6+R_7}\right)}$ $= \dfrac{1.4 \times 10^3 + \dfrac{62 \times 14 \times 10^6}{76 \times 10^3}}{1.4 \times 10^3 + \dfrac{1}{241} \times \left(\dfrac{62 \times 14 \times 10^6}{76 \times 10^3}\right)} = 8.9$	S_2：TR$_2$の安定指数 $h_{FE} = 240$ とする。

表5-10は，回路定数の決定のしかたと計算例を示したものである。

① R_8 の決めかた　R_8 が大きいと出力は大きいが，図5-11に示す考えかたで出力波形がひずまないように少なめに決める。

$$V_{CC} - V_{CE} = (R_8 + R_9)I_{c2} \quad (5\text{-}4)$$

$$V_{CE} = \left(\frac{R_8 \cdot R_L}{R_8 + R_L}\right)I_{c2} \quad (5\text{-}5)$$

$$V_0 \leqq \frac{V_{CE}}{\sqrt{2}} \quad (5\text{-}6)$$

$$V_{CC} - V_{E2} \geqq \sqrt{2}\,V_0\left(2 + \frac{R_8}{R_L}\right) \quad (5\text{-}7)$$

$$R_8 \leqq \left(\frac{V_{CC} - V_{E2}}{\sqrt{2}\,V_0} - 2\right)R_L \quad (5\text{-}8)$$

$$V_{E2} = R_9 \cdot I_{c2} \quad (5\text{-}9)$$

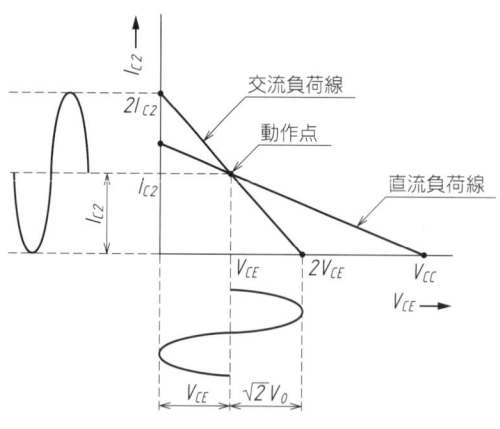

図5-11　R_8 の決めかた

② I_{c2} の決めかた　式(5-4)，(5-5)から求めた I_{c2} の式によって求める。

③ トランジスタの h パラメータ　規格表から求めると表5-11のようになる。

表5-11　トランジスタの h パラメータ

TR$_1$：2SC 1312					TR$_2$：2SC 1815				
hパラメータ	$V_{CE}=6$ V $I_E=1$ mA	I_E	係数	$V_{CE}=2.4$ V	hパラメータ	$V_{CE}=12$ V $I_E=2$ mA	I_E	係数	$V_{CE}=2.4$ V
h_{ie1}	16 kΩ		1.5	24 kΩ	h_{ie2}	4 kΩ		2.5	10 kΩ
h_{re1}	0.11×10^{-3}	0.5 mA	1.7	0.187×10^{-3}	h_{re2}	0.6×10^{-4}	0.7 mA	1.2	0.72×10^{-4}
h_{fe1}	600		0.8	480	h_{fe2}	300		0.8	240
h_{oe1}	20 μS		0.8	16 μS	h_{oe2}	9 μS		0.8	7.2 μS

④ 低域遮断周波数と $C_1 \sim C_6$ の決めかた　低域遮断周波数は利得が -3 dB 減少したときの周波数とし，そのときのコンデンサの値は図5-12のようになる。トランジスタ回路では，R はトランジスタ回路を含めた実効インピーダンスを考える必要があり，表5-9の式のように，h パラメータを含んだ式となる。

$$C = \frac{1}{2\pi \cdot f_c \cdot R}$$

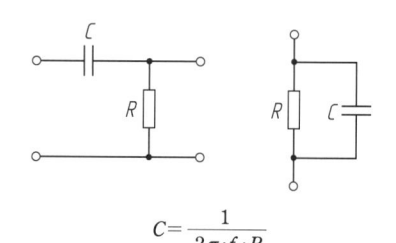

図5-12　静電容量と遮断周波数

⑤ 増幅度 A_{v0} の決めかた　1石トランジスタの場合の増幅度 A は，

$$A = \frac{h_{fe}}{h_{ie}} \times (\text{負荷抵抗})$$

図5-10の回路の2段めの負荷は $\dfrac{R_8 \cdot R_L}{R_8 + R_L}$ であるから，その増幅度 A_2 は，

$$A_2 = \dfrac{h_{fe2}}{h_{ie2}} \cdot \dfrac{R_8 \cdot R_L}{R_8 + R_L} \tag{5-10}$$

初段の増幅回路の負荷は $\dfrac{R_3 \cdot R_{i2}}{R_3 + R_{i2}}$ であり，h_{ie} に相当するものは $h_{ie1} + h_{fe1} \cdot R_5$ であるから，初段の増幅度 A_1 は，

$$A_1 = \dfrac{h_{fe1}}{h_{ie1} + h_{fe1} \cdot R_5} \cdot \dfrac{R_3 \cdot R_{i2}}{R_3 + R_{i2}} \tag{5-11}$$

⑥安定指数 S_1，S_2 の決めかた　トランジスタ回路では発熱による温度上昇によってトランジスタの動作が不安定になったり，破壊したりするおそれがあるので，熱安定度がよくなくてはならない。その程度を示すのに安定指数 S を用いる。

$$S = \lim_{\Delta I_{CBO} \to 0} \dfrac{\Delta I_C}{\Delta I_{CBO}} = \dfrac{dI_C}{dI_{CBO}}$$

この値は，シリコントランジスタの場合 5〜20，ゲルマニウムトランジスタの場合 2〜10 程度でなくてはならない。したがって，S_1，S_2 を計算し，S がその範囲にはいっていることを確かめる。

表5-10の計算で求めた抵抗器とコンデンサの値を次に示す。

抵抗器	記号	R_1	R_2	R_3	R_4	R_5	R_6	R_7	R_8	R_9	R_{10}
	公称値[kΩ]	91	20	11	1.8	0.2	62	14	8.1	1.4	22
コンデンサ	記号	C_1	C_2	C_3	C_4	C_5	C_6				
	公称値[μF]	1	47	1	220	1	1.8				

注　抵抗器の消費電力 P [W] は，抵抗器に加わる電圧を V [V]，抵抗器に流れる電流を I [A] とすると $P = I^2 R = V^2/R$ で求められる。使用する抵抗器の選定にあたっては，その定格電力 P_m [W] が消費電力 P [W] よりかなり大きなものを選ぶ。ここでは，定格電力は，すべて 1/8 W でじゅうぶんである。
　コンデンサ耐電圧を V_m [V]，コンデンサに加わる直流電圧を V [V] とすると使用するコンデンサの選定にあたっては，$V/V_m = 0.3〜0.6$ に選ぶ。ここでは $V/V_m = 0.6$ とし，さらに余裕をとってすべて6Vとしてもよい。

課題　電源電圧 9 V，電圧利得 50 dB，信号源抵抗 600 Ω，入力抵抗 10 kΩ，負荷抵抗 4 kΩ，最大出力電圧 1 V，周波数特性 20 Hz〜20 kHz，使用トランジスタは初段 2SC1312，2段 2SC1815，$V_{BE1} = 0.6$ V，$V_{BE2} = 0.63$ V，$V_{E1} = V_{E2} = 1$ V，R_8 の値は計算値の 35 % とし，$I_{E1} = 0.5$ mA，h パラメータの値は，2SC1815 は $V_{CE} = 2.4$ V，$I_E = 0.7$ mA の値を使用する。また，TR$_2$ の直流電流増幅率 h_{FE2} は 240 とする。表5-10を参考にして，この増幅器の定数を計算し設計表を完成してみなさい。

5 電話機

　電話機による通信方式には，有線方式と無線方式のものがあり，使われかたも音声の伝送やデータの伝送などいろいろである。

　電気通信事業法が1985年に施行され，これによって電気通信事業の自由化，端末機器の自由化などが行われた。一般家庭でも各種の電話機が利用されているが，基本的な回路は自由化される以前のものと同様である。

　ここでは，押しボタンダイヤル信号送出式の601-P電話機と，ダイヤルパルス送出式の601-A電話機の回路の製図について学習する。

1　601-P電話機

　601-P電話機は，図5-13のように，電話機本体と送受話器からなっている。

　この電話機とダイヤルパルス送出式の電話機との違いは，押しボタン信号発生回路を用いているところにある。図5-14に示すように，押しボタン信号発生回路（D-63P）は，LSIによって構成されている。

　押しボタンを押すと，低群周波数と高群周波数よりそれぞれ1周波数ずつ組み合わせた押しボタンダイヤル信号を発生する。たとえば，押しボタンダイヤルの1を押すと低群発振回路は697 Hz，高群発振回路は1209 Hzを発振する。

　D-63Pの電源は，交換機からの直流電源を利用しているが，この極性は着信応答時に反転してしまう。そこで，この極性が反転してもLSIに同一の極性が加わるように，極性一致ダイオード（全波整流）回路が使われている。

図5-13　601-P電話機

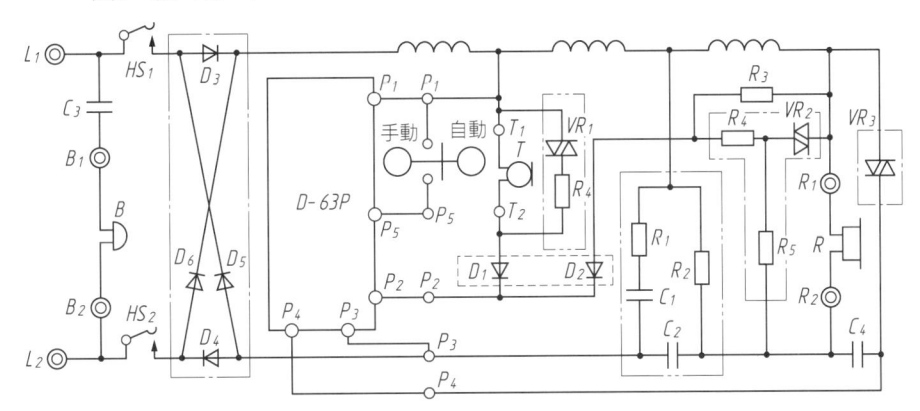

図 5-14　601-P電話機の回路図

2　601-A電話機

　図5-15に，601-A電話機を示す。ダイヤルの部分が回転式のものであるが，押しボタン式の形状であってもダイヤルパルス送出式の電話機が，現在広く利用されている。
　ダイヤルパルス送出式電話機の回路図を製図例18に示す。発信時に送受話器を上げると，フックスイッチHS_1，HS_2が閉じて閉回路を構成する。
　交換機にダイヤル番号の選択信号を送出するには，この閉回路をD_1とD_sによって断続させ，パルス信号として送出する。D_sはダイヤル送出時には閉じて，受話器にノイズが回り込まないようにしている。
　着信時には，電話回線L_1，L_2に75 V，16 Hzの呼び出し信号が送られ，ベルBを鳴らす。このとき，送受話器を上げるとフックスイッチが閉じて，回線に接続されて通話が可能になる。

図 5-15　601-A電話機

課題　製図例18の601-A電話機の回路図を製図してみなさい。

6 無線受信機

　無線受信機には，無線通信系統に用いる通信用受信機や，一般家庭に用いる放送聴取用（ラジオ）受信機があり，それぞれ使用目的に適合するようにくふうされている。ここでは，一般家庭などで用いられている携帯用ラジオ受信機の回路を中心に学習する。

1 携帯用ラジオ受信機の仕様書

　携帯用ラジオ受信機としては，小形・軽便なものがよい。表5-12は中波放送（AM）ラジオ受信機の仕様書である。

表 5-12　ラジオ受信機の仕様書（概要）の例

機器の名称	携帯用ラジオ受信機	
使用目的	一般家庭において，AM放送を受信する。	
機能条件など	受信周波数	AM：526.5～1606.5 kHz
	回路方式	スーパヘテロダイン方式（トランジスタ式）
	中間周波数	455 kHz
	出　力	最大190 mW，無ひずみ出力120 mW
	消費電流	最大35 mA，無信号6mA
	空中線	フェライトコアアンテナ内蔵（5×15×120 mm）
	電　源	9 V

2 回路接続図

　図5-16は，表5-12の仕様書を満足するような系統図であり，それに基づいてつくられた接続図が，製図例19である。

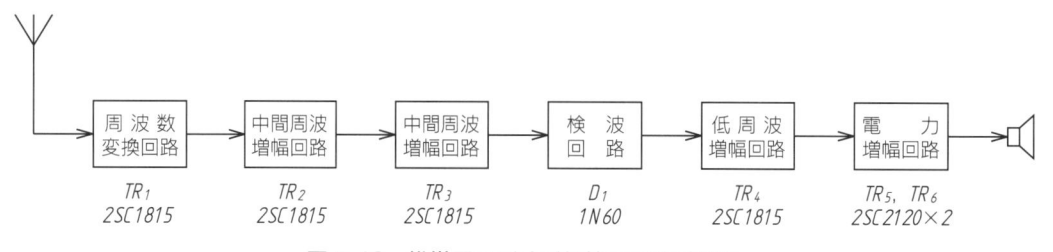

図 5-16　携帯用ラジオ受信機の回路系統図

　この製図例において，AM放送の受信信号は，L_1のコイルで捕捉され，トランジスタTR_1で周波数変換されて中間周波となり，TR_2，TR_3で増幅され，D_1で検波されて低周波となり，さらにTR_4，TR_5，TR_6で増幅されてスピーカを鳴らす。

　課題　製図例19の6石トランジスタラジオ受信機回路接続図を製図してみなさい。

7 テレビジョン受信機

　現在のテレビジョン放送は，VHF，UHF，BS，CS，BSディジタル放送などとチャネル数が多くなってきている。これらすべてをまとめて配信するケーブルテレビ（CATV）もある。テレビジョン受信機もVTRが内蔵されたものや，BSチューナが内蔵されたものなど多用化してきている。

1 テレビジョン受信機の仕様書

　表5-13は，VHF帯とUHF帯およびBSを内蔵したテレビジョン受信機の仕様書の例である。

表5-13　テレビジョン受信機の仕様書の例

受信範囲	VHF 1～12チャネル UHF 13～62チャネル BS 1～15チャネル（奇数チャネル）	接続端子	ビデオ入力（映像・音声） ビデオ出力（映像・音声） SVHS対応端子付 RGBマルチ端子付
多重切換	モノラル・ステレオ二重音声 自動切換	受像管	29形110度偏向 （40.6 H×54.1 Wcm）
電子チューナ	3バンド自動切換式	スピーカ	10 cm丸形4個

2 回路接続図

　図5-17は，表5-13に示す仕様の，テレビジョン受信機のブロックダイアグラムである。各機能のブロックごとにICやトランジスタなどの部品からなるプリント配線板で組まれており，修理点検がしやすいように配慮されている。

　また，マイクロコンピュータが組み込まれ，チャネル切換や明るさなどの調整操作は，マイクロコンピュータを通して行われる。

課題
1．製図例20-1のブロックダイアグラムを製図してみなさい。
2．製図例20-2の垂直偏向出力回路を製図してみなさい。
3．製図例20-3の音声出力回路を製図してみなさい。
4．製図例20-4のビデオ出力増幅回路を製図してみなさい。

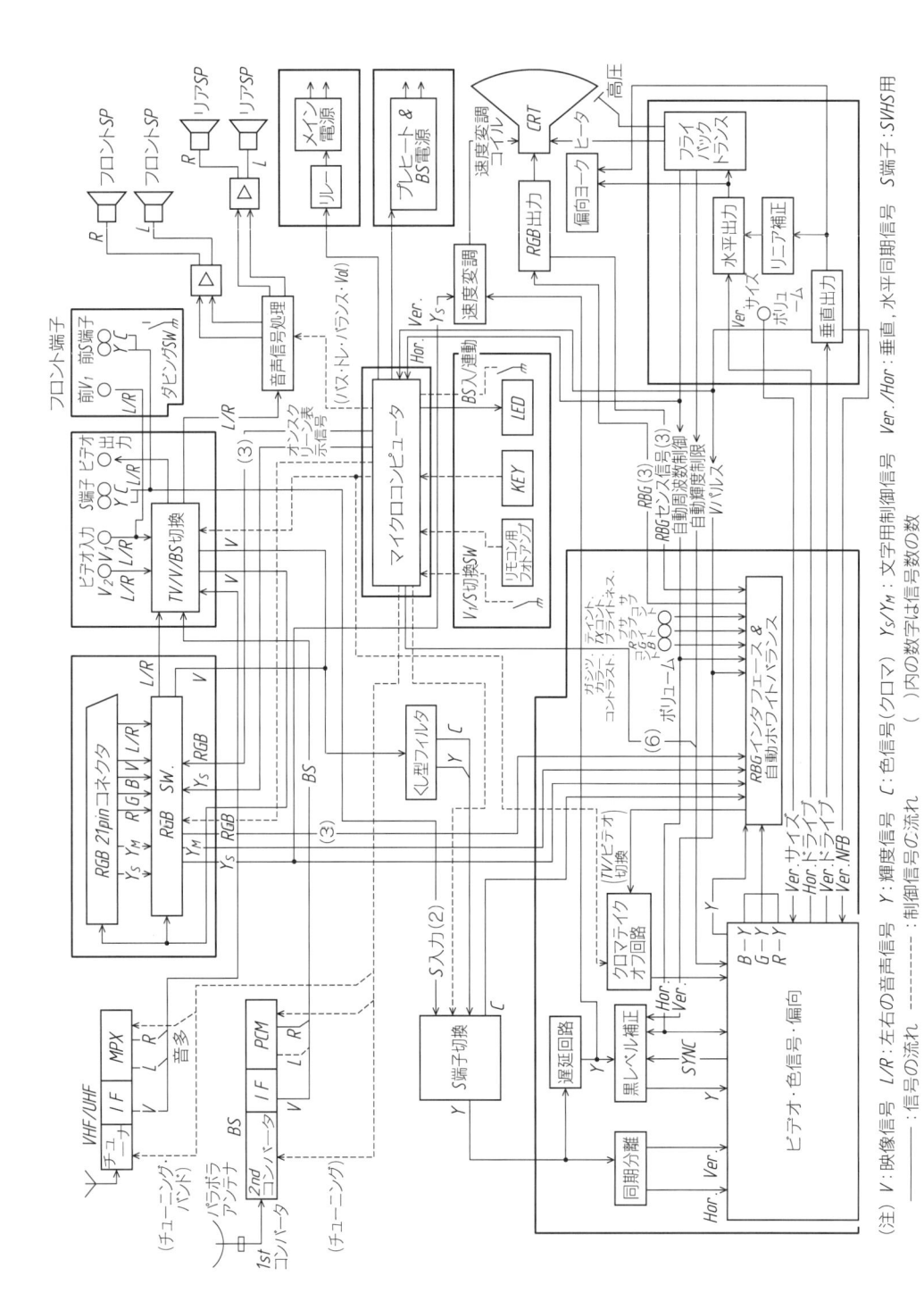

図 5-17 テレビジョン受信機（BSチューナ内蔵）の回路系統図

8 コンピュータ

1　2値論理素子図記号

　2値論理素子図記号は，いろいろな論理回路や，コンピュータ内部を構成するものに使用されている。論理素子の図記号には，図5-18に示すように，JIS規格のものと**MIL**(Military Standard) 規格のものとがある。MILは，1962年にアメリカ合衆国で軍用規格として制定されたものであるが，現在では，MILが一般的に用いられている。

　表中のRS双安定やJK双安定は，コンピュータのレジスタ（置数器）や演算装置の構成回路として用いられているものである。回路としては，フリップフロップであり，論理記号を組み合わせてつくられている。

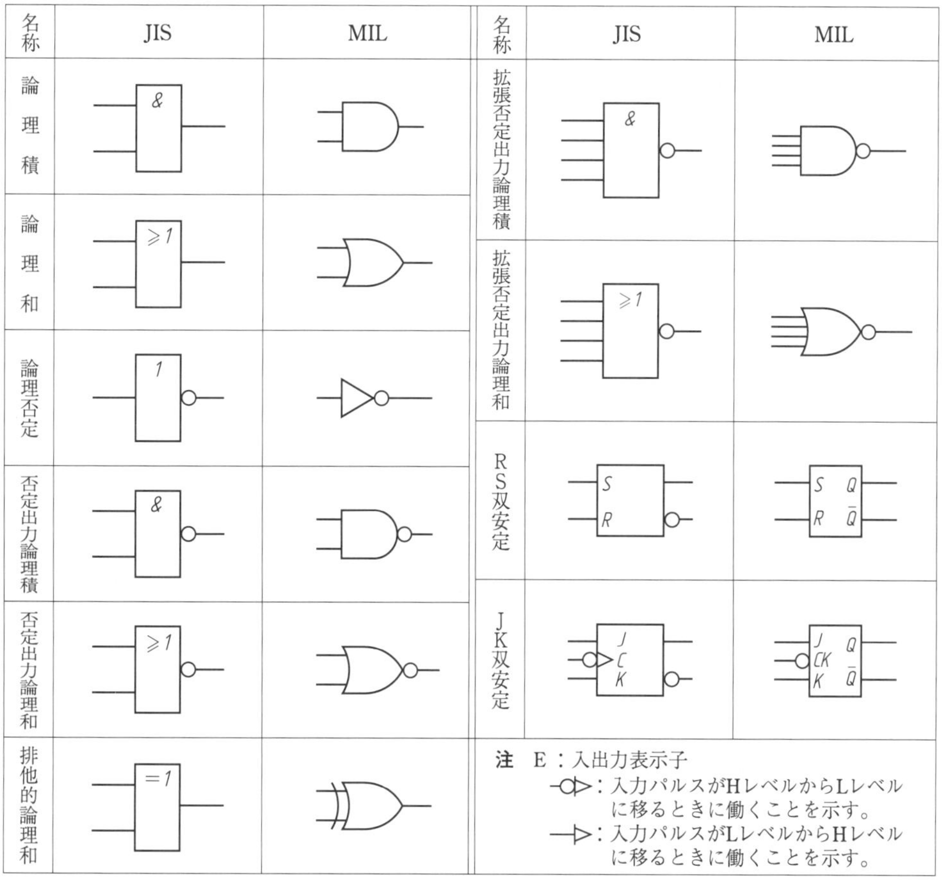

名称	JIS	MIL	名称	JIS	MIL
論理積	&		拡張否定出力論理積	&	
論理和	≧1		拡張否定出力論理和	≧1	
論理否定	1		RS双安定	S R	S Q R Q̄
否定出力論理積	&		JK双安定	J CK K	J CK K Q Q̄
否定出力論理和	≧1				
排他的論理和	=1				

注　E：入出力表示子
　　─▷○─：入力パルスがHレベルからLレベルに移るときに働くことを示す。
　　─▷─：入力パルスがLレベルからHレベルに移るときに働くことを示す。

図5-18　2値論理素子図記号

2値論理素子図記号を用いてかいた回路図を論理回路図という。論理回路において，電圧5VをH(high:ハイ)，0VをL(low:ロー)とすることがある。この場合，Hを1，Lを0と考えて構成した論理を正論理といい，これとは逆に，Hを0，Lを1と考えて構成した論理は負論理という。

図5-19は，正論理の回路と負論理の回路を比較したもので，負論理のOR回路は，正論理のAND回路であり，負論理のAND回路は，正論理のOR回路であることがわかる。コンピュータの回路には，正論理回路と負論理回路のいずれも用いられている。

(a) 正論理のAND回路　　$F = A \cdot B$

(b) 正論理のOR回路　　$F = A + B$

(c) 負論理のOR回路　　$F = \overline{\overline{A} + \overline{B}} = A \cdot B$

(d) 負論理のAND回路　　$F = \overline{\overline{A} \cdot \overline{B}} = A + B$

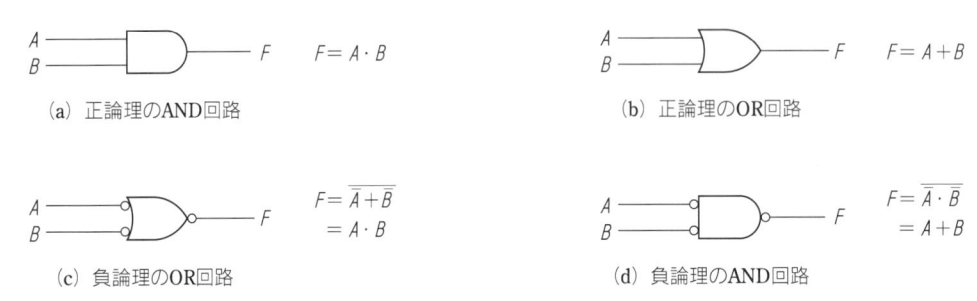

図 5-19　正論理と負論理

1　加算器の論理回路図

製図例21は，ICを用いた3ビットの並列加算回路の例である。入力端子A_1，A_2，A_3から被加数，入力端子B_1，B_2，B_3から加数が同時にはいると，加算結果が$S_1 \sim S_4$に出力されるようになっている。製図例21において，①，②，……，⑥はIC番号である。

課題　製図例21の並列加算器の論理回路図を製図してみなさい。

2　BCD-7セグメントコード変換の論理回路図

図5-20(a)は，2進数を10進数に変換して，その出力を7セグメント発光ダイオード表示器に加えて10進数を表示するためのICの説明図である。このICは，BCD(Binary-Coded Decimal)-7セグメントコード変換用ICとよばれている。

7セグメント発光ダイオード表示器は，図(b)に示すように，$\overline{a} \sim \overline{g}$の7個の輝線の組み合わせによって，図(c)のように表現する。

$\overline{a} \sim \overline{g}$の輝線は，$\overline{a} \sim \overline{g}$の電極(出力端子)にLレベル(ふつう0V)の電位が与えられると光るようになっている。したがって，たとえば$\overline{a} \sim \overline{f}$の電極にLレベル，$\overline{g}$の電極にHレベル(ふつう5V)が与えられるようにくふうすれば，図(c)の0を表示する。これとは反対にHレベルが与えられると光るようになっているものは電極をa～gと表す。

このように，Lレベルの電位を加えると動作することをアクティブローという。それに対して，Hレベルの電位を加えると動作することをアクティブハイという。

図(d)の真理値表において，たとえば10進数の5（2進数で0101）すなわち，入力側でDがL，CがH，BがL，AがHの場合，出力側では$\overline{a}$がL，$\overline{b}$がH，$\overline{c}$がL，$\overline{d}$がL，$\overline{e}$がH，$\overline{f}$がL，$\overline{g}$がLになっている。

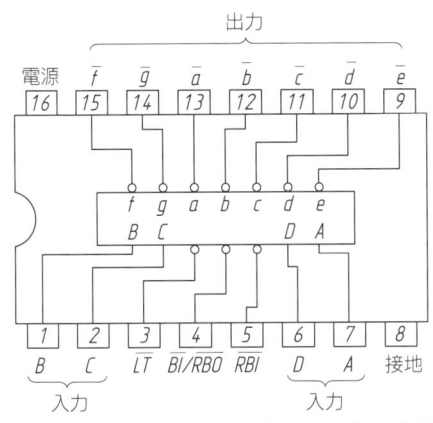

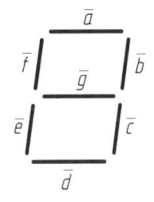

(a) BCD-7セグメントコード変換ICのブロック図

(b) 輝線の配置

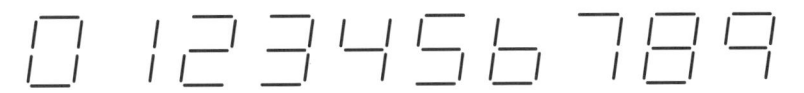

(c) 数字

(d) 真理値表

10進数	入力						出力						
	$\overline{LT}$	$\overline{RBI}$	D	C	B	A	$\overline{BI/RBO}$	$\overline{a}$	$\overline{b}$	$\overline{c}$	$\overline{d}$	$\overline{e}$	$\overline{f}$	$\overline{g}$
0	H	H	L	L	L	L	H	L	L	L	L	L	L	H
1	H	X	L	L	L	H	H	H	L	L	H	H	H	H
2	H	X	L	L	H	L	H	L	L	H	L	L	H	L
3	H	X	L	L	H	H	H	L	L	L	L	H	H	L
4	H	X	L	H	L	L	H	H	L	L	H	H	L	L
5	H	X	L	H	L	H	H	L	H	L	L	H	L	L
6	H	X	L	H	H	L	H	H	H	L	L	L	L	L
7	H	X	L	H	H	H	H	L	L	L	H	H	H	H
8	H	X	H	L	L	L	H	L	L	L	L	L	L	L
9	H	X	H	L	L	H	H	L	L	L	H	H	L	L

注　図のなかで$\overline{BI/RBO}$（ブランキング入力/リプルブランキング出力），$\overline{RBI}$（リプルブランキング入力），$\overline{LT}$（ランプテスト）の各端子は，次のような働きをもっており，通常は使用しないことが多い。
① $\overline{RBI}$とA，B，C，DにLレベルを加えると，$\overline{a}$～$\overline{g}$はHレベルになり，$\overline{RBO}$はLレベルとなる。
② $\overline{BI}$にLレベルを加えると，$\overline{a}$～$\overline{g}$はHレベルとなる。
③ $\overline{BI/RBO}$にHレベル，$\overline{LT}$にLレベルを加えると，$\overline{a}$～$\overline{g}$はLレベルとなる。
備考　図(d)において，X記号はHレベルでもLレベルでもよい。

図5-20　BCD-7セグメントコード変換ICの説明図

このような真理値表を満足する回路が，図5-21に示すBCD-7セグメント変換論理回路図である。

　図5-21は，BCD-7セグメントコード変換論理回路図である。製図例22は，論理がこれと反対にa〜gの電極(出力端子)にHレベル(ふつう5V)の電位が出力される回路である。なお，論理素子図記号は，テンプレートを使ってかくと便利である。

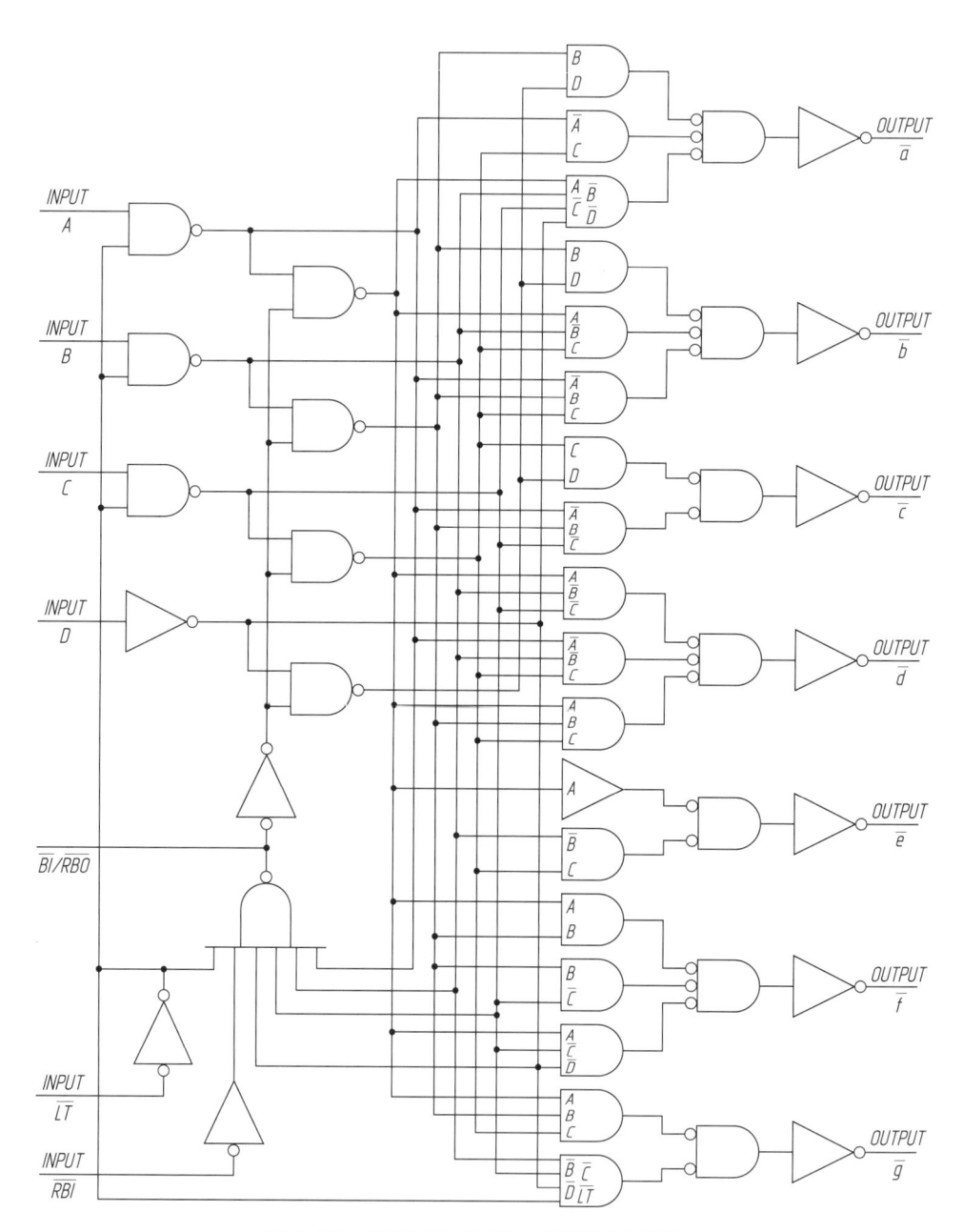

図5-21　BCD-7セグメント変換論理回路図

課題　　製図例22をかいてみなさい。

2 情報処理用流れ図記号

コンピュータで情報処理を行う場合には,まず処理するデータの内容を分析し,その目的を達成するための処理の手順を決める。処理の手順は文章で表現することもできるが,図で表すと,処理の流れを簡潔・明りょうに表現できる。情報処理の手順を図で表したものを,情報処理の**流れ図**(flowchart)という。流れ図には,概略を示したもの,詳細に示したものがある。

流れ図は,各機能を記号化した**情報処理用流れ図記号**(JIS X 0121:1986)を使ってかく。図記号は,テンプレートを使ってかくと便利である。表5-14は,流れ図記号を示す。

流れ図をかくときの注意

① 流れ図では,情報処理の流れの方向は,原則として,上から下,左から右へとする。流れの方向が合わないときには,流れを示す矢印を用いる。なお,矢印を用いたほうがわかりやすいときには,これを用いることが望ましい。

② 流れ線はたがいに交差してもよい。この場合には,これらの間には,たがいに論理的関係はないものとする。

③ 二つ以上の流れ線を集めて一つの流れ線に出してもよい。

④ それぞれの記号は均等に間隔をあけ,また,それぞれの結合は適当な長さの直線でかき,長い線の数はできるだけ少なくする。

⑤ 記号は,ただちに識別できないほどにまで形を変えたり回転してはならない。

⑥ 流れ図記号につける文字や記号は,流れの方向にかかわらず,上から下へ,左から右へ読めるようにかく。

⑦ 文書のほかの要素(たとえばプログラムリスト)からの参照の目的で記号識別子をかくときは,記号の左上にかく。

図5-22は,二次方程式の解を求めるプログラムを作成するときの流れ図の例である。

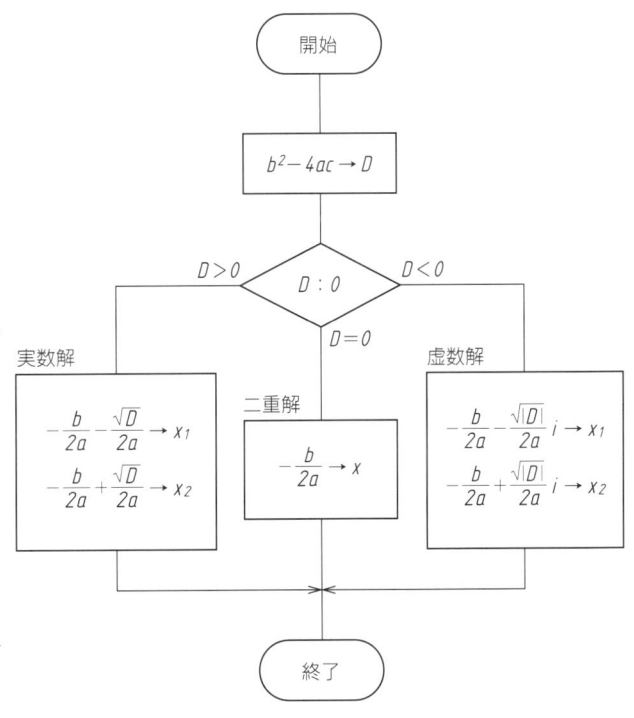

図5-22 流れ図の例(入出力は省略)

表 5-14　情報処理用流れ図記号

(JIS X 0121:1986)

記号	意味	記号	意味
□	**処理** (process) 情報の値, 形, 位置を変えるような定義された演算の実行など任意の種類の処理機能を表す。	⌭	**直接アクセス記録** (direct access storage) 磁気ディスク, 磁気ドラム, フレキシブルディスクなど直接アクセス可能なデータを表す。
◇	**判断** (decision) 一つの入口といくつかの択一的な出口をもち, 記号中に定義された条件の評価に従って, 唯一の出口を選ぶ判断機能, またはスイッチ形の機能を表す。	▯	**内部記憶** (internal storage) 内部記憶を媒体とするデータを表す。
⬡	**準備** (preparation) スイッチの設定, 指標レジスタの変更, ルーチンの初期設定など, その後の動作に影響を与えるための命令, または命令群の修飾を表す。	⌒	**表示** (display) 表示装置の画面, オンラインインディケータなど人が利用する情報を表示するあらゆる種類の媒体上のデータを表す。
⎅	**定義済み処理** (predefined process) サブルーチンやモジュールなど, 別の場所で定義された一つ以上の演算, または命令群からなる処理を表す。	──	**線** (line) データまたは制御の流れを表す。流れの向きを明示する必要があるときは, 矢先をつけなければならない。
⏢	**手作業** (manual operation) 人手による任意の処理を表す。	═	**並列処理** (parallel mode) 二つ以上の並列した処理を同期させることを表す。
⌐	**手操作入力** (manual input) オンラインけん盤, スイッチ, 押しボタン, ライトペン, バーコードなどを手で操作して情報を入力するあらゆる種類の媒体上のデータを表す。	⎔	**ループ端** (loop limit) 二つの部分からなり, ループのはじまりと終わりを表す。ループの始端または終端の記号中に, 初期化, 増分, 終了条件を表示する。
▱	**データ** (data) 媒体を指定しないデータを表す。	⚡	**通信** (communication link) 通信線によってデータを転送することを表す。
⌇	**記憶データ** (stored data) 処理に適した形で記憶されているデータを表す。媒体は指定しない。	▷	**制御移行** (control transfer) 呼出し, 取込み, 事象生起など一つの処理から他の処理へ制御が即時に移行することを表す。
⎛	**書類** (document) 印字出力, 光学的文字読取り装置など人間の読める媒体上のデータを表す。	------	**破線** (dashed line) 二つ以上の記号の間の択一的な関係を表す。
⌸	**カード** (card) 磁気カード, マーク読取りカードなどカードを媒体とするデータを表す。	○	**結合子** (connector) 同じ流れ図中の他の部分への出口, または他の部分からの入口を表したり, 線を中断し他の場所に続けたりするのに用いる。
⌇	**せん孔テープ** (punched tape) せん孔テープを媒体とするデータを表す。	⬭	**端子** (terminator) プログラムの流れの開始もしくは終了などの外部環境への出口, または外部環境からの入口を表す。
○	**順次アクセス記憶** (sequential access storage) 磁気テープ, カートリッジテープ, カセットテープなど順次アクセスだけ可能なデータを表す。	---[	**注釈** (annotation) 明確にするために, 説明または注を付加するのに用いる。注釈記号の破線は, 関連する記号につけるか, または記号群を囲んでもよい。

3 マイクロコンピュータ

　コンピュータは，それぞれ独立した処理装置・主記憶装置・入出力装置によって構成されていたため，かなり大規模であった。その後，半導体製造技術の発達にともない処理装置の機能をもつLSI素子が開発された。これをマイクロプロセッサという。また，半導体記憶装置も小形で大容量のものが開発され，これをメモリチップという。

　マイクロプロセッサやメモリチップを用いてつくられた小形で軽量のコンピュータはマイクロコンピュータとよばれ，工業用の各種機器はもとより，電子レンジ・オーディオ装置などの一般の家庭用電気機器の制御用としても広く利用されるようになった。

　マイクロコンピュータの機能や機器構成を説明するための図には，きわめて簡易な図から詳細な図まで，いろいろな形で用いられている。これらには，

① 原理を理解するための図
② 機能を理解するための図
③ 素子構成を理解するための図
④ 素子の配置を理解するための図
⑤ 接続関係を理解するための図

などがあるが，①〜⑤のいずれかの組み合わせたねらいをもってかかれることが多い。

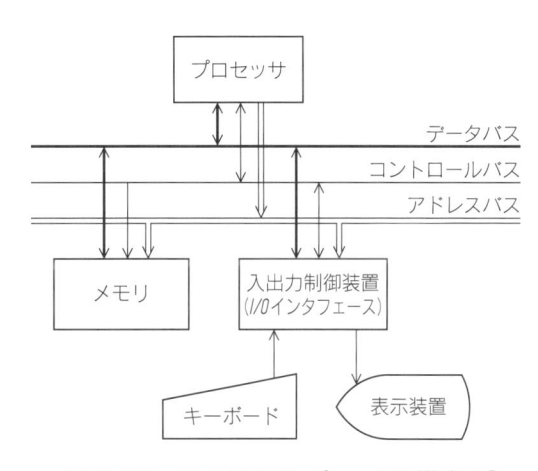

図5-23 マイクロコンピュータの構成図①

　図5-23はマイクロコンピュータの原理・構成を説明するための最も簡易な図である。

a プロセッサ(processor)　コンピュータの主要な構成単位であって，演算部・レジスタ部・制御部からなり，メモリに記憶されている命令を命令レジスタに取り込み，これを命令デコーダで解読する。解読した結果が演算命令ならば演算部で演算処理される。制御部は，これらを制御する部分であり，処理装置ともよばれる。

b メモリ(memory)　計算処理に必要なプログラムやデータを記憶する。

c 入出力制御装置(I/Oインタフェース)およびキーボード・表示装置　キーボード(key-board)は，電けん，押しボタンスイッチ群によってデータを入力するためのものであり，**表示装置**(display device)は処理結果などを表示するものであって，これらを**入出力装置**(input-output unit)という。

　これらとコンピュータとの間で情報のやり取りができるように設けた装置が，**I/Oインタフェース**(I/O interface)である。

8. コンピュータ　143

d アドレスバス(address bus)　プロセッサが処理する命令やデータのある場所を指定するために，プロセッサから出される信号の通路である。信号は，クロックに同期されて一方向に流れる(一方向性)。

e データバス(data bus)　①プロセッサによって指示されたアドレス(メモリのある番地)の命令やデータをプロセッサに送り出す，②プロセッサから送り出されたデータを指示されたアドレスに入れる，というような信号の通路である。信号はクロックに同期されて，どちらの方向にも流れる(双方向性)。

f コントロールバス(control bus)　プロセッサとROM・RAM・I/Oインタフェースなどとたがいにデータをやり取りするときに，そのタイミングや入出力の方向を相手に知らせたりするための信号である。

図5-24は，図5-23を詳しく説明するための図である。

g ROM(read-only memory)　固定記憶装置ともいう。読取りだけができる記憶装置

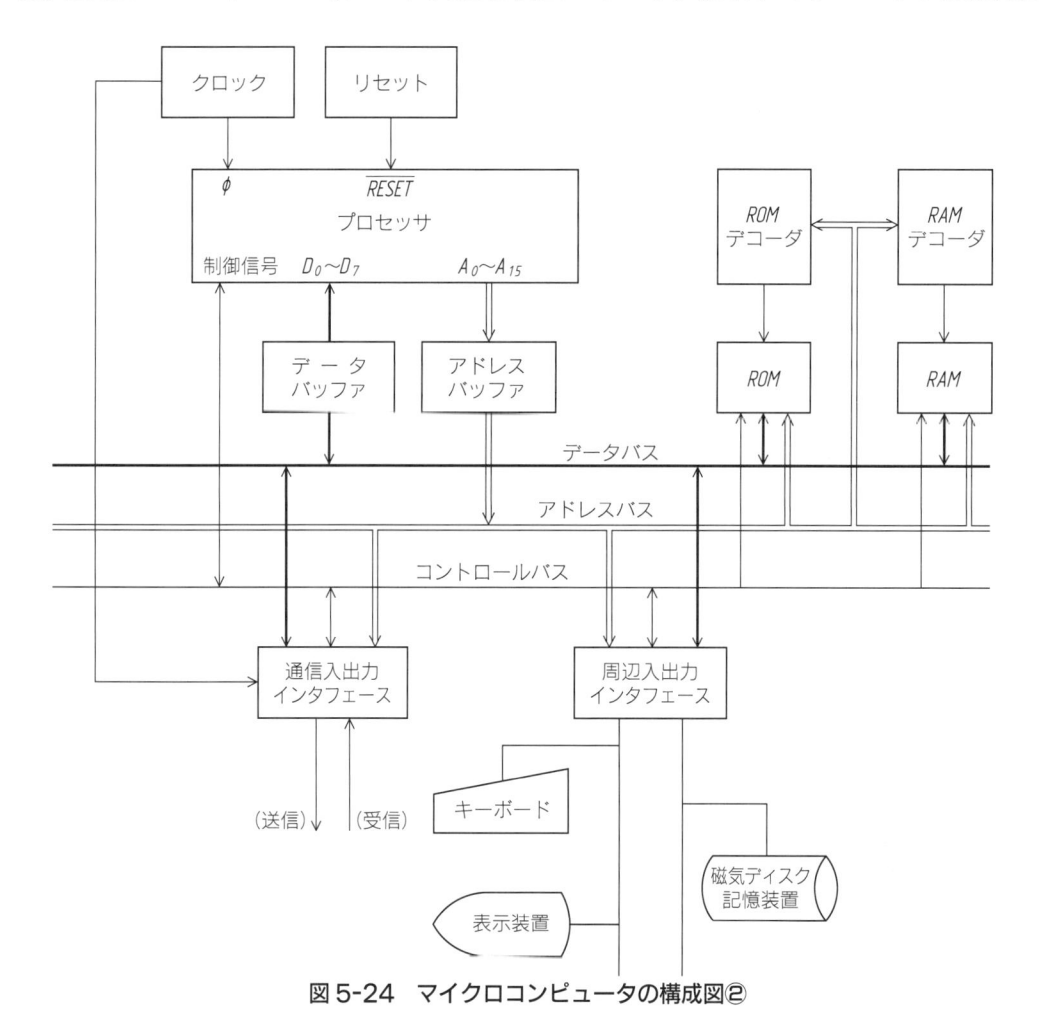

図 5-24　マイクロコンピュータの構成図❷

である。ROMは，情報を読み取っても，情報が破壊されないように構成され，電源障害や，ある程度の誤動作などの障害が起きても，記憶情報は保持されている。

　ROMには，メーカがROM製造時に書き込むものと，ユーザが手もとで書き込むことができるようになっているものがある。後者を**PROM**(programmable read-only memory)という。PROMには，一度書き込まれたものは変更できないものと，記憶内容を変更できるものがある。**EPROM**(erasable programmable read-only memory)は，紫外線を当てるなどして記憶内容を消すことができ，必要に応じてふたたび書き込むことのできるROMである。

h RAM(random access memory)　　データの書き込みと読取りができる記憶装置である。任意の記憶場所を呼び出すときに，記憶場所や呼出し順序に無関係に呼出し時間がほぼ一定である。

　なお，キーボードや表示装置などの入出力装置は，その種類によってインタフェースの内部回路が異なるので，図のように分けて表すことがある。

i クロック(clock)　　コンピュータ内部での信号のやり取りは，クロックパルスによって一定間隔ごとに行われる。クロックパルスの周期は水晶振動子によって一定に保たれる。

j アドレスバッファ(address buffer)　　プロセッサの負荷に対する駆動(ドライブ)能力を補うために用いる。アドレスバスに接続される負荷が少ない場合は不要である。

k データバッファ(data buffer)　　アドレスバッファと同様の目的に用いられるが，こち

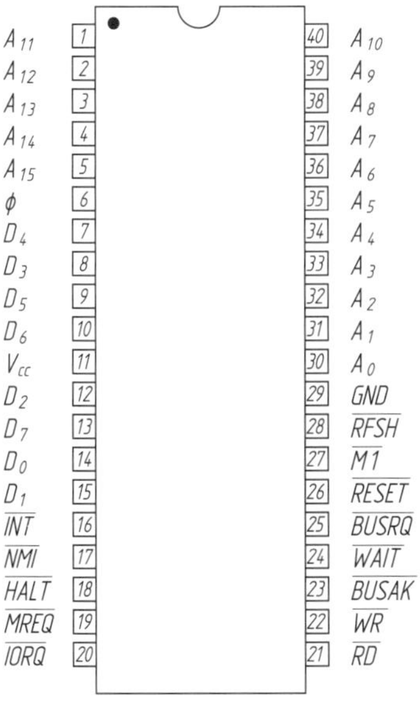

記号	名称・働き	入出力
$A_0 \sim A_{15}$ (address bus)	アドレスバス	出力
$D_0 \sim D_7$ (data bus)	データバス	入出力
$\overline{MREQ}$ (memory request)	メモリ制御	出力
$\overline{RD}$ (memory read)		出力
$\overline{WR}$ (memory write)		出力
$\overline{RFSH}$ (refresh)		出力
$\overline{M1}$ (machine cycle one)	マシンサイクル1	出力
$\overline{IORQ}$ (input-output request)	入出力制御	出力
$\overline{RESET}$ (reset)	リセット	入力
$\overline{HALT}$ (halt/stand by mode)	ホールト	出力
$\overline{WAIT}$ (wait)	ウエイト	入力
$\overline{INT}$ (interrupt request)	割込み信号	入力
$\overline{NMI}$ (non maskable interrupt)		入力
$\overline{BUSRQ}$ (bus request)	バスライン制御	入力
$\overline{BUSAK}$ (bus acknowledge)		出力
ϕ	クロックパルス	
V_{cc}	電源(+5V)	
GND	グランド	

図5-25　プロセッサの例

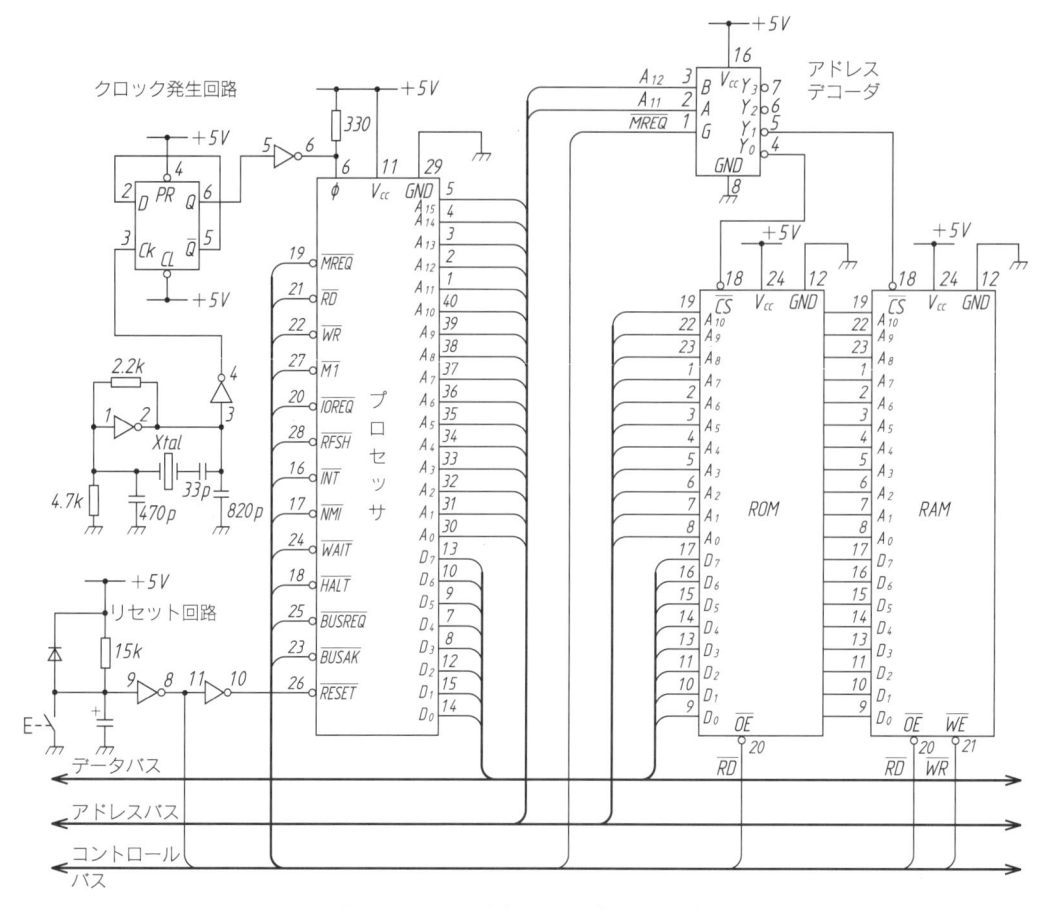

図 5-26 マイクロコンピュータの例

らは双方向性である。

l アドレスデコーダ(address decoder)　ROMやRAMは，一定の記憶容量をもっており，この記憶容量に応じてROM・RAMの番地が割り当てられる。この割り当てた番地を解読するのは，アドレスデコーダである。

m 周辺入出力インターフェース　プロセッサと外部との間で並列にデータを入出力する機能をもったものである。**PPI**(programmable peripheral interface)とよばれる素子などがある。

　図5-25はプロセッサの例で，図のように40個の端子がある。

　図5-26は，図5-25のプロセッサを中心とした端子接続関係を示す図である。このような回路接続図をかく場合には，半導体素子の実際の端子配列に忠実に従って図示すると配線関係がこみいってくるので，端子に番号をつけ，実際の端子配列にこだわらないでかく。また各バスは，線の本数が多くそのままかくとみにくくなるので，合わせて単線にして太くかくことがある。図5-26は，その例を示す。

　課題　製図例23をかいてみなさい。

6章

制御施設・屋内配線

電子工業施設には，コンピュータやテレビジョン，または各種の自動制御装置などの電子機器や機械装置類などが組み合わされており，大規模なものが多い。その図面としては，各機器に関するもののほか，機器相互の関連や接続関係を示す系統図や配置図，また施設を運転するための電源装置・照明装置・空気調和装置など付帯装置の図面など，規模によっては膨大なものとなる。

この章では，自動制御施設および屋内配線図の図面の例について学習する。

1 シーケンス制御施設の製図

シーケンス制御は，簡単な自動制御系にも広く用いられている。制御方法には，時限制御（例：ネオンサインの点滅制御），順序制御（例：工作機械のプログラム制御），条件制御（例：リフト）などがある。ここでは，リフトの一例について学習する。

1 リフト施設

この施設は，食堂・倉庫などの物品の上げ下げを要する場所に利用されている。図6-1にその構成を示す。

物品を載せるかごは，ロープを通じて誘導電動機(巻上電動機)IMの巻胴に連結され，レールに案内されながら昇降する。誘導電動機は，たがいにb接点によってインタロックされた二つの電磁接触器を使い，固定子巻線の相回路を切り換えて正逆転制御ができる。電磁ブレーキMBは，ばね形でソレノイド電磁石に電流が流れていないときはブレーキとして働き，電流が流れているとブレーキは解放される。各階には，かごの呼び(行先指示)ボタンスイッチ(1C-BS～3C-BS)，始動・停止ボタンスイッチ(ST-BS，STP-BS)，各階位置検出リミットスイッチ(1F-LS～3F-LS)，連絡用インタホンなどの器具が取りつけてある。

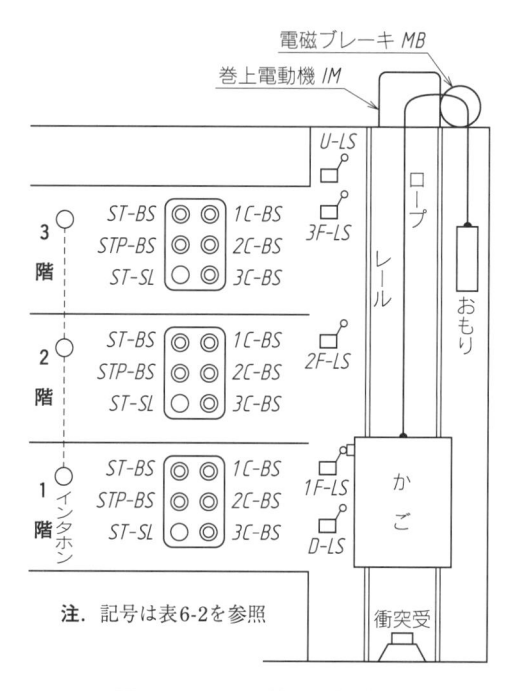

図6-1 リフト施設の構成

使用するときは，はじめにインタホンで行先階の作業員に知らせてから，始動ボタンを押し，その階にかごがなければ呼びボタンを押してかごを呼び，そのかごに物品を載せる。それから行先階の呼びボタンを押せば，かごがその階へ移動して到着する。その階の作業員は，かごから物品をおろし終われば，その旨をインタホンで知らせ，続けて使用しないときは，停止ボタンを押して止めておけばよい。

安全度を増すために，各階呼び継電器(1C-R～3C-R)はたがいにインタロックされるようになっている。

2 展開接続図

　リフトは各種の電気機器・器具を組み合わせて構成されており，それらは各階に分散・配置されている。したがって，リフトに関する電気回路接続図には，各機器の内部接続図が必要であり，とくに制御盤では，正面接続図・裏面接続図・器具内部接続図などが用いられる。また，図6-2のように，制御系の主要な機器や装置などの連係を示し，制御の主要なシーケンスを表す**ブロック線図**（簡略展開接続図ともいう）が用いられる。また，回路の働きを理解するためには，製図例24のような**展開接続図**（詳細展開接続図ともいう）が用いられる。この製図例では，制御系のシーケンスを明りょうに表すために，制御系の機器や装置などの接続を詳細に展開して示している。図中の要素の接続線の方向を，上下方向にみるようにかく縦がきと，左右方向にみるようにかくよこがきとがあり，この製図例は後者の例である。展開接続図の図記号には，電気用図記号を用いる。

　製図例に用いられている各器具は，表6-1の図記号と表6-2の文字記号を用いている。

図 6-2　リフト施設のブロック線図

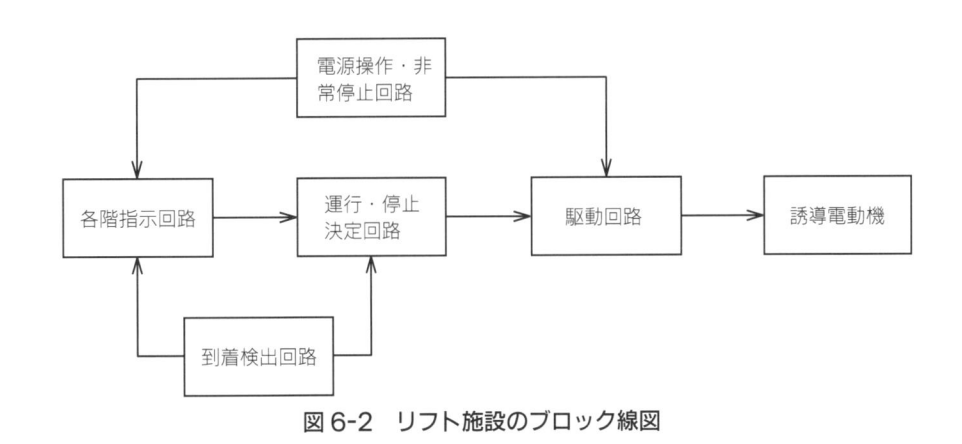

表 6-1　リフト施設の図記号

名　称	図記号		名　称	図記号
押しボタンスイッチ（手動操作自動復帰接点）	a接点	b接点	継電器（一般）	
継電器接点（一般）	a接点	b接点	誘導電動機（△接続）	M 3〜
リミットスイッチ（限時機械的接点）	a接点	b接点	電磁ブレーキ	MB

注　a接点は常時開路，動作時に閉路するメーク接点であり，b接点は常時閉路，動作時に開路するブレーク接点である。

1. シーケンス制御施設の製図

表6-2 リフト施設の文字記号

文字記号	機器・器具の名称	文字記号	機器・器具の名称
IM	誘導電動機（巻上電動機）	D-R	下降補助継電器
MB	電磁ブレーキ	1 F-LS$_a$	1階位置リミットスイッチ[(1)]a接点
OCR	過電流継電器	1 F-LS$_b$	1階位置リミットスイッチb接点
STR	始動継電器	2 F-LS	2階位置リミットスイッチ
ST-SL	始動表示ランプ	3 F-LS$_a$	3階位置リミットスイッチa接点
STP-BS	停止ボタンスイッチ	3 F-LS$_b$	3階位置リミットスイッチb接点
ST-BS	始動ボタンスイッチ	1 C-R	1階呼び継電器
U-MC	上昇電磁接触器	2 C-R	2階呼び継電器
D-MC	下降電磁接触器	3 C-R	3階呼び継電器
U-LS	上昇行過ぎ防止リミットスイッチ	1 C-BS	1階呼びボタンスイッチ[(2)]
D-LS	下降行過ぎ防止リミットスイッチ	2 C-BS	2階呼びボタンスイッチ
U-R	上昇補助継電器	3 C-BS	3階呼びボタンスイッチ

注(1) 1階位置を検出する。　(2) 1階行きを指示する。

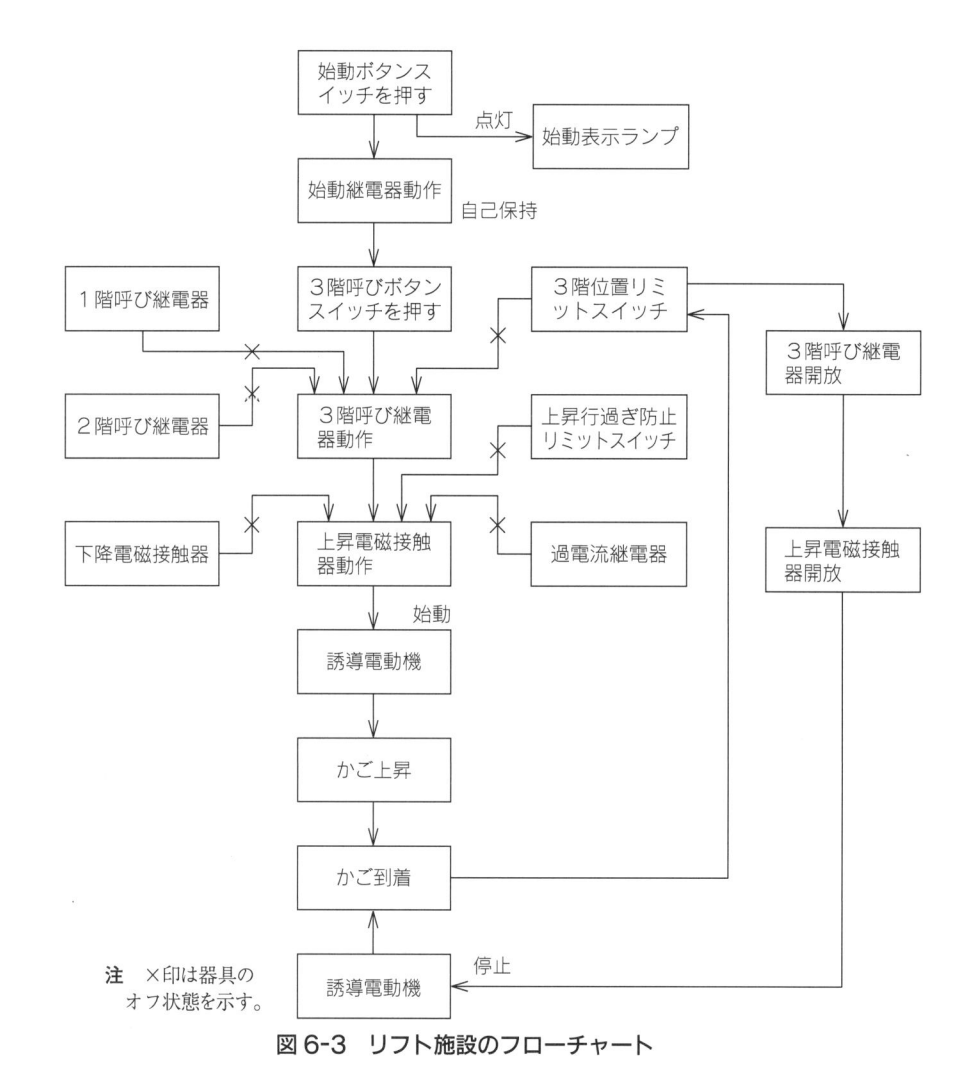

図6-3 リフト施設のフローチャート

注 ×印は器具のオフ状態を示す。

製図例24のような展開接続図には，その回路の働きをあきらかにするために，その動作内容をかいた**動作説明書**や，図6-3のような動作順序を表した**フローチャート**と，図6-4のような**タイムチャート**をつける。タイムチャートは横軸に時間を，縦軸に各部の名称をかき，動作している時間は図のように太線で図示する。なお，これらのフローチャートとタイムチャートは，かごが1階にあって，3階にいる作業員がそれを呼び，3階に到着するまでの動作を明らかにしたものである。

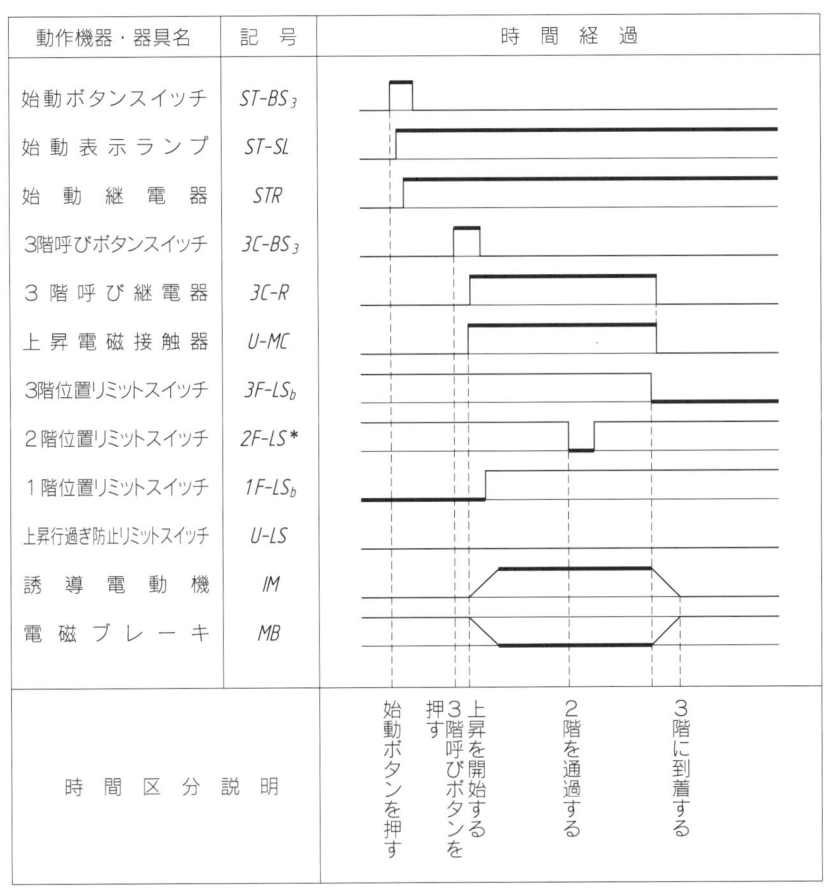

動作機器・器具名	記号	時間経過
始動ボタンスイッチ	ST-BS$_3$	
始動表示ランプ	ST-SL	
始動継電器	STR	
3階呼びボタンスイッチ	3C-BS$_3$	
3階呼び継電器	3C-R	
上昇電磁接触器	U-MC	
3階位置リミットスイッチ	3F-LS$_b$	
2階位置リミットスイッチ	2F-LS*	
1階位置リミットスイッチ	1F-LS$_b$	
上昇行過ぎ防止リミットスイッチ	U-LS	
誘導電動機	IM	
電磁ブレーキ	MB	
時間区分説明		始動ボタンを押す／3階呼びボタンを押す／上昇を開始する／2階を通過する／3階に到着する

注 *b接点である。

図6-4 リフト施設のタイムチャート

課題 製図例24のリフトの展開接続図を製図してみなさい。

1. シーケンス制御施設の製図

2 屋内配線図

　屋内配線は，その工事のしかたによっては，火災の原因となるなど被害を及ぼすことがある。そのため，通商産業省令による「電気設備技術基準」および細部にわたった電力会社の「内線規程」（JEAC 8001）などにより，その工事の方法には多くの制限が設けられている。

　屋内配線の新設・検査・改修などを行う場合には，**屋内配線図**を作成する。屋内配線図は，建築物の平面図に電灯・電力などの負荷，分電盤・配線などの工事の方法を屋内配線用の図記号（JIS C 0303「構内電気設備の配線用図記号」）で記入したもので，簡単な場合は一つの図にかくこともあるが，一般の場合は，電灯設備，電力設備，通信・信号設備に分けて作成する。

1　配線平面図

　配線図の内容は，一般に，建築物の平面図に電気設備を記入した配線平面図が主体となり，さらに配電盤や分電盤の接続図で補っている。

　配線平面図は，電線の実際の配置に従ってかくのであるが，簡略化するため，電線が何本あってもすべて単線でかく（製図例25）。

　また，図面の尺度は，原則として縮尺1：100にするが，建築物の規模や，電灯や電力の設備の大小に応じて，縮尺1：50にしたり，あるいは縮尺1：200にすることがある。

　配線平面図をつくるには，まず建築物の平面図の確認を行う。平面図で用いられている建築製図の表示記号の例を表6-3に示す。

　出入り口の位置やとびらの種類，窓の位置・種類および柱や壁など電気工事に必要な事項を把握する。この平面図に，配線用の図記号などを記入して屋内配線図を作成する。そのさい，屋内配線は建築物の平面図より濃く描くと配線関係が浮き出て読みやすい図面となる。

2　配線図のかきかた

　配線図は，次の順序に従って作成される。
①**建築物の平面図の確認**（図6-5）
②**受口（電灯・コンセント）の位置の決定**　要求される電気器具の種類，あるいは照度や部屋の大きさなどによって，受口の種類・個数・位置などを算定する（図6-6）。

表 6-3 建築製図の表示記号　　　(JIS A 0150：1999により作成)

(1) 平面表示記号

(2) 戸, 窓, 階段の表示例

(3) 材料構造表示記号

③**点滅器の位置の決定**　点滅器は，使用の便宜，工事の条件を考えて位置を決定し，なるべくまとめて1か所に取りつける。

④**分電盤の位置の決定**　引込口の位置，負荷中心の位置，他の分電盤の位置，将来の負荷の増加予定などを考慮して決定する。

⑤**引込口の位置の決定**　配電線路への距離，取りつけ・保守の難易，周囲の状況などを考慮して決定する。

⑥**分岐回路数の決定**　分岐回路の数は，使用上の便宜の面からは，受口の用途(用途別)，受口のある部屋(方向別)などを考え，安全の面からは，「電気設備技術基準」などの規定に定められた1分岐回路の収容可能な容量を考えて決定する(例：1階と2階を別回路，電灯とコンセント回路を別回路，コンセントは1分岐8個以内程度)。

配線図のかきかた

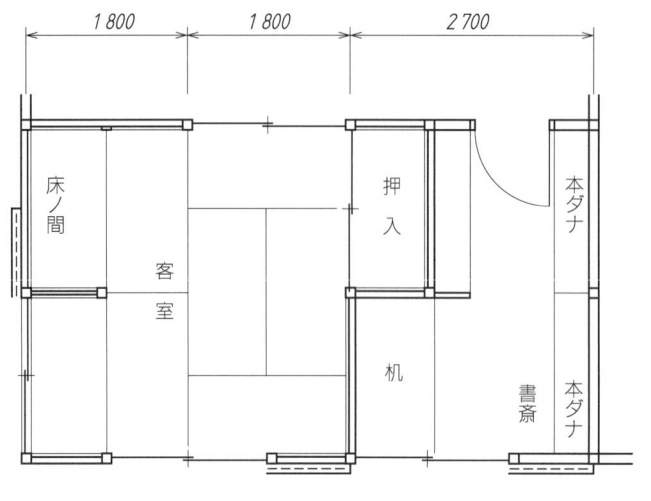

図 6-5　平面図の確認

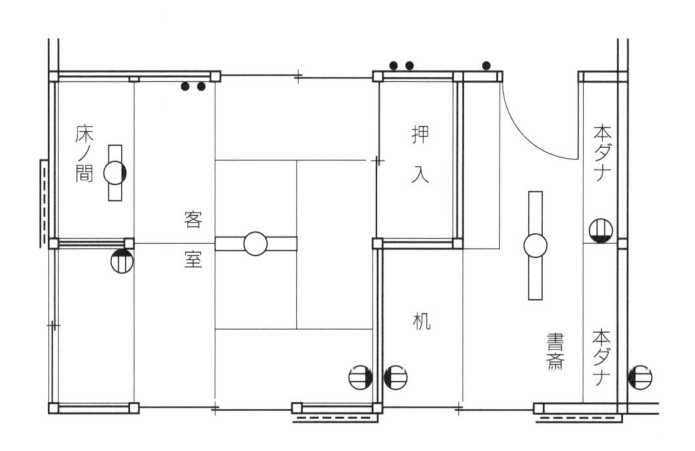

図 6-6　受口・点滅器の位置の決定，記入

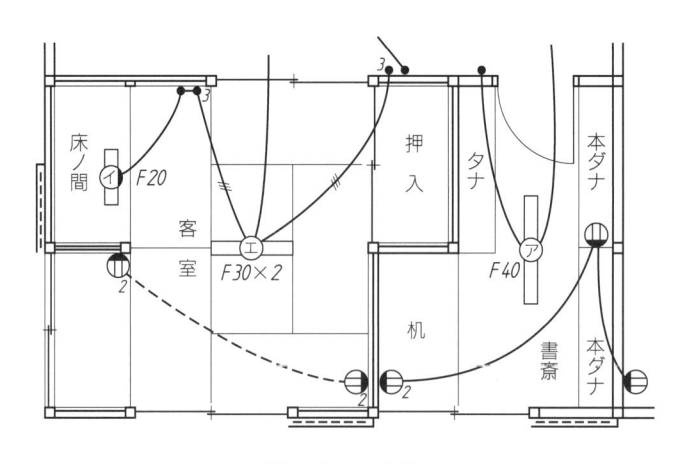

図 6-7　電線の太さの決定，記入

⑦**電線の太さの決定** 幹線の場合は，最大使用電流が許容電流以下となるように（こう長の長い場合は，最大使用時の電圧降下は2％以内），分岐回路の場合は，最大使用時の末端負荷までの電圧降下は2V以内とする。なお，「電気設備技術基準」では，特別の場合を除いて1.6mm以上の線を使用することが定められている（図6-7）。

なお，同一図面で新設と既設を区別する場合には，新設は太線，既設は細線などで区別してかく。

製図例25は，電子機器組立工場1階の照明コンセント配線図と分電盤の接続図の例である。

以上の配線平面図・接続図のほかに，さらに必要に応じ，配線系統図・配管系統図，または部分的な配線詳細図，記号表などをかき加える。また，大きな建築物などの大規模な工事では，電気工事の施工図が必要となる。

なお，電力会社との需給契約などにさいしては，需要家の付近状況図を添付することが必要である。

図6-8は，住宅の通信・信号設備の配線図とその系統図の例である。

屋内配線用の図記号の大きさは，図面の縮尺や配線の精粗によって適宜でよいが，1：100程度の縮尺の場合では，○の径は4mm，●の径は2mm，□の一辺は4～5mm，蛍光灯・電話交換台などは，実物の縮尺に応じた大きさが適当である。なお，ほかと区別するために設けた記号または必要事項の注記は，図面の記載または仕様書に明示される場合や，図面判読で混乱を引き起こすおそれがなければ，適宜省略してもよい。

課題 図6-8の屋内配線図を輪郭および表題欄を設けて製図してみなさい。

注記：
1. 配線傍記 0.8 は IV（通信用 PVC 屋内線）とする。
2. テレビジョン配線は TVEFCX（同軸ケーブル）とする。
3. 警報・インタホン・テレビジョン配線はステップル止め配線とする。
4. 電話配管は硬質塩化ビニル管、太さ 16、空管とする。

図 6-8 住宅の通信・信号設備の配線図と系統図

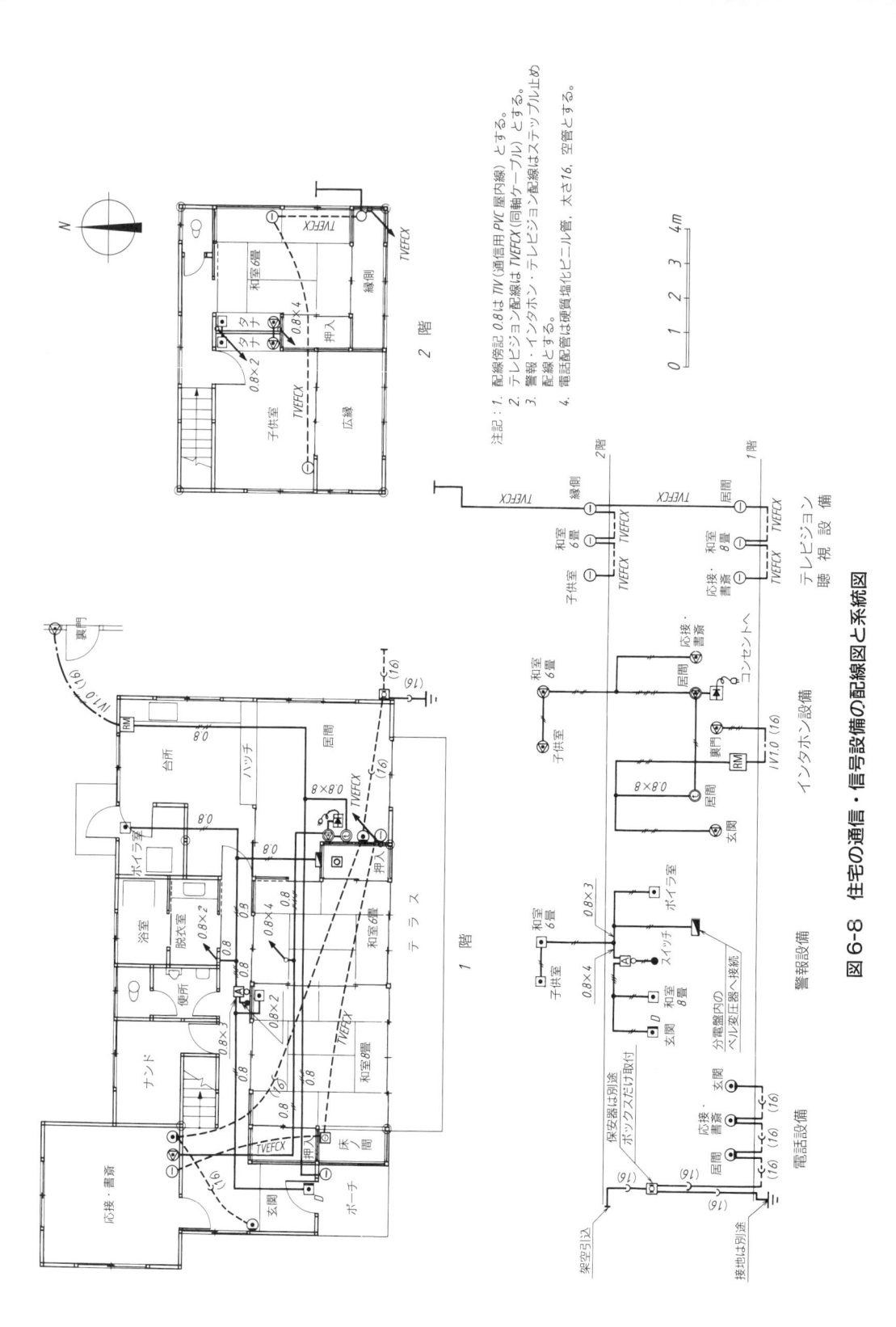

156　第6章　制御施設・屋内配線

7章

CAD製図

コンピュータを利用した設計・製図をCAD製図といい，機械，電気，電子，建築，土木などのさまざまな産業界で，有力な作図手段として使われている。

この章では，CADシステムの概要と利用の基本を学習する。

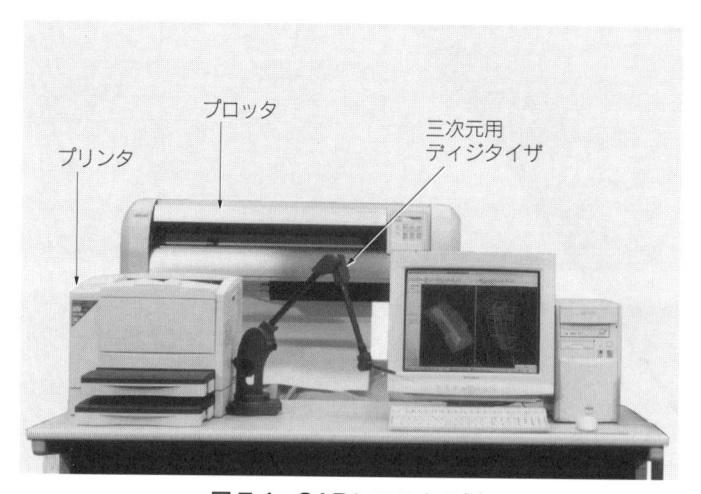

1 CADシステム

1 CADシステムの概要

　工業製品の多様化にともない，大量生産方式から多品種少量生産方式に変わり，新しい製品を短期間に開発設計して生産することがつねに要求されている。

　そこで，図7-1に示すようなCAD (Computer Aided Design；コンピュータ支援設計) **システム**により，コンピュータが記憶している図面データなどを利用して，図面作成や変更などを短時間に処理し，設計製図を能率的に行えるようになった。

　CADシステムでは，2次元の図面だけでなく3次元の立体図面も作成でき，また質量や強度計算，部品相互の干渉や機構のシミュレーションなどを行うことも可能で，設計製図を効果的に進める機能を備えている。さらに，設計から生産まで自動的に進める**CAD／CAM** (Computer Aided Manufacturing；コンピュータ支援製造) **システム**も開発されている。

　CADシステムは，処理装置，入出力装置，補助記憶装置の周辺機器から構成されるハードウェアと，これらを設計製図に有効に運用するためのソフトウェアからなっている。

　コンピュータを1台ずつ独立させて利用する形態を，**スタンドアローン** (stand alone) **型CADシステム**という。これに対して，大形コンピュータをホストコンピュータ (host computer) として用い，端末に小形のコンピュータを接続して，ホストコンピュータにより集中的に管理する形態を**大形直結型CADシステム**という。一方，オフィスや設計現場などで仕事をするための作業机を想定して，作業を支援する手段やデータを提

図7-1　CADシステムの例

供する高性能のコンピュータシステムがある。これを**ワークステーション**（work station）という。複数のワークステーションを相互接続してデータを共有したり，ホストコンピュータとも接続して大規模な計算や膨大なデータ処理を行ったりするシステムを**分散型ネットワークシステム**（distributed network system）という。

しかし，あくまでCADシステムは設計を補助する道具であり，創造したり設計製図上の問題を解決するのは人間である。したがって，設計製図に関する基本的な知識や技術を確実に習得してから，CADシステムを有効に活用することがたいせつである。

2　CADシステムのハードウェア

CADシステムのハードウェアは，処理装置，入力装置，出力装置，補助記憶装置からなる。

1　処理装置

処理装置は，演算装置，制御装置，主記憶装置からなっている。制御装置は入出力装置，演算装置，記憶装置に適切な信号を送り，データ処理を制御する装置である。入力装置から主記憶装置に送られた命令やデータは，演算装置で処理され，その処理の結果は主記憶装置に戻される。

2　入力装置

入力装置は，外部から処理装置へ命令やデータを入力する装置である。一般的に使われるキーボードやマウスのほかに**ディジタイザ**（digitizer）がある。

3　出力装置

出力装置は，処理結果を人がみて理解できるように表示するための装置である。基本的なものに，コマンドや処理された図形や計算結果を表示する**ディスプレイ**がある。またディスプレイに表示された図面などを用紙に出力する装置が，**プリンタ**（printer），**プロッタ**（plotter）である。

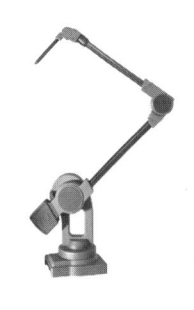

図7-2　3次元用ディジタイザ

4　補助記憶装置

主記憶装置を補助するための記憶装置であり，作成した図面などのデータを記憶し保存するために使われる。保存されたデータは，必要に応じて主記憶装置によび出して利用する。記憶容量や方式，および速度により**フレキシブルディスク**（**FD**：Flexible Disk：フロッピーディスクともいう），**ハードディスク**（**HD**；Hard Disk），**光磁気**（**MO**；Magnet Optical）**ディスク**などに分けられる。

3 CADシステムのソフトウェア

　CADソフトウェアはアプリケーションソフトウェアであり，**OS**（operating system）のもとで利用する。CADソフトウェアには，2次元製図，3次元製図に関する機能と強度計算などの解析機能を備えたものがある。基本的な製図機能の例を次に示す。

a 作図機能　　マウスやディジタイザなどの入力装置を利用して，直線，曲線，面処理，注釈などにより作図する機能。

b 編集機能　　図形を移動，複写，拡大，縮小，削除，変更したりする機能。

c 属性指定機能　　作成した複数の図面を合成したり，線の種類や色などの属性を指定する機能。

d 図面管理機能　　図面情報を効率よく保存や呼出しを行ったり，プリンタやプロッタなどに出力したりする機能。

e 自動計測機能　　寸法数値，面積，体積などを自動的に計測して表示する機能。

2 CADシステムに関する規格

1 CAD機械製図

　CAD製図については，その規格がJIS B 3402「CAD機械製図」に定められている。この規格に引用されている各種の規格を用いながら，このJIS B 3402だけでCADシステムを用いた製図が可能なように規定されている。

　JIS B 3402「CAD機械製図」に引用されているおもな規格を表7-1に示す。

表7-1　CAD機械製図に関連するおもなJIS規格

規格名称	規格番号	規格名称	規格番号
製品の幾何特性仕様(GPS)	JIS B 0021	製図－製図用語	JIS B 8114
幾何公差のためのデータム	JIS B 0022	製図－製図用紙のサイズ及び図面の様式	JIS Z 8311
製図－面の肌の図示方法	JIS B 0031	製図－表示の一般原則：線の基本原則	JIS Z 8312
寸法公差及びはめあいの方式	JIS B 0401-1	製図－図形の表し方の原則	JIS Z 8316
表面粗さ	JIS B 0601	製図－寸法記入法	JIS Z 8317
CAD用語	JIS B 3401	製図－長さ寸法及び角度寸法の許容限界記入法	JIS Z 8318
溶接記号	JIS Z 3021	製図－表示の一般原則：CADに用いる線	JIS Z 8321

2 CAD用語

　JIS B 3401にCAD用語が規定されている。この規格は，主として機械工業におけるCADに関して用いられる用語およびその定義について，一般，装置，モデリング，対話，表示，公的規格の6分類，そして91用語について規定している。
　次に，この一部を示す。

1 一般

1 自動設計　製品の設計に関する規則または方法をプログラム化して，コンピュータを利用して自動的に行う設計。

2 CAE(Computer Aided Engineering)　CADの作業過程でコンピュータ内部に作成されたモデルを利用して，各種シミュレーション，技術解析など工学的な検討を行うこと。

3 CIM (Computer Integrated Manufacturing)　製品企画から設計，製造，販売，保守までの生産に関するあらゆる活動を，コンピュータ技術を使用することによって一つのシステムに統合しようとする考えかた。

2 装置

1 座標読取機，ディジタイザ　座標をディジタル化して入力する装置。

3 モデリング

1 モデル　ある対象物から，当面する問題に必要なデータを抽出し，その対象物の現実の状態を数値的または図形的に表現したもの。

2 モデリング　コンピュータ内にモデルをつくったり，既存のモデルを変更したりするための技法。

3 形状モデル　平面上または3次元空間の形状をコンピュータ内部に表現したモデル。

4 ワイヤフレームモデル　3次元形状を，針金でフレームをつくるように稜線によって表現した形状モデル（図7-1）。

5 サーフェスモデル　3次元に表現されたワイヤフレームモデルに面のデータを加え，図形や形状に立体感を表現した形状モデル。

6 ソリッドモデル　3次元形状を，その形状に占める空間があいまいでなく規定されるように表現した，物質感のある形状モデル（図7-2）。

図7-1 ワイヤフレームモデルの例

図7-2 ソリッドモデルの例

7 スプライン曲線 特定の連続性の条件を満たすように接続した曲線分の集まりとして定義される曲線。

8 トリミング 形状の一部を削って修正する操作。

9 掃引（そういん） 平面上で定義した図形を空間内で移動し，その軌跡によって3次元形状を生成する操作。

10 オフセット 与えられた線に対して一定の隔たりをもつ線，または与えられた面に対して一定の隔たりをもつ面。

11 コピー 指定された形状と同じ形状をつくる操作。

12 ミラー 指定された点，直線，または平面に対して指定された形状と対称な形状をつくる操作。

13 面取り 面と面との交わりの角に斜めの面をつけること。

14 フィレット面 複数の面または曲面の接続を滑らかにするためにそう入される画面。

15 干渉チェック 平面上，または3次元空間内において，複数形状の重なり合いを調べること。

4 対話

1 レイヤ レイヤ(layer)とは，「層」という意味である。図7-3に示すように，図面を何層かに分けて構成して作成し管理するために利用される。すなわち，レイヤ1には輪郭線や表題欄などをかき，レイヤ2には図形をかきレイヤ3には寸法線をかくなどして，図面の各部をそれぞれのレイヤにかき，これらを重ね合わせて1枚の図面を作成する。

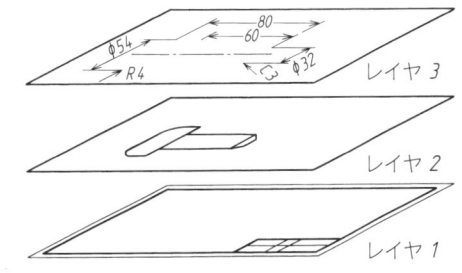

図7-3 レイヤ利用の例

2 グリッド ディスプレイ上に表示された一定間隔の格子。

2. CADシステムの利用

5 表示

1 シェーディング 3次元形状の画像を写実的に表現するために，面の輝き，光源の位置などを考慮して，面のみかけの色や明るさを決定すること。

2 レンダリング 3次元形状の描画において，明るさおよび色を付与して，現実に近い質感を与えること。

3 陰線消去 3次元形状の投影図において，実際にはかくれてみえない線を表示しないこと。

4 ビュー 投影図を作成する基準となる視点の位置および視線の方向。

3 CADシステムによる製図

1 CADシステムの有効な利用

　CADシステムには，多種多様なソフトウェアがある。JISの記号などが画面データとして記憶されていたり，以前かいた図面を再度利用したり，尺度の変更が容易であったりと，手がきの図面ではできなかったことも可能となる。しかし，図面をかくこと自体は手がきと変わらないため，製図の基礎をしっかりと学習しておくことが必要である。また，利用するソフトウェアの機能をよく理解して，CADを有効的に活用することがたいせつである。

　以下に，パッキン押さえ（図7-4）を例に，CADを利用した製図を取り上げる。

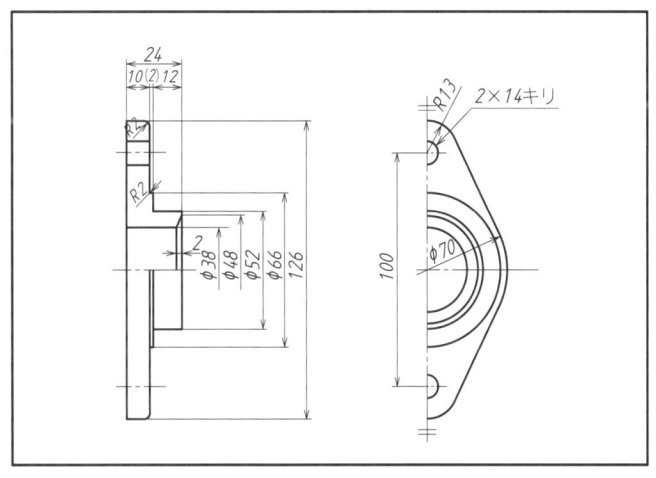

図7-4　パッキン押さえ

1 2次元CADの作図例

　CADシステムには，2次元のみで表すソフトウェアと3次元での表現が可能なソフトウェアがある。かきはじめにもさまざまな特徴があり，補助線を利用するもの，グリッドを利用するものなどがある。

　CADでかかれた図面は，画面上では線の太さが表示されず，線を色分けして区別している。そのため出力するときに何らかの設定が必要で，たとえばペンプロッタの場合，画面上で使用した線の色や番号と，使用するペンの太さを対応させてから出力する。またプリンタの場合，画面上で使用した線の色をどの程度の太さで印刷するかを設定してから出力する。

　ここでは，補助線を利用して図7-4を2次元で作図する例を示す。

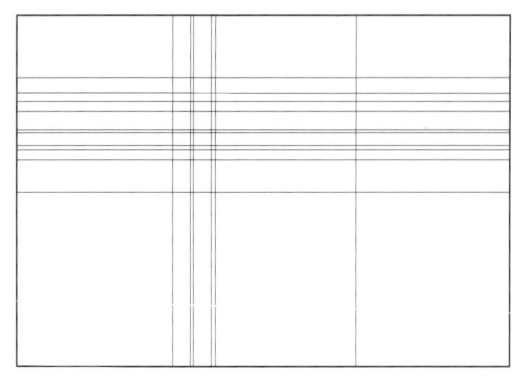

①用紙・尺度の設定をする。
　オフセットを利用して補助線を引く。

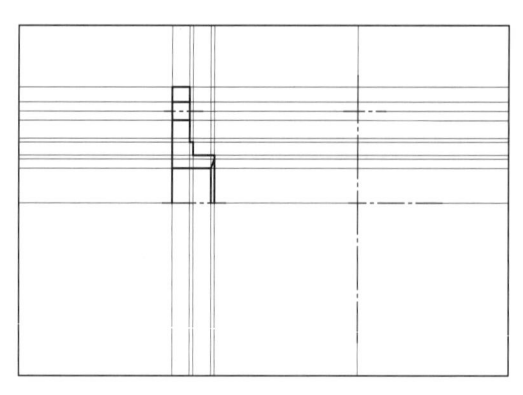

②中心線を引く。
　主投影図上部の外形線を引く。

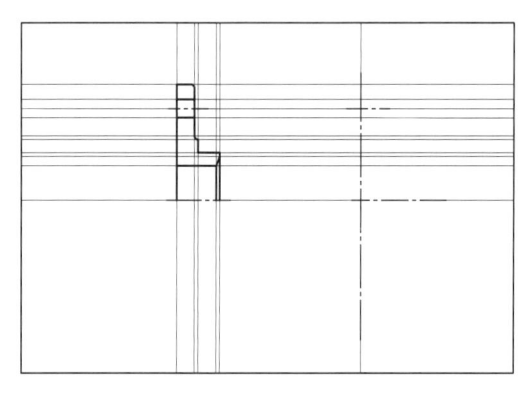

③フィレット面機能を利用して外形線の角を丸める。

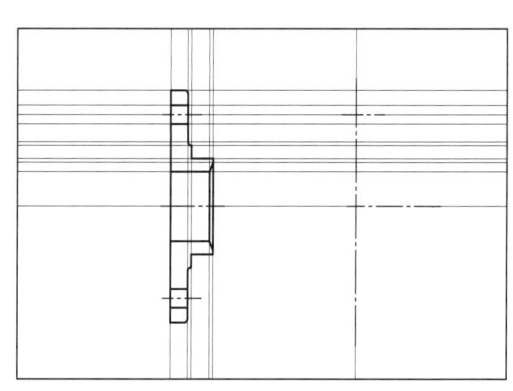

④ミラー機能を利用して主投影図を複写する。

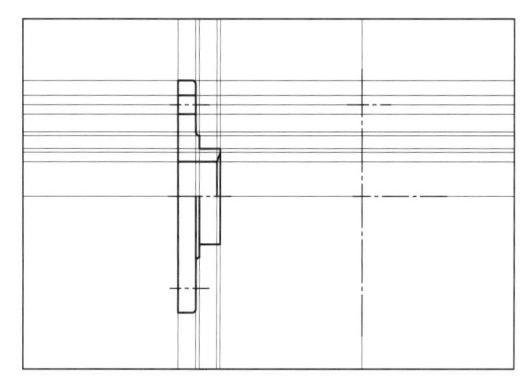

⑤複写した主投影図の不必要な線を消去，必要な線は延長もしくは引く。

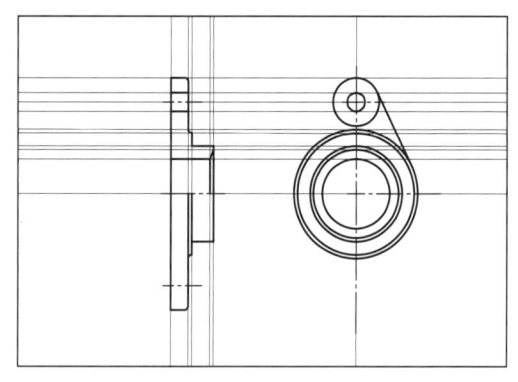

⑥側面図作成のための円の作成および接線を引く。

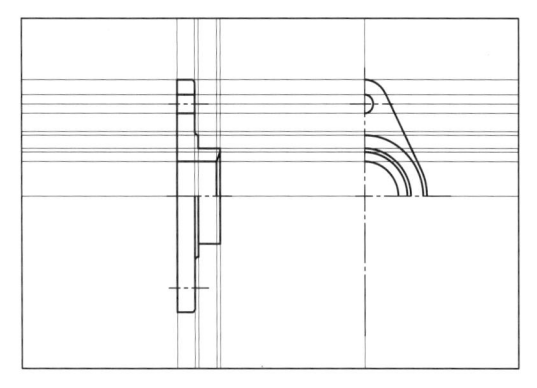

⑦不必要な線を消去して，側面図上部を完成させる。

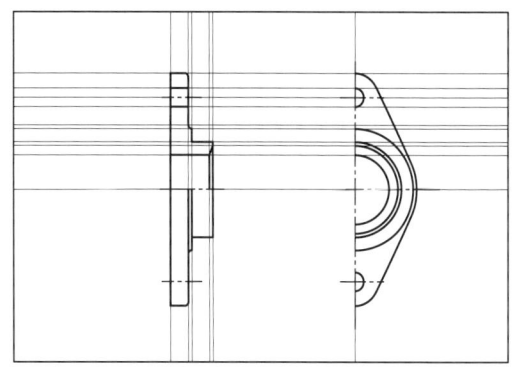

⑧ミラー機能を利用して側面図上部を複写する。

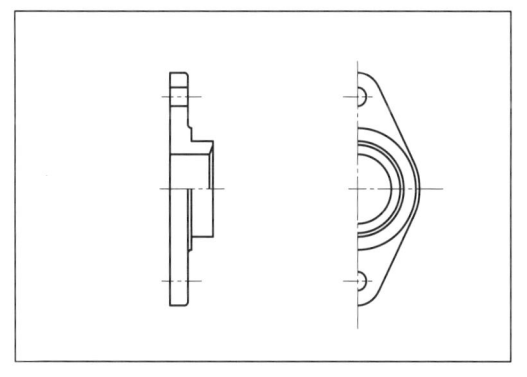

⑨レイヤ機能を利用して，補助線を消す。

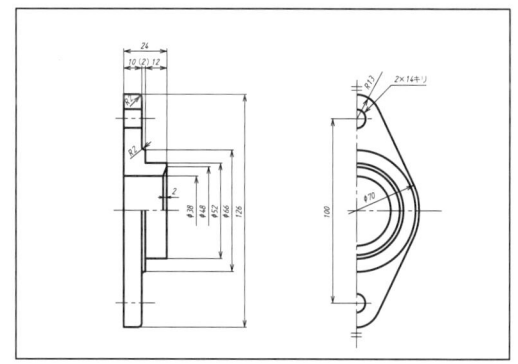

⑩寸法作成機能を利用して，各部の寸法を引き，図面を完成させる。

2 3次元CADの作図例

　3次元CADシステムは，2次元CADと比べ多くの機能がある。図面を立体的に作成することにより体積が求められたり，また材料の比重がわかれば質量などが計算できる。さらにCAMと関連づけることにより，**数値制御（NC；Numerical Control）装置**による加工が可能となる。またシミュレーション機能を利用して，実際に加工しなくても，ディスプレイ上で工具による干渉や加工時間などを確認できる。

　3次元CADによる作図は，まず2次元で平面の基本図形を作図して，投影図を作成する基準となる視線の位置または視線の方向であるビューを変更し，掃引機能により基本図形を空間内で移動する。その軌跡によって3次元形状を生成するのが一般的である。

　ここでは図7-4を3次元で作図する例を示す。

3. CADシステムによる製図　**167**

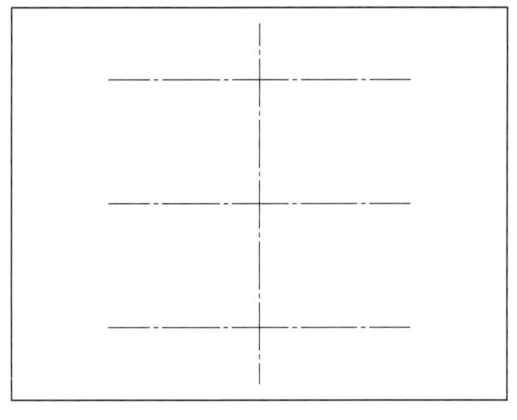

①2次元の作図用のビューにする。中心線を引く。

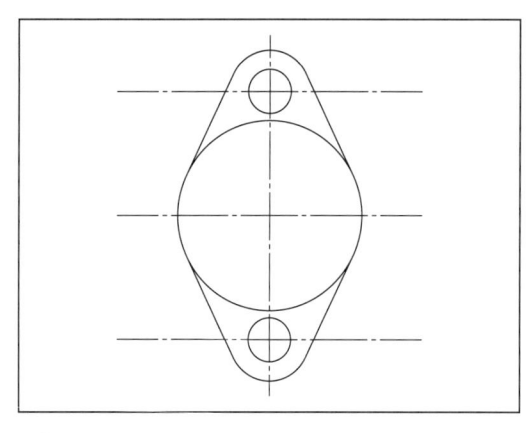

②基本となる図形を作図する。

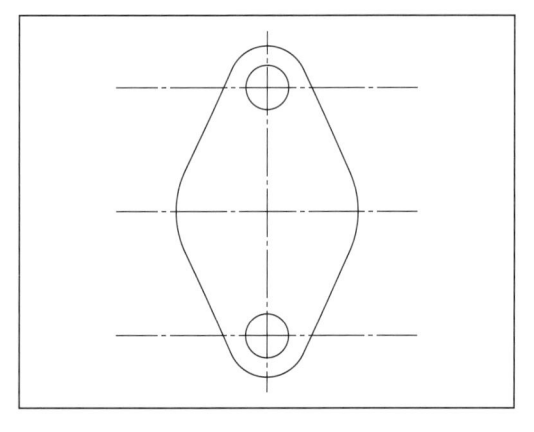

③削除機能で不必要な線を消去する。

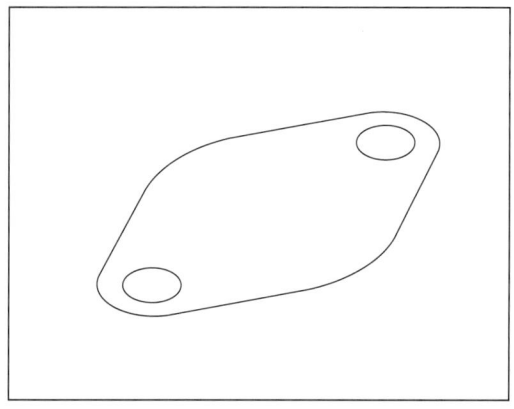

④等角図用のビューに変更する。中心線を消去する。

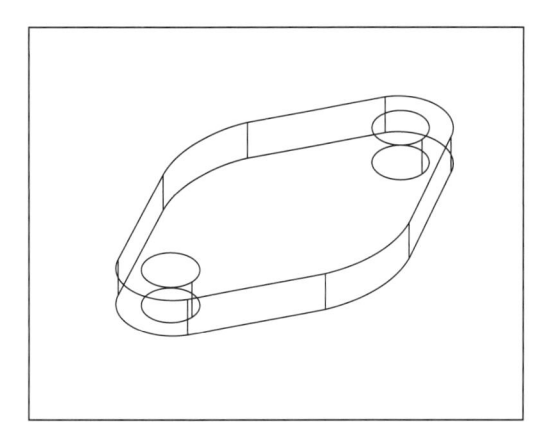

⑤掃引機能で平面の図形を空間内に移動し，立体的にする。

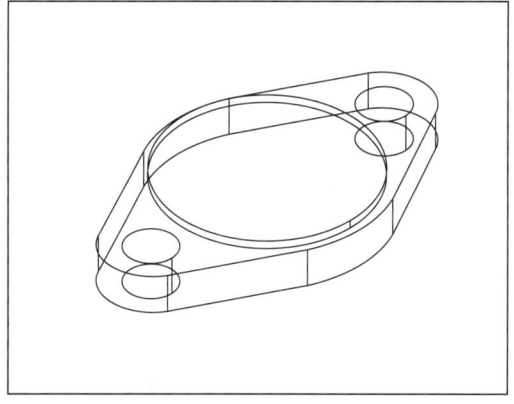

⑥⑤と同様にフィレット面をつける円を立体的にする。

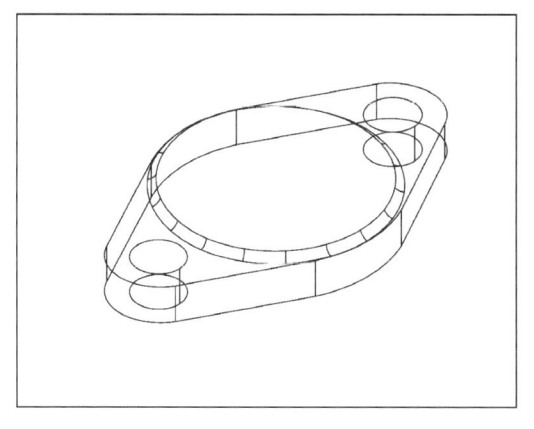

⑦フィレット面を作成する。

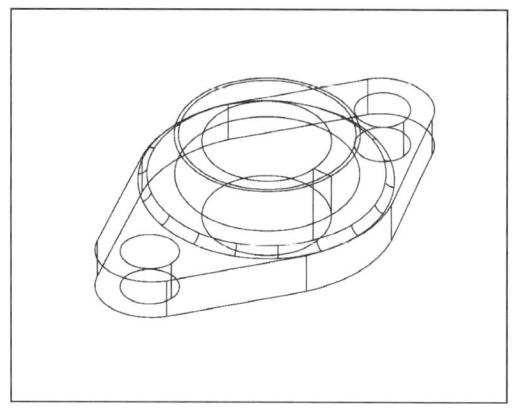

⑧その他の部分も同様に作図・掃引を繰り返して作成する。

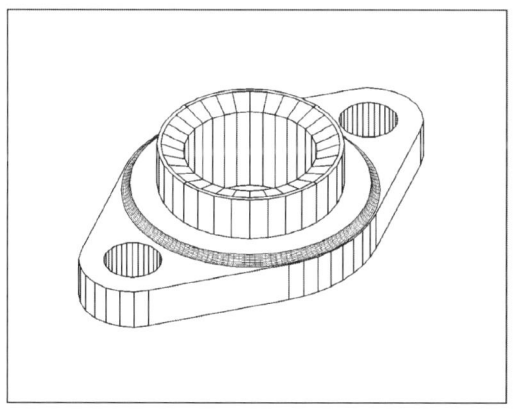

⑨陰線消去機能による作図

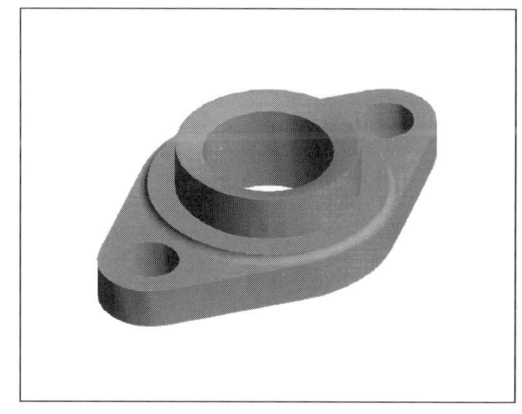

⑩シェーディング機能による作図

3　CADによる電子回路図の作図例

　CADシステムを利用して回路図を作図することにより，基板作成機によりエッチングを行わないでプリント配線基板を作成することができるようになった。また電子部品から放熱される熱解析や，配線が正確に行われているかを確認できるシミュレーションなども可能である。

　ここでは，図7-5の回路図をグリッドから作図し，さらにアートワーク図（配線図）を作成していく例を示す。

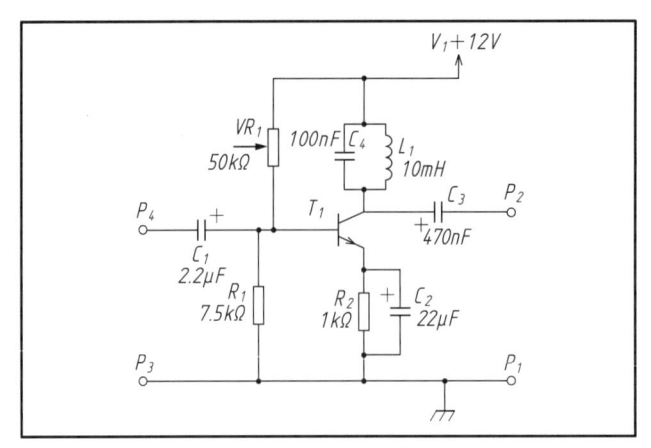

図 7-5　電子回路の作図例

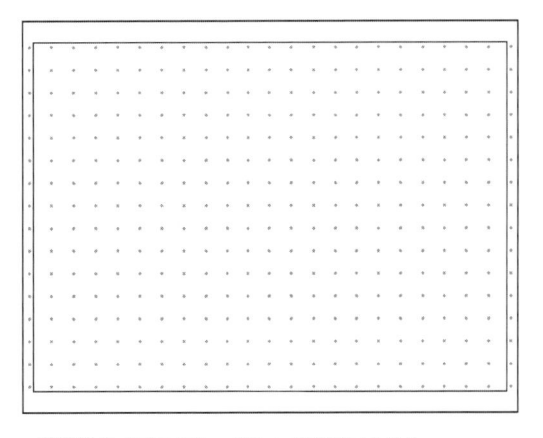

①用紙サイズを決め，グリッドを表示させる。

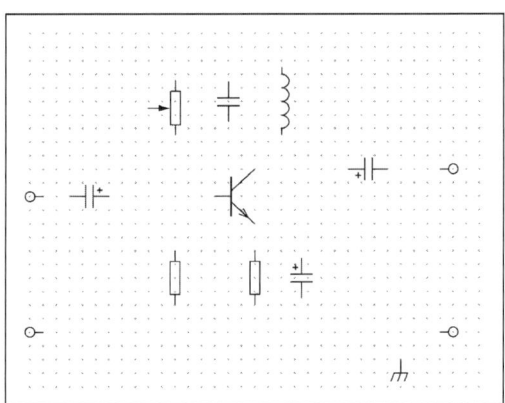

②登録している図記号をよび出し配置する。

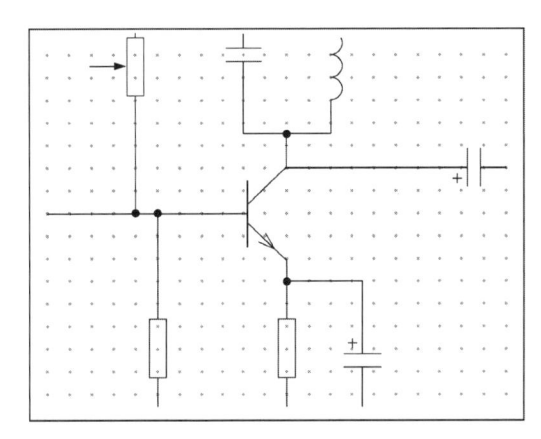

③配置した図記号を結線する。

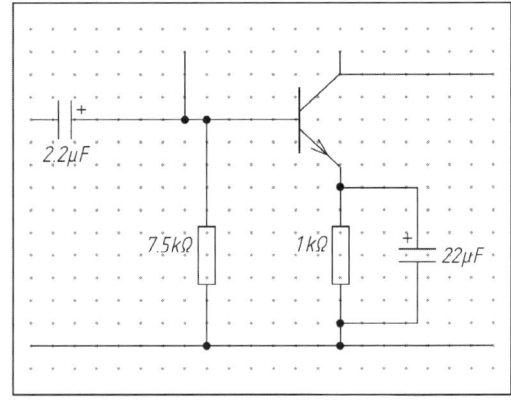

④図記号の各値を入力する。

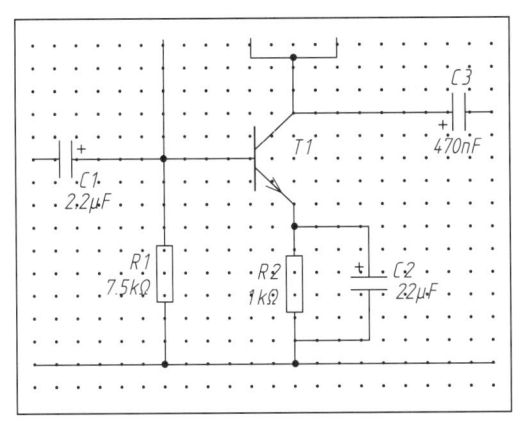

⑤部品はシンボル情報（型番等）を追加する。

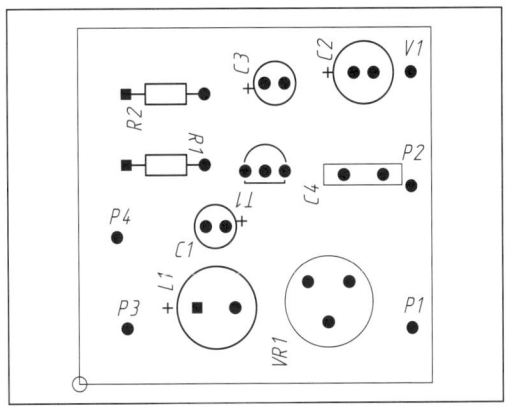

⑥基板作成をするための画像を開くと回路図に対応した部品が配置される。

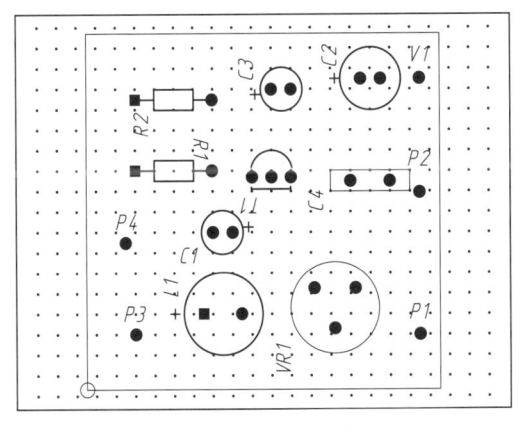

⑦基板の大きさを決め，グリッドを表示する。

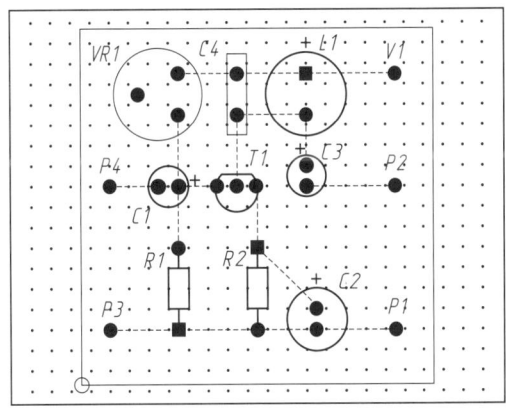

⑧部品を適切に再配置する。

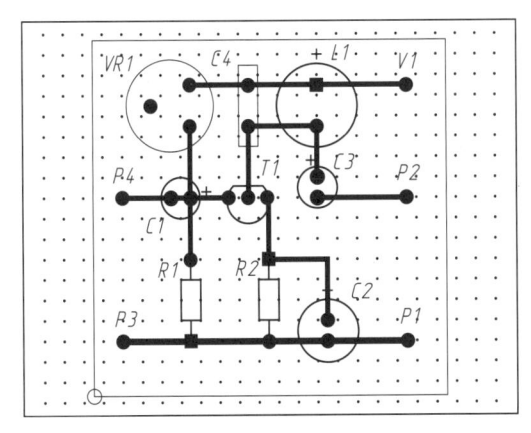

⑨回路図の結線情報（ネットリスト）をもとに配線される。

⑩アートワーク（配線図）を印刷，出力する。

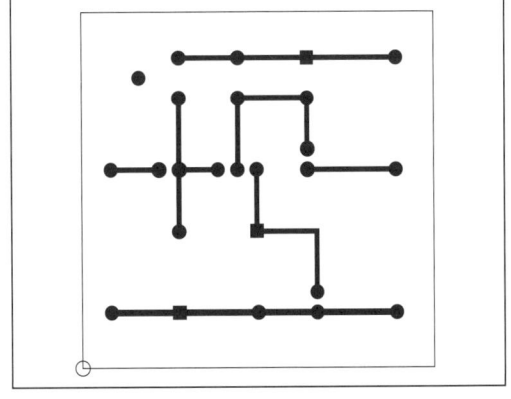

課題 1. CADシステムを利用して，図7-6のフランジ形軸継手を2次元および3次元でかきなさい。

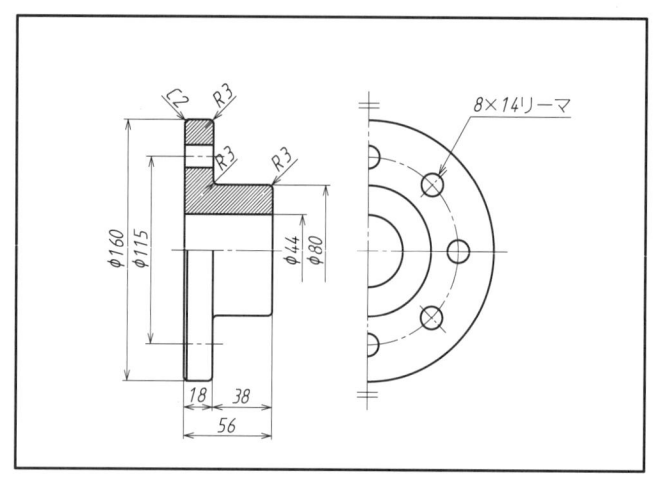

図 7-6 フランジ形軸継手

2. CADシステムを利用して図7-7の回路図をかきなさい。

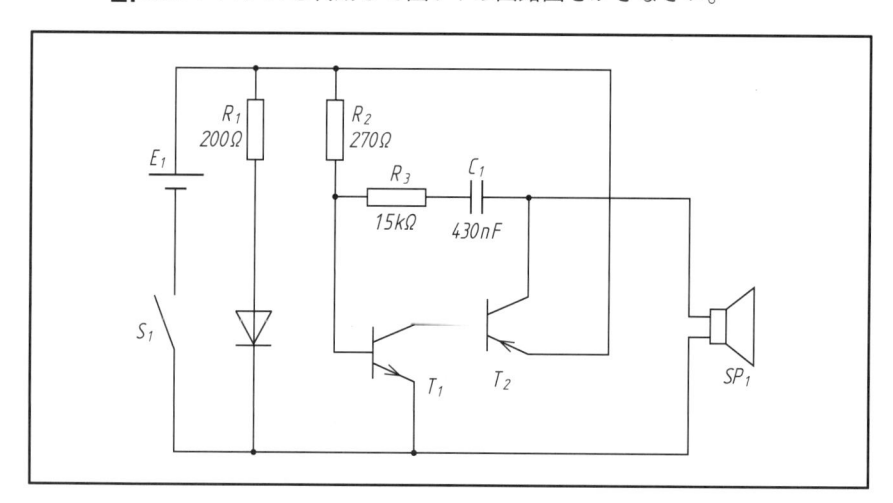

図 7-7 回路図

資料

資料1　穴・軸の公差域の位置と記号

(JIS B 0401 : 1998による)

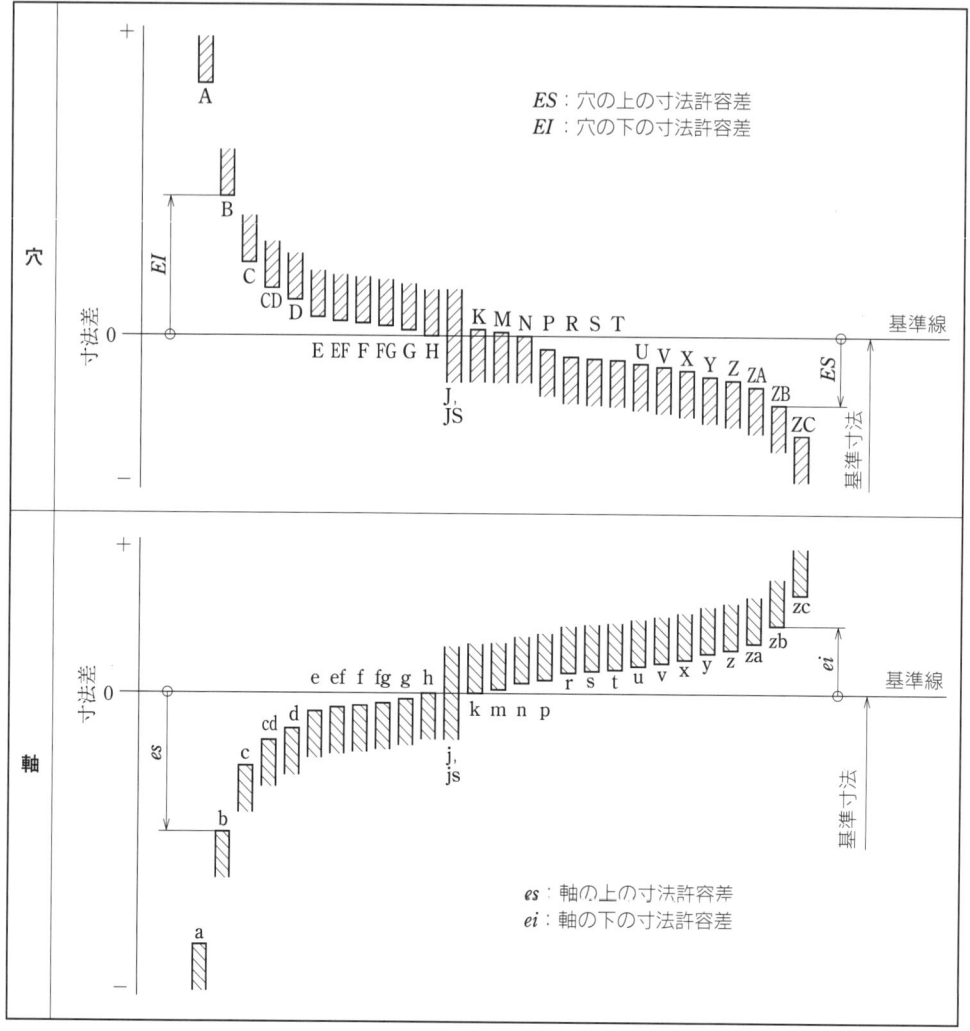

ES：穴の上の寸法許容差
EI：穴の下の寸法許容差

es：軸の上の寸法許容差
ei：軸の下の寸法許容差

備考　一般に，基礎となる寸法許容差は基準線に近いほうの許容限界寸法を定めている寸法許容差である。

資料2　幾何公差の図示例とその公差域の定義

	公差域の定義	指示方法および説明	備考
真直度公差	公差域は、t だけ離れた平行二平面によって規制される。	円筒表面上の任意の実際の(再現した)母線は、0.1だけ離れた平行二平面の間になければならない。	(a)
	公差値の前に記号 φ を付記すると、公差域は直径 t の円筒によって規制される。	公差を適用する円筒の実際の(再現した)軸線は、直径 0.08 の円筒公差域の中になければならない。	(b)
平面度公差	公差域は、距離 t だけ離れた平行二平面によって規制される。	実際の(再現した)表面は、0.08 だけ離れた平行二平面の間になければならない。	(c)
平行度公差	公差域は、距離 t だけ離れ、データム軸直線に平行な平行二平面によって規制される。	実際の(再現した)表面は、0.1 だけ離れ、データム軸直線 C に平行な平行二平面の間になければならない。	(d)

	指示方法および説明	備考
直角度公差	実際の(再現した)表面は、0.08 だけ離れ、データム直線 A に直角な平行二平面の間になければならない。	(e)
	公差域は、距離 t だけ離れ、直角な平行二平面によって制限される。	
位置度公差	実際の(再現した)軸線は、その穴の軸線がデータム平面 C、A および B に関して理論的に正確な位置にある直径 0.08 の円筒公差域の中になければならない。	(f)
	公差値に記号 φ がつけられた場合には、公差域は直径 t の円筒によって規制される。その軸線は、データム C、A および B に関して理論的に正確な寸法によって位置づけられる。	
円周振れ公差	データム軸直線 D に一致する円筒軸において、軸方向の実際の(再現した)線は、0.1 だけ離れた、二つの円筒の間になければならない。	(g)
	公差域は、その軸線がデータムに一致する円筒断面内にある t だけ離れた二つの同軸円筒の円によって任意の半径方向の位置で規制される。	

備考　公差域の定義欄で用いている線は、次の意味を表している。太い実線：形体、太い一点鎖線：データム、細い実線または破線：公差域、細い一点鎖線：中心線。

資料3 電気材料の記号の例

JIS	名称	種類			記号	JIS	名称	種類	記号
C2503 :1990	電磁軟鉄棒			0種	SUYB 0	C2552 :1986	無方向性 電磁鋼帯		35A250
				1種	SUYB 1				35A300
				2種	SUYB 2				35A440
				3種	SUYB 3				50A290
C2520 :1986	電熱用合金 線および帯	ニッケルクロム	線	1種	NCHW 1				50A350
				2種	NCHW 2				50A470
			帯	1種	NCHRW 1				50A700
				2種	NCHRW 2				50A1000
		鉄クロム	線	1種	FCHW 1				65A800
				2種	FCHW 2				65A1300
			帯	1種	FCHRW 1	C2553 :1986	方向性けい素鋼帯		27P110
				2種	FCHRW 2				27G130
C2521 :1986	電気抵抗用 銅ニッケル 抵抗線, 帯, 条および板	線		A級	CNWA				30P110
				B級	CNWB				30G130
				C級	CNWC				30G150
		帯			CNRW				35P135
		板			CNP				35G155

資料4　鉄鋼材料の記号の例

JIS	名称	種類	記号	JIS	名称	種類	記号
G3101 :1995	一般構造用圧延鋼材		SS 330 SS 400 SS 490 SS 540		硬鋼線材 (続き)		SWRH 72 A SWRH 72 B SWRH 77 A SWRH 77 B SWRH 82 A SWRH 82 B
G3108 :1987	みがき棒鋼用一般鋼材		SGD A SGD B SGD 1 SGD 2 SGD 3 SGD 4	G4051 :1979	機械構造用炭素鋼鋼材		S 10 C S 12 C S 15 C S 17 C S 20 C S 22 C S 25 C S 28 C S 30 C S 33 C S 35 C S 38 C S 40 C S 43 C S 45 C S 48 C S 50 C S 53 C S 55 C S 58 C S 09 CK S 15 CK S 20 CK
G3123 :1987	みがき棒鋼		SGD 290-D SGD 400-D				
G3131 :1996	熱間圧延軟鋼板および鋼帯		SPHC SPHD SPHE				
G3141 :1996	冷間圧延鋼板および鋼帯		SPCC SPCD SPCE				
G3201 :1988	炭素鋼鍛鋼品		SF 340 A SF 390 A SF 440 A SF 490 A SF 540 A SF 590 A SF 540 B SF 590 B SF 640 B				
G3505 :1996	軟鋼線材		SWRM 6 SWRM 8 SWRM 10 SWRM 12 SWRM 15 SWRM 17 SWRM 20 SWRM 22	G4303 :1991	ステンレス鋼棒		SUS 304
				G4801 :1984	ばね鋼鋼材		SUP 3 SUP 6 SUP 7 SUP 9 SUP 9 A SUP 10 SUP 11 A SUP 12 SUP 13
G3506 :1996	硬鋼線材		SWRH 27 SWRH 32 SWRH 37 SWRH 42 A SWRH 42 B SWRH 47 A SWRH 47 B SWRH 52 A SWRH 52 B SWRH 57 A SWRH 57 B SWRH 62 A SWRH 62 B SWRH 67 A SWRH 67 B	G5101 :1991	炭素鋼鋳鋼品		SC 360 SC 410 SC 450 SC 480
				G5501 :1995	ねずみ鋳鉄品		FC 100 FC 150 FC 200 FC 250 FC 300 FC 350

資料 **177**

資料5 非鉄金属材料の記号の例

JIS	名称	種類		記号	JIS	名称	種類		記号
H3100 :1992	銅および銅合金の板および条	銅[1)	C 1100	板	C 1100 P	H3250 :1986	銅および銅合金棒	黄銅	C 2600	押出棒	C 2600 BE
				条	C 1100 R					引抜棒	C 2600 BD
		黄銅	C 2600	板	C 2600 P				C 2700	押出棒	C 2700 BE
				条	C 2600 R					引抜棒	C 2700 BD
			C 2680	板	C 2680 P				C 2800	押出棒	C 2800 BE
				条	C 2680 R					引抜棒	C 2800 BD
			C 2720	板	C 2720 P			快削黄銅	C 3601	引抜棒	C 3601 BD
				条	C 2720 R				C 3602	押出棒	C 3602 BE
			C 2801	板	C 2801 P					引抜棒	C 3602 BD
				条	C 2801 R				C 3603	引抜棒	C 3603 BD
		快削黄銅	C 3560	板	C 3560 P				C 3604	押出棒	C 3604 BE
				条	C 3560 R					引抜棒	C 3604 BD
			C 3561	板	C 3561 P	H3260 :1992	銅および銅合金線	銅[1)	C 1100	線	C 1100 W
				条	C 3561 R			黄銅	C 2600	線	C 2600 W
			C 3710	板	C 3710 P				C 2700	線	C 2700 W
				条	C 3710 R				C 2800	線	C 2800 W
			C 3713	板	C 3713 P	H5120 :1997	銅および銅合金鋳物	黄銅鋳物	1種		CAC 201
				条	C 3713 R				2種		CAC 202
H3110 :1992	りん青銅および洋白の板および条	りん青銅	C 5102	板	C 5102 P				3種		CAC 203
				条	C 5102 R			高力黄銅鋳物	1種		CAC 301
			C 5191	板	C 5191 P				2種		CAC 302
				条	C 5191 R				3種		CAC 303
			C 5212	板	C 5212 P				4種		CAC 304
				条	C 5212 R	H5202 :1992	アルミニウム合金鋳物				AC 1B
		洋白	C 7351	板	C 7351 P						AC 2A
				条	C 7351 R						AC 2B
			C 7451	板	C 7451 P						AC 3A
				条	C 7451 R						AC 4A
			C 7521	板	C 7521 P						AC 4B
				条	C 7521 R						AC 4C
			C 7541	板	C 7541 P						AC 4D
				条	C 7541 R						AC 5A
H3130 :1992	ばね用ベリリウム銅・りん青銅および洋白の板および条	ベリリウム銅	C 1700	板	C 1700 P						AC 7A
				条	C 1700 R						AC 8A
			C 1720	板	C 1720 P						AC 8B
				条	C 1720 R						AC 8C
		りん青銅	C 5210	板	C 5210 P						AC 9A
				条	C 5210 R						AC 9B
		洋白	C 7701	板	C 7701 P						
				条	C 7701 R						
H3250 :1992	銅および銅合金棒	銅[1)	C 1100	押出棒	C 1100 BE	H4040 :1999	アルミニウム合金の棒および線	A 5052	押出棒		A 5052 BE
				引抜棒	C 1100 BD				引抜棒		A 5052 BD

注 1) この表では，銅はタフピッチ銅である。

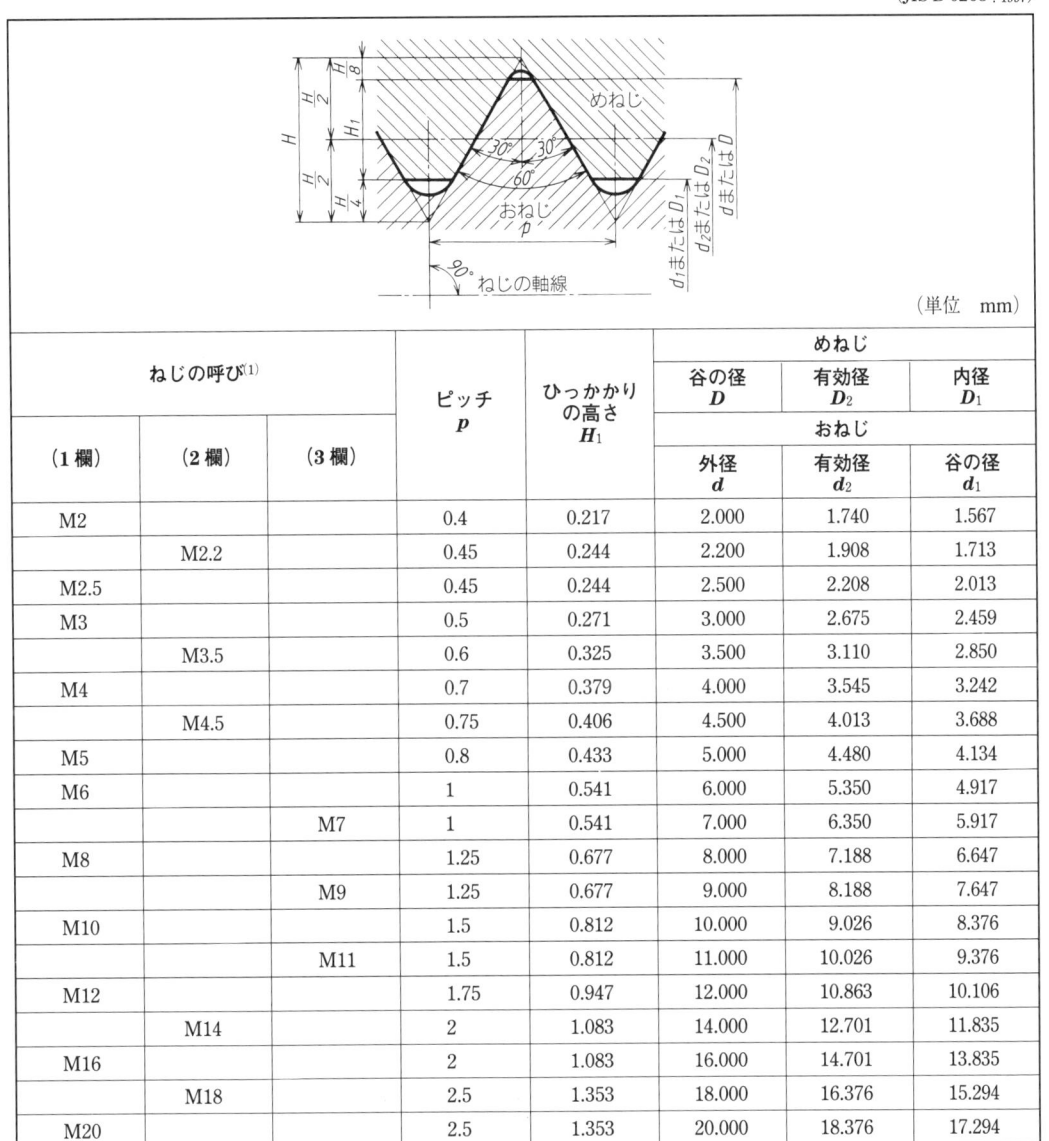

資料6 メートル並目ねじの基準寸法

(JIS B 0205 : 1997)

(単位 mm)

ねじの呼び[1]			ピッチ p	ひっかかりの高さ H_1	めねじ 谷の径 D	めねじ 有効径 D_2	めねじ 内径 D_1
(1欄)	(2欄)	(3欄)			おねじ 外径 d	おねじ 有効径 d_2	おねじ 谷の径 d_1
M2			0.4	0.217	2.000	1.740	1.567
	M2.2		0.45	0.244	2.200	1.908	1.713
M2.5			0.45	0.244	2.500	2.208	2.013
M3			0.5	0.271	3.000	2.675	2.459
	M3.5		0.6	0.325	3.500	3.110	2.850
M4			0.7	0.379	4.000	3.545	3.242
	M4.5		0.75	0.406	4.500	4.013	3.688
M5			0.8	0.433	5.000	4.480	4.134
M6			1	0.541	6.000	5.350	4.917
		M7	1	0.541	7.000	6.350	5.917
M8			1.25	0.677	8.000	7.188	6.647
		M9	1.25	0.677	9.000	8.188	7.647
M10			1.5	0.812	10.000	9.026	8.376
		M11	1.5	0.812	11.000	10.026	9.376
M12			1.75	0.947	12.000	10.863	10.106
	M14		2	1.083	14.000	12.701	11.835
M16			2	1.083	16.000	14.701	13.835
	M18		2.5	1.353	18.000	16.376	15.294
M20			2.5	1.353	20.000	18.376	17.294

注 [1] 1欄を優先的に, 必要に応じて2欄, 3欄の順に選ぶ.

資料7 メートル細目ねじ (呼び径とピッチとの組み合わせ)

(JIS B 0207:1982) (単位 mm)

呼び径[1]			ピッチ	呼び径[1]			ピッチ
(1欄)	(2欄)	(3欄)		(1欄)	(2欄)	(3欄)	
2			0.25	8			1, 0.75
	2.2		0.25			9	1, 0.75
2.5			0.35	10			1.25, 1, 0.75
3			0.35			11	1, 0.75
	3.5		0.35	12			1.5, 1.25, 1
4			0.5		14		1.5, 1.25, 1
	4.5		0.5			15	1.5, 1
5			0.5	16			1.5, 1
		5.5	0.5			17	1.5, 1
6			0.75		18		2, 1.5, 1
		7	0.75	20			2, 1.5, 1

注 [1] 1欄を優先的に, 必要に応じて2欄, 3欄の順に選ぶ.

資料8 六角ボルト・六角ナットの主要寸法

(JIS B 1180 : 1994, JIS B 1181 : 1993)

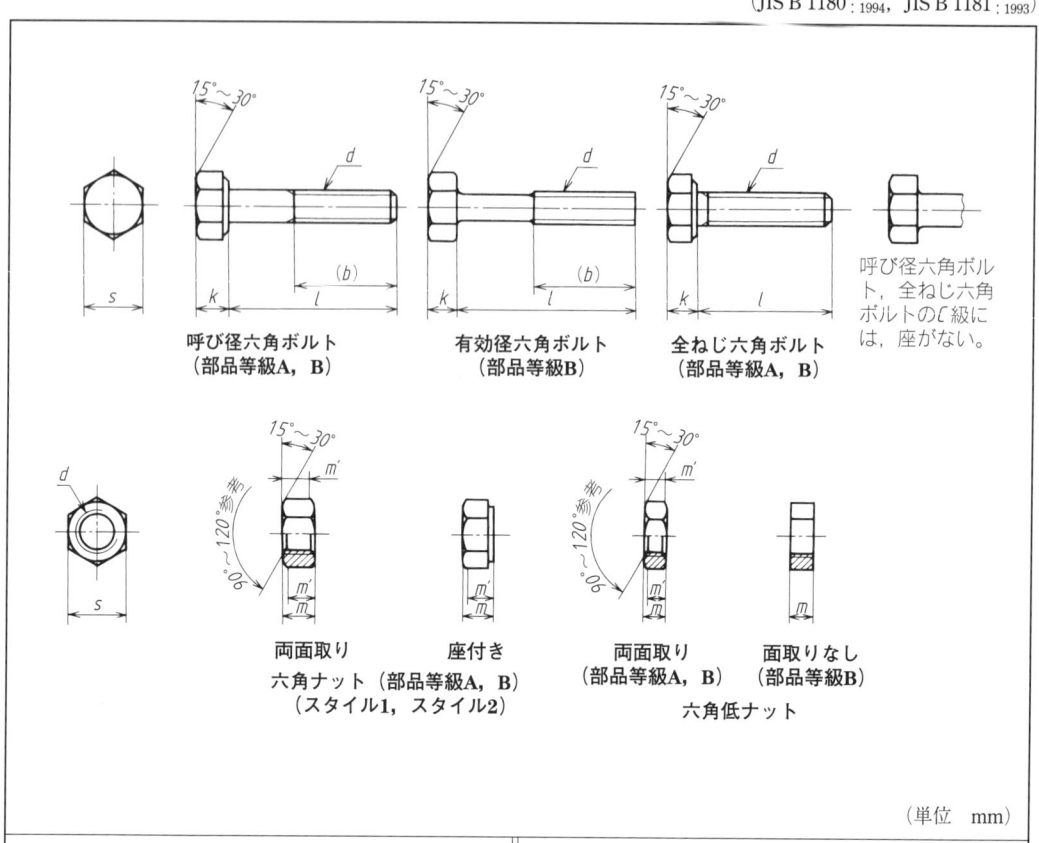

呼び径六角ボルト（部品等級A, B）
有効径六角ボルト（部品等級B）
全ねじ六角ボルト（部品等級A, B）

呼び径六角ボルト，全ねじ六角ボルトのC級には，座がない。

両面取り　六角ナット（部品等級A, B）（スタイル1, スタイル2）
座付き
両面取り（部品等級A, B）
面取りなし（部品等級B）
六角低ナット

（単位　mm）

六角ボルト（呼び径六角ボルト部品等級Aの例）						六角ナット（部品等級A, Bスタイル1の例）			
ねじの呼び d	s 最大（基準寸法）	k 呼び（基準寸法）	l 呼び長さ（基準寸法）	b （参考）		ねじの呼び d	s 最大（基準寸法）	m 最大（基準寸法）	m' 最小（基準寸法）
M1.6	3.2	1.1	12～16	9		M1.6	3.2	1.3	0.84
M2	4	1.4	16～20	10		M2	4	1.6	1.08
M2.5	5	1.7	16～25	11		M2.5	5	2	1.4
M3	5.5	2	20～30	12		M3	5.5	2.4	1.72
(M3.5)	6	2.4	20～35	13		(M3.5)	6	2.8	2.04
M4	7	2.8	25～40	14		M4	7	3.2	2.32
M5	8	3.5	25～50	16		M5	8	4.7	3.52
M6	10	4	30～60	18		M6	10	5.2	3.92
M8	13	5.3	40～80	22		M8	13	6.8	5.15
M10	16	6.4	45～100	26		M10	16	8.4	6.43
M12	18	7.5	50～120	30		M12	18	10.8	8.3
(M14)	21	8.8	60～140	34	40	(M14)	21	12.8	9.68
M16	24	10	65～150	38	44	M16	24	14.8	11.28
(M18)	27	11.5	70～150	42	48	(M18)	27	15.8	12.08
M20	30	12.5	80～150	46	52	M20	30	18	13.52
(M22)	34	14	90～150	50	56	(M22)	34	19.4	14.48
M24	36	15	90～150	54	60	M24	36	21.5	16.16

注1. ねじの呼びに（ ）をつけたものは，なるべく用いない。
　2. ねじの呼びの長さは，ねじの呼びに対して推奨する長さである。
　3. b の値は，左の欄は l が125mm以下のものに，右の欄は l が125mmを超え150mmまでのものに適用する。
　　 l は次の数値から選ぶ。
　　　12, 16, 20, 25, 30, 35, 40, 45, 50, 55, 60, 65, 70, 80, 90, 100, 110, 120, 130, 140, 150

資料9　すりわり付き小ねじ・十字穴付き小ねじ

(JIS B 1101 : 1996, JIS B 1111 : 1996)

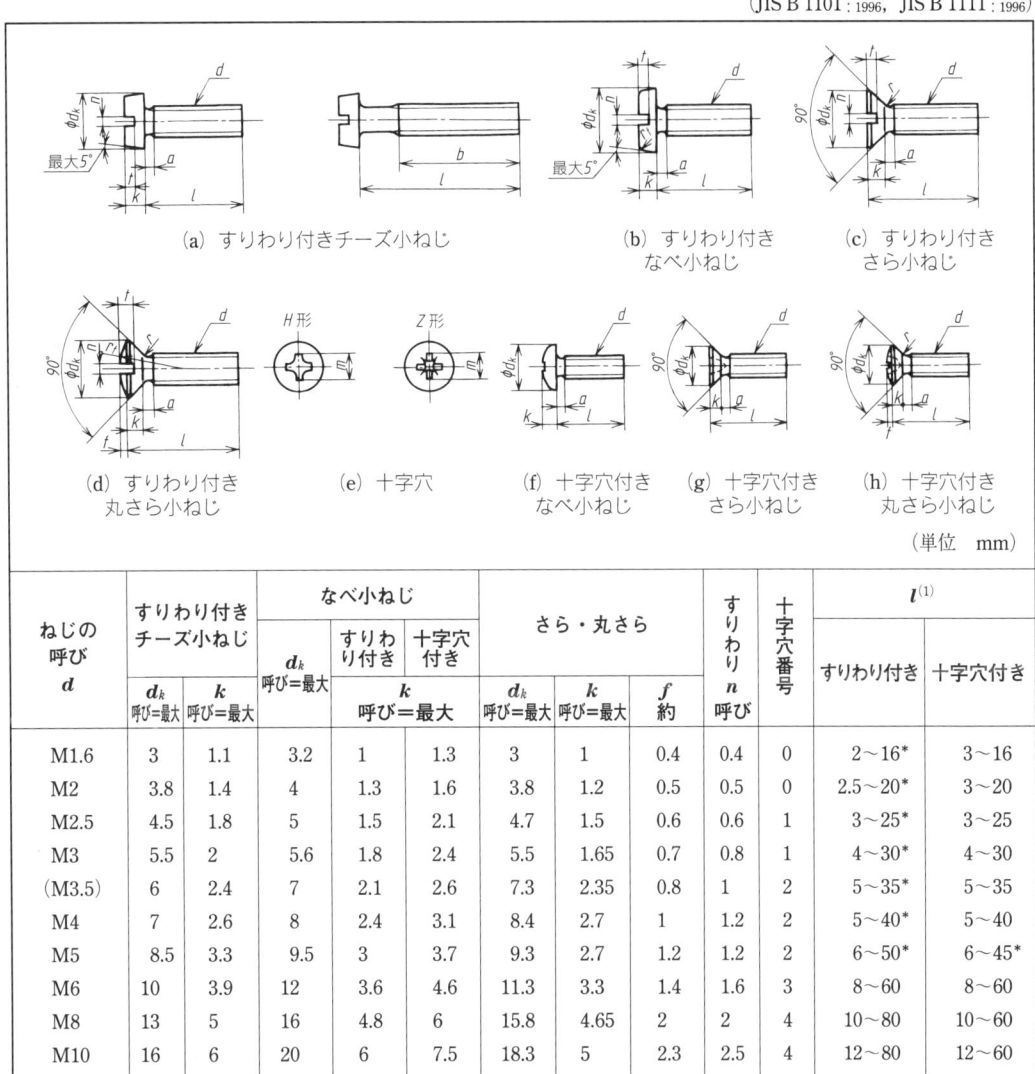

(a) すりわり付きチーズ小ねじ
(b) すりわり付きなべ小ねじ
(c) すりわり付きさら小ねじ
(d) すりわり付き丸さら小ねじ
(e) 十字穴
(f) 十字穴付きなべ小ねじ
(g) 十字穴付きさら小ねじ
(h) 十字穴付き丸さら小ねじ

(単位　mm)

ねじの呼び d	すりわり付きチーズ小ねじ		なべ小ねじ			さら・丸さら			すりわり n 呼び	十字穴番号	$l^{(1)}$	
			d_k 呼び=最大	すりわり付き	十字穴付き						すりわり付き	十字穴付き
	d_k 呼び=最大	k 呼び=最大		k 呼び=最大		d_k 呼び=最大	k 呼び=最大	f 約				
M1.6	3	1.1	3.2	1	1.3	3	1	0.4	0.4	0	2〜16*	3〜16
M2	3.8	1.4	4	1.3	1.6	3.8	1.2	0.5	0.5	0	2.5〜20*	3〜20
M2.5	4.5	1.8	5	1.5	2.1	4.7	1.5	0.6	0.6	1	3〜25*	3〜25
M3	5.5	2	5.6	1.8	2.4	5.5	1.65	0.7	0.8	1	4〜30*	4〜30
(M3.5)	6	2.4	7	2.1	2.6	7.3	2.35	0.8	1	2	5〜35*	5〜35
M4	7	2.6	8	2.4	3.1	8.4	2.7	1	1.2	2	5〜40*	5〜40
M5	8.5	3.3	9.5	3	3.7	9.3	2.7	1.2	1.2	2	6〜50*	6〜45*
M6	10	3.9	12	3.6	4.6	11.3	3.3	1.4	1.6	3	8〜60	8〜60
M8	13	5	16	4.8	6	15.8	4.65	2	2	4	10〜80	10〜60
M10	16	6	20	6	7.5	18.3	5	2.3	2.5	4	12〜80	12〜60

注　(1)　l は，次の数値から選ぶ。2，2.5，3，4，5，6，8，10，12，(14)，16，20，25，30，35，40，45，50，(55)，60，(65)，70，(75)，80
　　(2)　ねじの呼びがM3以下の小ねじ（十字穴付きなべ小ねじの場合は，l が25以下のもの）は，指定のないかぎり全ねじとする。ねじの呼びがM3.5以上のもので l が40以下（さら小ねじ，丸さら小ねじは45以下）のものは，全ねじとする。
　　(3)　l：*のさら小ねじ，丸さら小ねじは最小長さが1段階大きくなる。十字穴付きは強度区分4.8用で，*のさら小ねじの場合は6〜50となる。
備考　ねじの呼びおよび l で（　）をつけたものは，なるべく用いない。

■編修

小池敏男
江口博文
大平典男
嶋村　晃
房野俊夫
宮本　修

■協力

宇田川弘
川上　登
松本輝夫
三尾真次
矢内信義
山下泰司

■カバーデザイン

㈱オーク

■本文基本デザイン

エッジ・デザインオフィス

■写真提供・協力

武藤工業㈱
クボテック㈱

基礎シリーズ

最新電子製図

2003年4月14日　第1刷発行
2004年4月1日　第2刷発行

著作者　小池敏男
　　　　ほか5名（別記）
発行者　本郷　充
印　刷　大日本印刷株式会社
製　本　大日本印刷株式会社
発行所　実教出版株式会社
〒102-8377
東京都千代田区五番町5
電話〈営　　業〉(03)3238-7765
　　〈企画開発〉(03)3238-7751
　　〈総　　務〉(03)3238-7700

ISBN4-407-30286-0 C3055

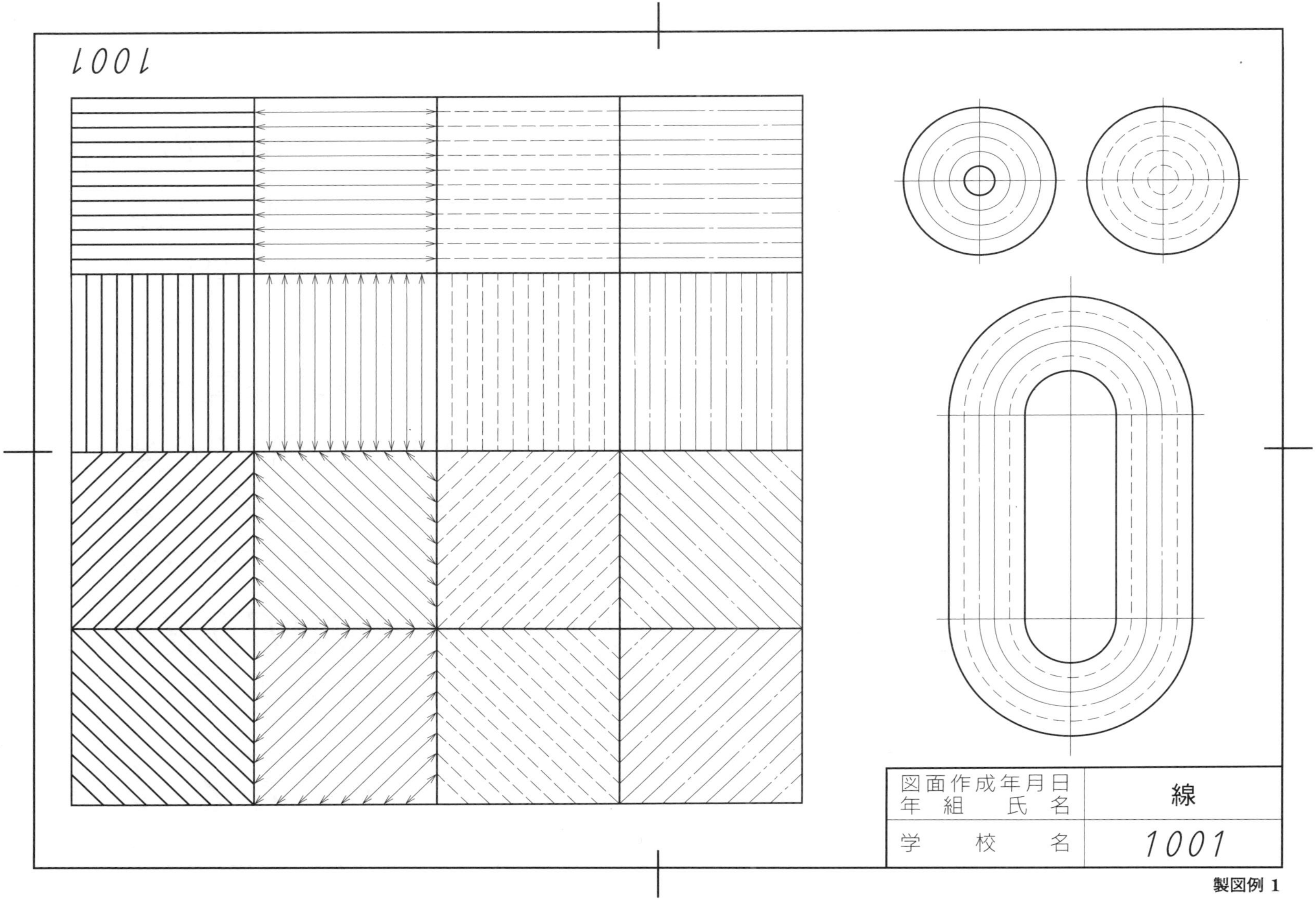

製図例 1

1234567890

1234567890

ABCDEFGHIJKLMNOPQRSTUVWXYZ

abcdefghijklmnopqrstuvwxyz

アイウエオカキクケコサシスセソタチツテトナニヌ
ネノハヒフヘホマミムメモヤユヨラリルレロワン

電線 直流 端子 配線 摘要 縮尺 断面図 変圧器 論理回路 三相同期発電機

ベル ヒューズ インダクタンス ボルト・ナット 4×5キリ VVF1.6 M8×40

オーム計 バネ座金 丸ハネジ 押出ミゾ1.2 平目m0.3 4×Φ16リベット穴

OHM VOLT AMPERE FREQUENCY sine curve motor

Japanese Industrial Standard

| 図面作成年月日 | 氏名 | 文字 |
| 年　組 | 校名 | 1002 |

製図例2

製図例 3

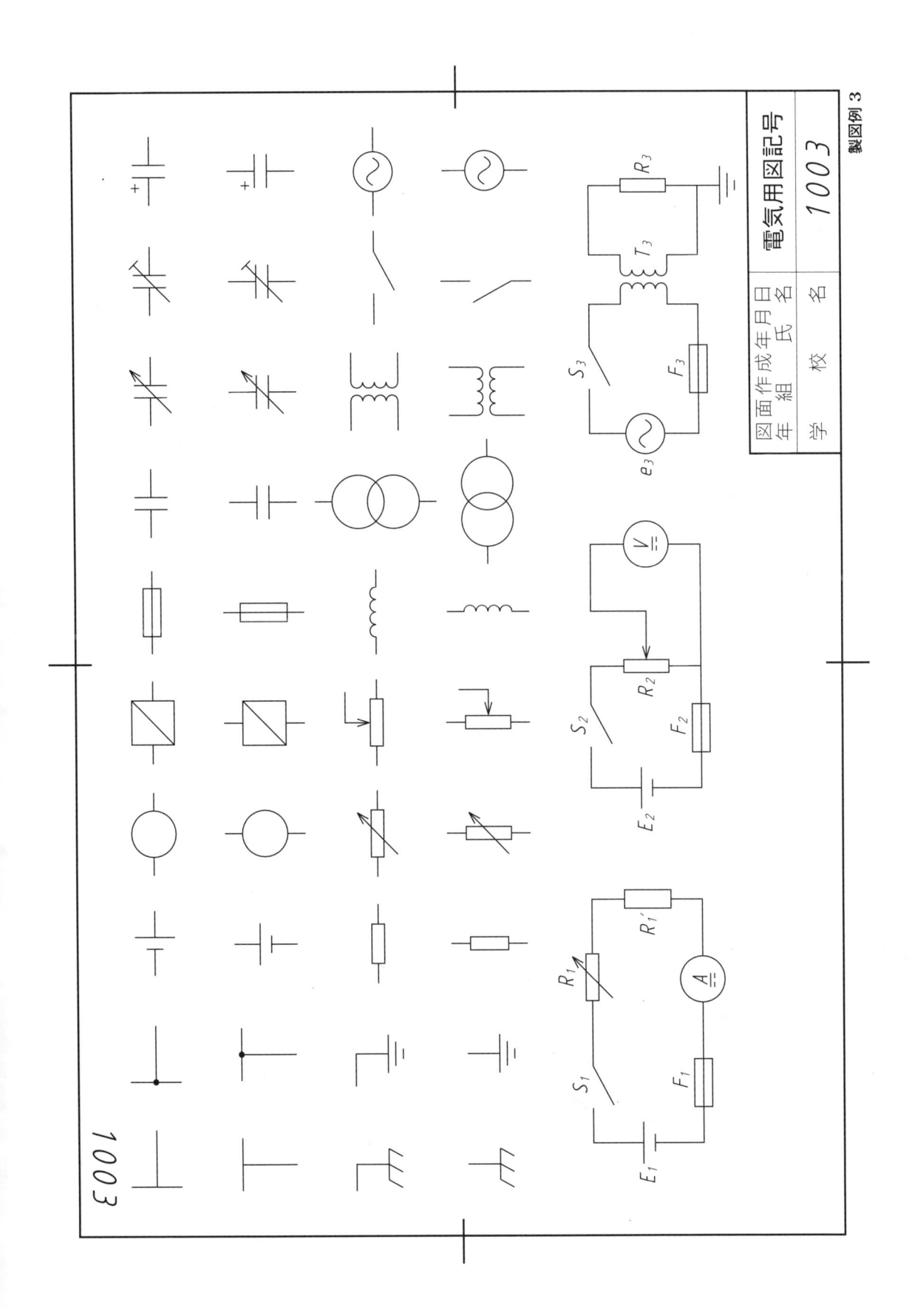

図面作成年月日	氏名	電気用図記号
年 組	校 名	1003

1003

インボリュート

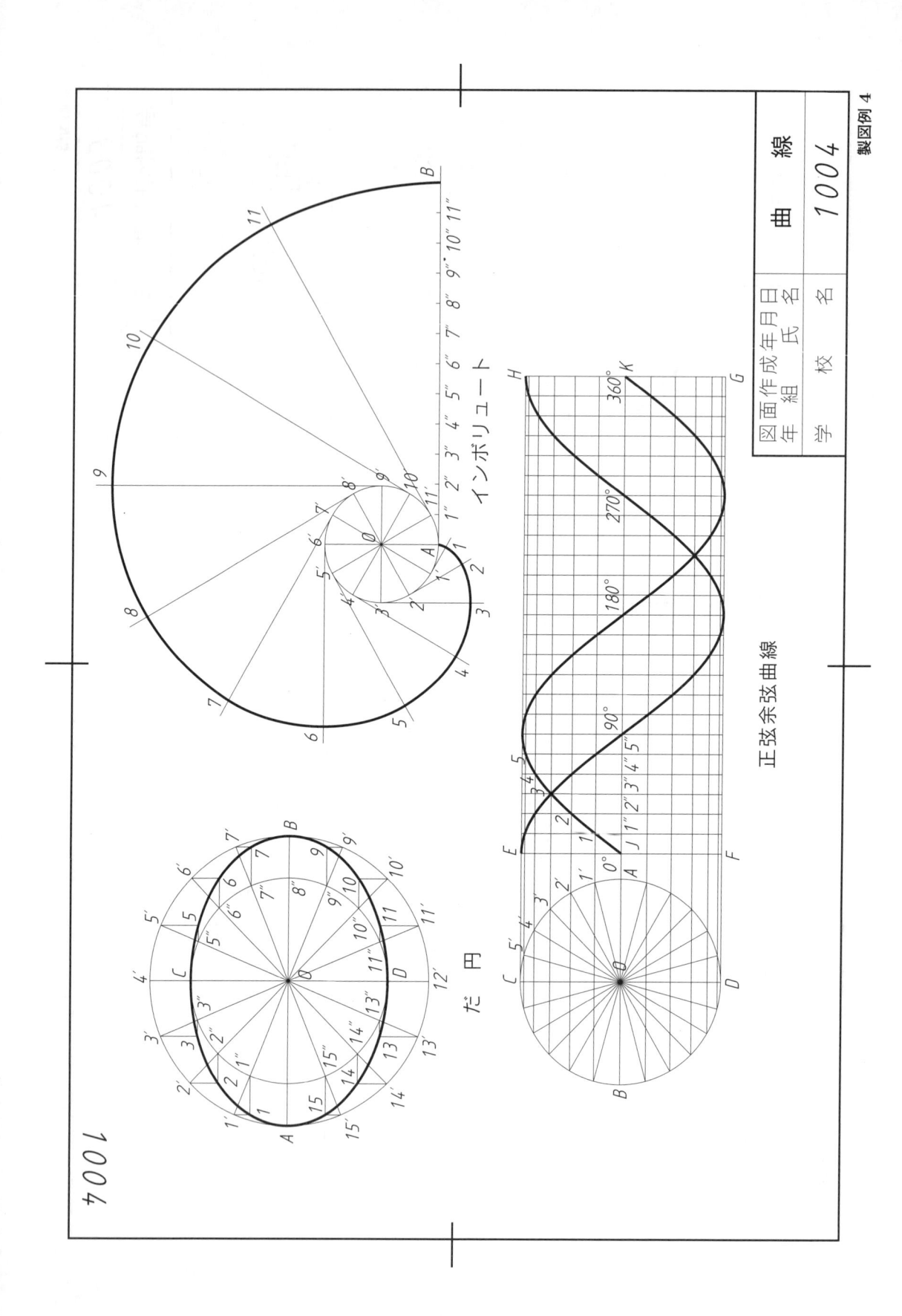

だ円

正弦余弦曲線

図面作成年月日		曲 線	
年 組 氏 名		1004	
学 校 名			

製図例4

斜投影図
(キャビネット図)

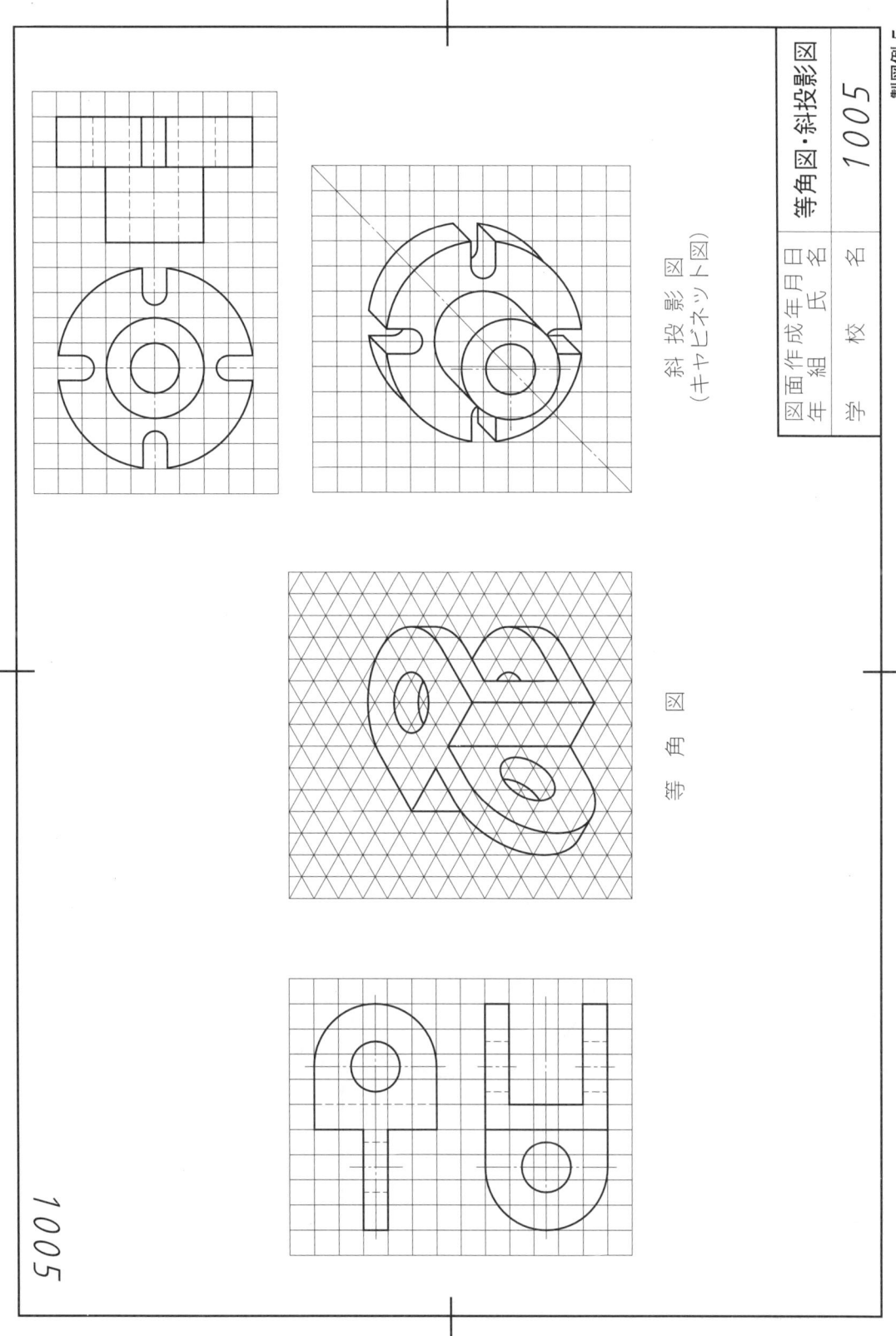

等角図

図面作成年月日	氏名	等角図・斜投影図
年　組	学校名	1005

製図例 5

製図例 6

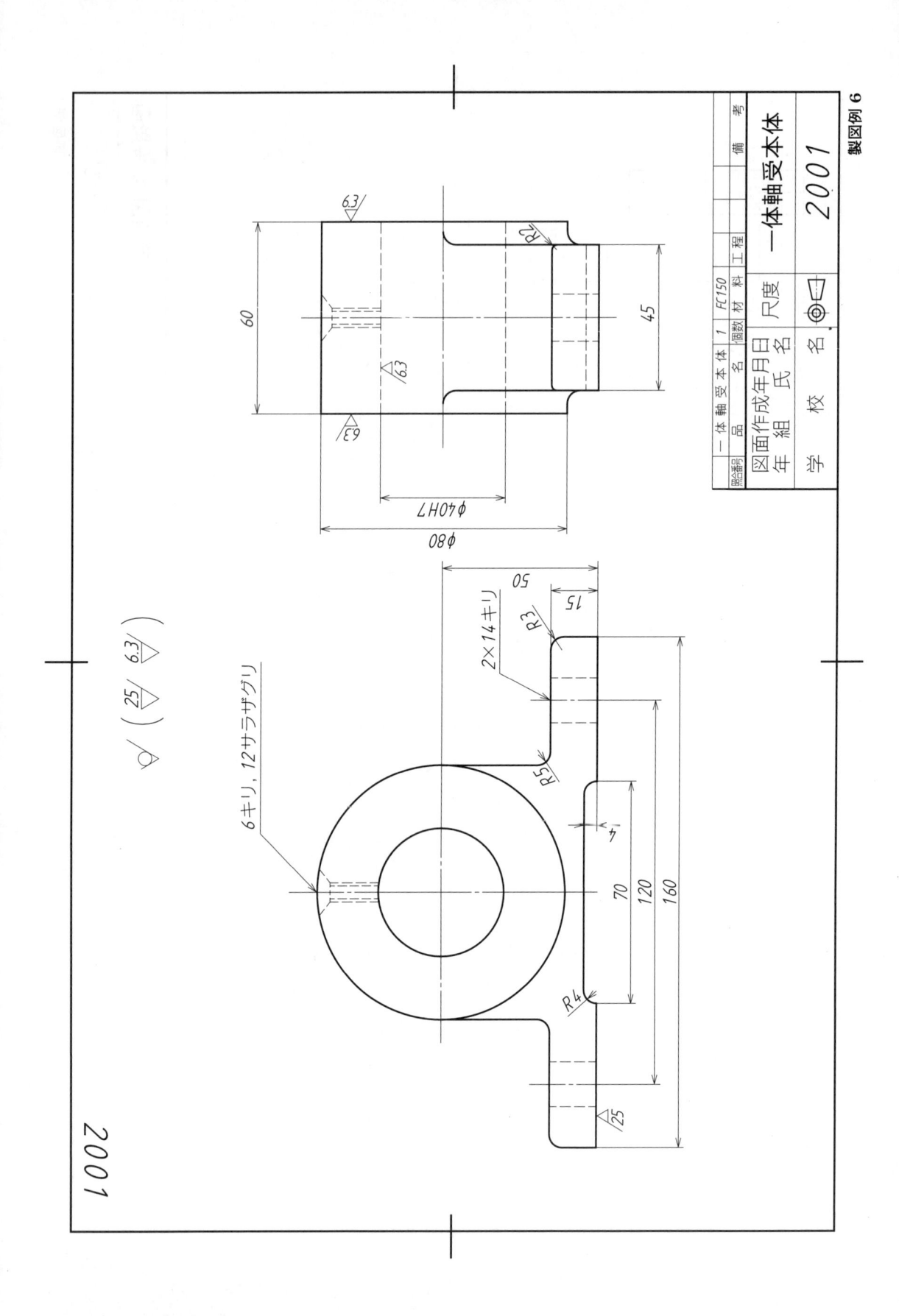

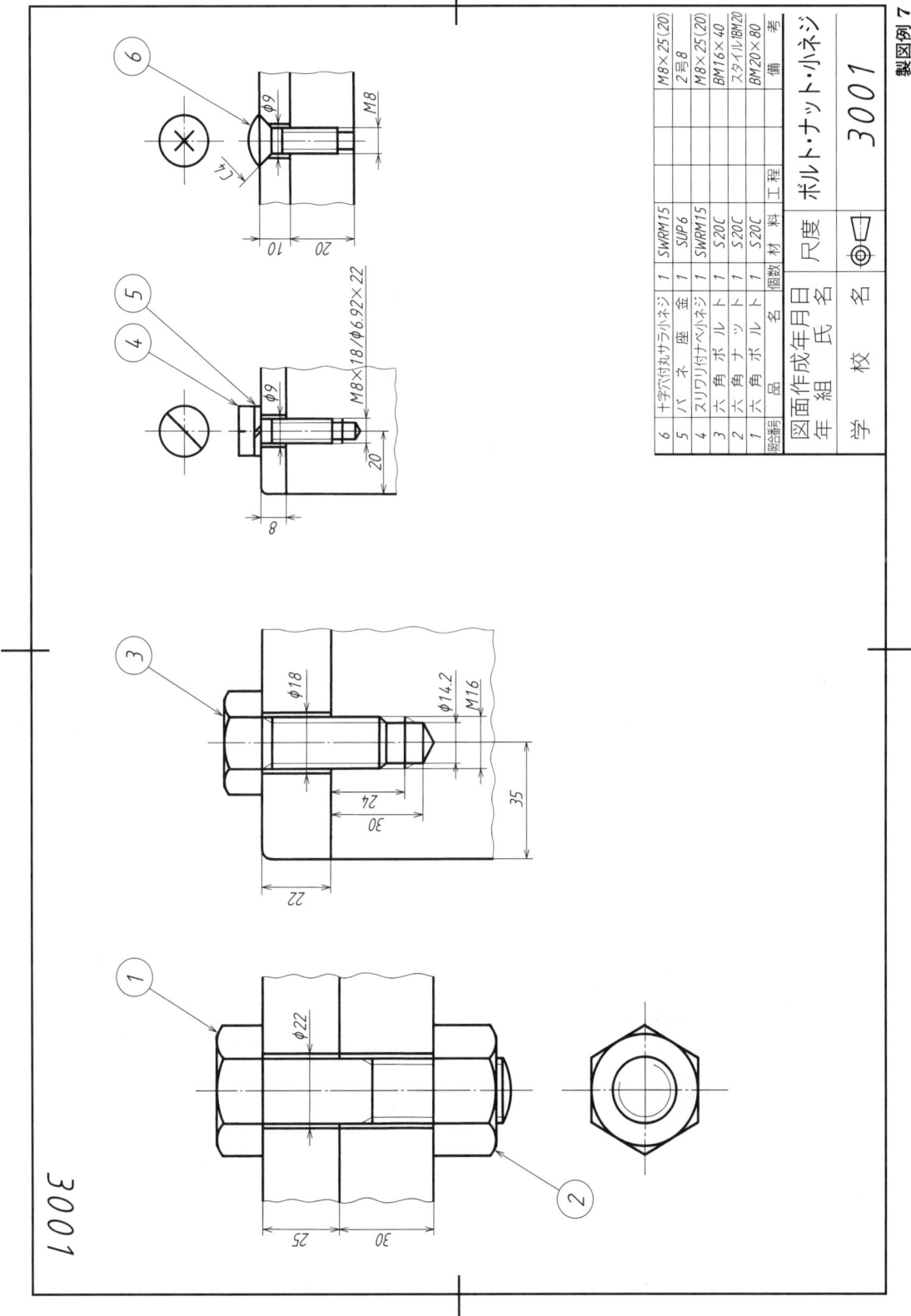

照番号	品 名	個数	材 料	備 考
6	十字穴付丸サラ小ネジ	1	SWRM15	M8×25 (20)
5	バ ネ 座 金	1	SUP6	2号8
4	スリワリ付ナベ小ネジ	1	SWRM15	M8×25 (20)
3	六 角 ボ ル ト	1	S20C	BM16×40
2	六 角 ナ ッ ト	1	S20C	スタイル1 8M20
1	六 角 ボ ル ト	1	S20C	BM20×80

図面作成年月日　氏名　尺度　ボルト・ナット・小ネジ
年　組　番　　　　　工程　3001

製図例 7

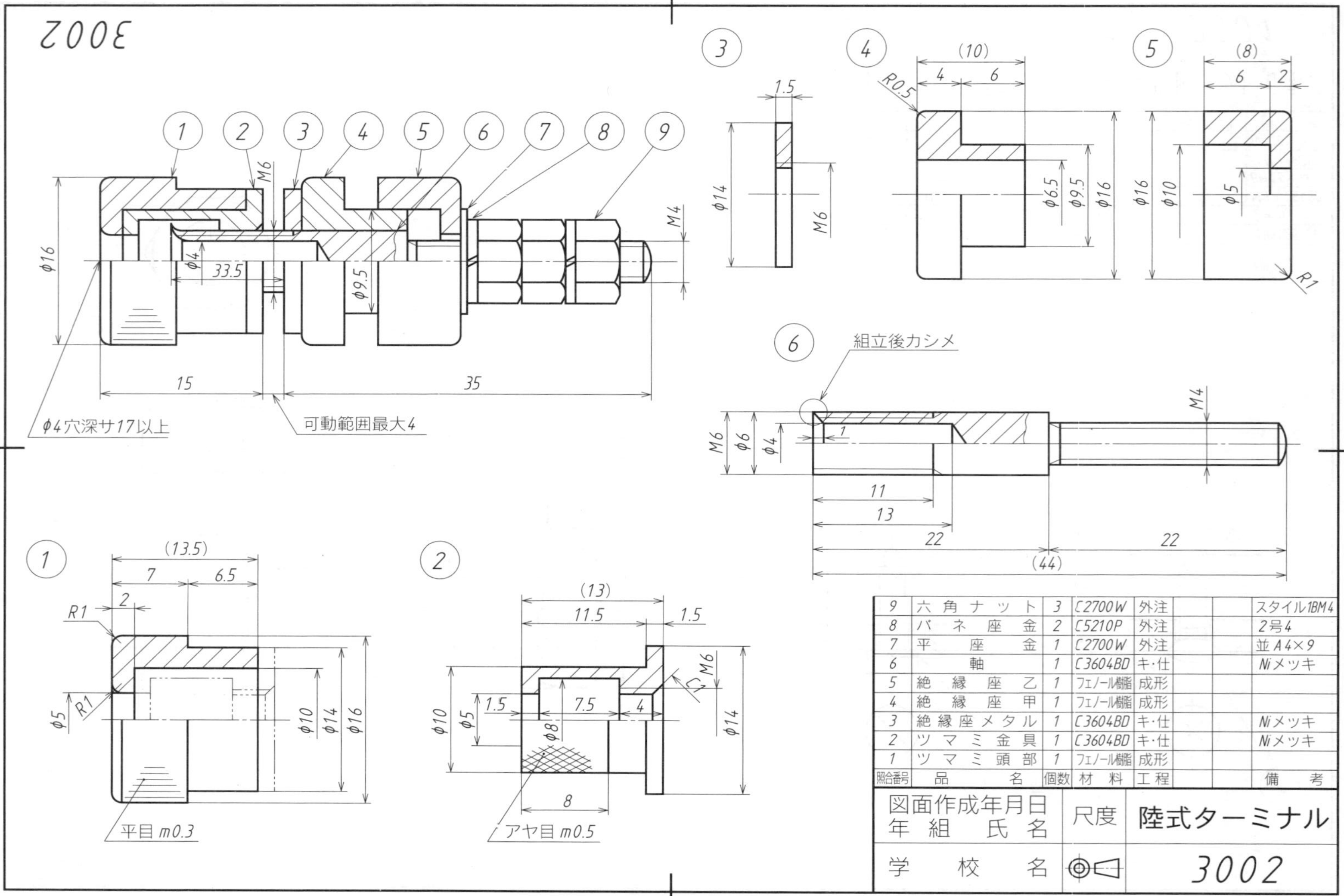

照合番号	品名	個数	材料	工程			備考
9	六角ナット	3	C2700W	外注			スタイル1BM4
8	バネ座金	2	C5210P	外注			2号4
7	平座金	1	C2700W	外注			並 A4×9
6	軸	1	C3604BD	キ・仕			Niメッキ
5	絶縁座乙	1	フェノール樹脂	成形			
4	絶縁座甲	1	フェノール樹脂	成形			
3	絶縁座メタル	1	C3604BD	キ・仕			Niメッキ
2	ツマミ金具	1	C3604BD	キ・仕			Niメッキ
1	ツマミ頭部	1	フェノール樹脂	成形			

図面作成年月日 年　組　氏　名	尺度	陸式ターミナル	
学　校　名	⊕◁	3002	

製図例 8